U0201288

中国区域环境变迁研究丛书

主　编：王利华

副主编：侯甬坚　周　琼

中国区域环境变迁研究丛书

"十三五"国家重点图书出版规划项目

陕北黄土高原的环境

（1644—1949 年）

王 晗 著

中国环境出版集团·北京

图书在版编目（CIP）数据

陕北黄土高原的环境：1644—1949年/王晗著. —北京：
中国环境出版集团，2020.5
　（中国区域环境变迁研究丛书）
　ISBN 978-7-5111-4276-4

　Ⅰ．①陕…　Ⅱ．①王…　Ⅲ．①黄土高原—生态
环境—研究　Ⅳ．①X171.4

中国版本图书馆 CIP 数据核字（2019）第 297197 号

出 版 人　武德凯
责任编辑　李雪欣
责任校对　任　丽
封面设计　彭　杉

出版发行　**中国环境出版集团**
　　　　　（100062　北京市东城区广渠门内大街 16 号）
　　　　　网　　　址：http://www.cesp.com.cn
　　　　　电子邮箱：bjgl@cesp.com.cn
　　　　　联系电话：010-67112765（编辑管理部）
　　　　　发行热线：010-67125803，010-67113405（传真）
印　　刷　北京市联华印刷厂
经　　销　各地新华书店
版　　次　2020 年 5 月第 1 版
印　　次　2020 年 5 月第 1 次印刷
开　　本　880×1230　1/32
印　　张　11
字　　数　255 千字
定　　价　45.00 元

【版权所有。未经许可，请勿翻印、转载，违者必究。】
如有缺页、破损、倒装等印装质量问题，请寄回本集团更换。

中国环境出版集团郑重承诺：
中国环境出版集团合作的印刷单位、材料单位均具有中国环境标志产品认证；
中国环境出版集团所有图书"禁塑"。

总　序

　　环境史研究是生态文化体系建设的一项基础工作，也是传承和弘扬中华优秀传统、增强国家文化实力的一项重要任务。环境史家试图通过讲解人类与自然交往的既往经历，揭示当今环境生态问题的来龙去脉，理解人与自然关系的纵深性、广域性、系统性和复杂性，进一步确证自然界在人类生存发展中的先在、根基地位，为寻求人与自然和谐共生之道、迈向生态文明新时代提供思想知识资鉴。

　　中国环境出版集团作为国内环境科学领域的权威出版机构，以可贵的文化情怀和担当精神，几十年来一直积极支持环境史学著作出版，近期又拟订了更加令人振奋的系列出版计划，令人感佩！即将推出的这套"中国区域环境变迁研究丛书"就是根据该计划推出的第一批著作。其中大多数是在博士论文的基础上加工完成的，其余亦大抵出自新生代环境史家的手笔。它们承载着一批优秀青年学者的理想，也寄托着多位年长学者的期望。

环境史研究因应时代急需而兴起。这门学问的一些基本理念自 20 世纪 90 年代开始被陆续介绍到中国，20 多年来渐渐被学界和公众所知晓和接受，如今已经初具气象，但仍然被视为一种"新史学"——在很大意义上，"新"意味着不够成熟。其实，在西方环境史学理念传入之前，许多现今被同仁归入环境史的具体课题，中国考古学、地质学、历史地理学、农林史、疾病灾害史等诸多领域的学者早就开展了大量研究，中国环境史学乃是植根于本国丰厚的学术土壤而生。这既是她的优势，也是她的负担。最近一个时期，冠以"环境史"标题的课题和论著几乎呈几何级数增长，但迄今所见的中国环境史学论著（包括本套丛书在内），大多是延续着此前诸多领域已有的相关研究课题和理路，仍然少有自主开发的"元命题"和"元思想"，缺少自己独有的叙事方式和分析工具，表面上热热闹闹，却并未在繁花似锦的中国史林中展示出其作为一门新史学应有的风姿和神采，原因在于她的许多基本学理问题尚未得到阐明，某些严重的思想理论纠结点（特别是因果关系分析与历史价值判断）尚未厘清，专用"工具箱"还远未齐备。那些博览群书的读者急于了解环境史究竟是一门有什么特别的学问？与以往诸史相比新在何处？面对许多与邻近领域相当"同质化"乃至"重复性"的研究论著，他们难免感到有些失望，有的甚至直露微词，对此我们常常深感惭愧和歉疚，一直在苦苦求索。值得高兴的是，中国环境史学不断在增加新的力量，试掘新的园地，结出新的花果。此次隆重推出的 20 多部新人新作就是其中的一部分——不论可能受到何种批评，它们都很令人鼓舞！

这套丛书多是专题性的实证研究。它们分别针对历史上的气候、地貌、土壤、水文、矿物、森林植被、野生动物、有害微生物（鼠疫杆菌、疟原虫、血吸虫）等结构性环境要素，以及与之紧密联系的各种人类社会事务——环境调查、土地耕作、农田水利、山林保护、矿产开发、水磨加工、景观营造、城市供排水系统建设、燃料危机、城镇兴衰、灾疫防治……开展系统的考察研究，思想主题无疑都是历史上的人与自然关系。众位学者从各种具体事物和事务出发，讲述不同时空尺度之下人类系统与自然系统彼此因应、交相作用的丰富历史故事，展现人与自然关系的复杂历史面相，提出了许多值得尊重的学术见解。

这套丛书所涉及的地理区域，主要是华北、西北和西南三大板块。不论从历史还是从现实来看，它们在伟大祖国辽阔的疆域中都具有举足轻重的地位。由于地理环境复杂、生态系统多样、资源禀赋各异，成千上万年来，中华民族在此三大板块之中生生不息，创造了异彩纷呈的环境适应模式，自然认知、物质生计、社会传统、文化信仰、风物景观、体质特征、情感结构……都与各地的风土山水血肉相连，呈现出了显著的地域特征。但三大板块乃至更多的板块之间并非分离、割裂，而是愈来愈亲密地相互联结和彼此互动，共同绘制了中华民族及其文明"多元一体"持续演进的宏伟历史画卷。

我们一直期望并且十分努力地汇集和整合诸多领域的学术成果，试图将环境、经济、社会作为一个相互作用、相互影响的动态整体，采用广域生态—文明视野进行多学科的综合考察，以期构建较为完整的中国环境史学思想知识体系。但是实现这个愿望绝不可能一蹴而就，只能一步一步去推进。就当下情形而言，应当采取的主要技术路线依然是大力开展区域性和专题性的实证考察，不断推出扎实而有深度的研究论著。相信在众多同道的积极努力下，关于其他区域和专题的系列研究著作将会陆续推出，而独具形神的中国环境史学体系亦将随之不断发展成熟。

我们继续期盼着，不断摸索着。

王利华

2020 年 3 月 8 日，空如斋避疫中

目　录

绪　论

第一节　为什么要提出黄土高原环境变迁中
人类因素的研究

一、问题的提出

伴随全球生态环境问题的日益严重，人类生存环境的自然变化与因人类活动而引起的环境变化问题已受到国际学术界的普遍关注。中国科学技术协会从 20 世纪 80 年代起一直致力于推动中国科学家积极参与国际科学联合会组织的"国际地圈与生物圈计划"，即 IGBP，又称"全球变化研究"。该项研究对历史环境变迁的研究颇为重视。这主要取决于历史环境变迁研究的特性，历史环境变迁的研究不仅能够深刻地认识现代全球环境问题，同时也成为预测未来环境变化趋势的重要依据①。因此，在这一研究过程中，具有典型性的研究区域的选取和前沿性研究方向的把握就显得至为重要。

中国的黄土高原既保留着历时最长（约2 200万年）、最完整的古气候记录，同时也是人类过去和正在居住的地球陆地表面②。区域内的环境变化过程虽然是几百万年来的地质现象，但在近万年尺度内尤为剧烈。这表明，近万年来，人类活动是引起黄土高原环境变化的主要因素，即人类对全球变化的影响更为重要。那么人类活动对该区域环境变化有着哪些贡献？这些贡献又通过什么样的方式予以表达？同时，又应当用什么方式才能减轻？这里面还有很多前沿性的问题需要深入的考究。

自20世纪90年代以来，随着全球环境变化研究的逐步深入，国际地圈与生物圈计划（IGBP）和全球环境变化中的人文领域计划（IHDP）于1995年联合提出了"土地利用和土地覆盖变化"（Land Use and Land Cover Change，LUCC）研究计划，使土地利用变化研究成为目前全球变化研究的前沿和热点课题。2002年又提出了以"陆地人—环境系统"为研究核心的土地研究新计划，其目标就是要在局地、区域和全球不同尺度上识别、理解和评价陆地人与环境系统相互作用的规律。对于中国的黄土高原来讲，该区域土地利用与环境变化的研究则成为近年来土地利用/土地覆被变化、环境变化等领域的热点和前沿问题。土地利用可以通过改变一系列的自然现象和生态过程，从不同尺度对环境产生重要的影响。

作为中华文明的发祥地，新石器时期文化遗址在黄土高原南部

---

① 孙成权、林海、曲建升主编：《国际全球变化研究核心计划与集成研究》，北京：气象出版社，2003年，第6页。
② 刘东生：《黄土与环境》，《科技和产业》2002年第2卷第11期。

分布广泛，尤其在汾渭河谷地和豫西地区最为稠密。商周时期，这里生产力水平逐步提高，农业生产由原始农业向传统农业转变。春秋、战国时期，伴随着铁器的出现，犁耕农业逐渐代替锄耕农业，关中、汾河谷地、洛阳盆地和天水盆地农业进一步发展。自秦汉而至隋唐，黄土高原成为全国的政治、经济、文化中心，人口与土地利用变化较大。其间，东汉末、魏晋南北朝时期，黄土高原战争频繁，社会动荡，人口大量减少，原来的农耕区向南退缩，黄土高原的广大地区重新成为游牧区，生态环境得以逐步恢复，水土流失现象有所减弱。而至隋唐时，国家重新归于统一，社会安定、经济繁荣。随着社会经济的发展，黄土高原人口增加，农耕业逐步代替游牧业。人类在自然侵蚀的基础上对土地加以利用，有的利用方式对土地进行了有效保护，有的利用方式则对土地进行了不合理开发。故而，在此阶段，耕地面积得以扩大，黄土高原局部地区的侵蚀程度加剧，使入黄泥沙增多。宋元之时，黄土高原上战争频仍，人口数量下降，土地利用率降低。而明清时期，国家统一、社会安定，人口快速增长，长城沿线的疏林灌丛已被连片开垦，地表植被逐渐减少，水土流失现象逐步加剧，黄河水患也日趋频繁。由于人地矛盾加剧，清中期进入黄土高原的移民向人烟稀少的山区迁移，如宁夏南部地区、吕梁山西侧、黄龙山区等，这些区域由原来的林区逐步转变为农耕区。

就陕北黄土高原而言，该区域位于毛乌素沙地以南、关中盆地以北，是我国黄土高原的中心地带。它地处中纬度内陆，具有大陆性季风气候特点。其北部和西北部属半干旱季风气候类型，中南部属暖温带半干旱季风气候类型。经研究发现，陕北黄土高原的环境演变趋势可以表达为：在长时间尺度上，气候干旱与温湿的交替变化，在年际间或较长时期仍在重复变化；构造运动仍在继续大面积上升，此二者是构成环境演变的主导矛盾。但对于短期的环境演变不可能产生明显的结果，而人类的活动则成为改变环境的主要因素[①]。无论是水土流失问题还是沙漠化问题，既属于环境问题，又都影响着自然环境的变迁。笔者的研究目标是探求近 300 年研究尺度内区域环境变化的发展趋势，即通过研究来解释环境变化频仍度和人类活动频仍度的相关性，人口压力下陕北黄土高原环境质量的变化，本就脆弱的生态平衡的变化，变化中的环境和水土流失、沙漠化之间的关系以及人类活动（尤其是土地利用）过程对环境变化加速效应的影响，并进而总体把握此类研究对历史时期黄土高原的贡献。如图 0-1 所示。

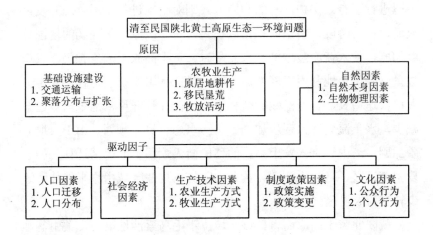

图 0-1　清至民国时期陕北黄土高原生态—环境演变示意图

---

① 甘枝茂主编：《黄土高原地貌与土壤侵蚀研究》，西安：陕西人民出版社，1990 年，第 105 页。

二、相关术语评述

由于写作需要，笔者必须对文章中出现的重要术语及其内涵予以解释，以避免不必要的歧义。

1. 侵蚀

据陈永宗、景可、蔡强国等学者的研究[①]，侵蚀一词目前有两种理解，在苏联和东欧国家的相关文献表述中，侵蚀是指水体对土壤和岩石的破坏过程。这个过程包括水体对固体物质的直接机械破坏和水体沿槽床运动的冲刷作用，水的溶蚀和风的吹蚀也属于侵蚀范畴。大不列颠百科全书把侵蚀解释为"破坏和塑造地表特征的全部过程"，并把风化作用包括在侵蚀条目之中。前一种理解和大多数学者的理解一致，后一种理解混淆了风化与侵蚀的关系并出现了关于地表形态成因表述的原则错误。地球表面形态特征的起源是十分复杂的，有的形态主要由堆积作用造成，譬如冲积扇，有的形态主要由侵蚀造成，如侵蚀沟，也有的形态由侵蚀和堆积共同形成。将"塑造地表形态的全部过程"都归于侵蚀作用，这显然是不够科学的。风化是造成岩体破碎的重要方式，它为侵蚀准备了有利的条件，但风化本身并不产生直接的物质运移效果，严格地讲，不应该把它包括在侵蚀之中。此外，陈永宗、景可、蔡强国等学者还列举了V. A. 范诺尼、W. G. 莫尔和 N. W. 哈德逊等土壤侵蚀学家的观点，这三位学者都认为侵蚀是外动力（主要是水和风）对地表物质的分离和破坏过程，这和苏联及东欧各国学者的理解基本上一致。本书

[①] 陈永宗、景可、蔡强国：《黄土高原现代侵蚀与治理》，北京：科学出版社，1988年，第1页。

亦采纳此种观点，并在行文中予以贯彻。

　　2．水土流失和土壤侵蚀

　　水土流失一词作为水土保持学术领域中的专门用语，最早起源于中国，20世纪初就开始应用于黄土高原[①]。该词汇通常是指水力作用下造成的水土资源的损耗，着重反映侵蚀的后果，主要是指水与土的流失量。《中国大百科全书·水利卷》中对水土流失的定义是："在水力、重力、风力等外营力作用下，水土资源和土地生产力的损失，包括土地表层侵蚀及水土损失，亦称水土损失。土地表层侵蚀指在水力、风力、冻融、重力以及其他外营力作用下，土壤、土壤母质及岩屑、松散岩层被破坏、剥蚀、转运和沉积的过程。"[②]这一定义与土壤侵蚀定义基本类同[③]。但根据科学名词严格规范要求[④]，水土流失应指水力侵蚀作用下，水与土从原地的搬运和流失，着重侵蚀的后果，不能涵盖侵蚀类型、侵蚀过程、侵蚀与资源环境演变的关系等。

　　土壤侵蚀的定义有狭义和广义之分。狭义的土壤侵蚀是指土壤被外营力分离、破坏和移动；广义的土壤侵蚀包括土壤和成土母质在外营力作用下的分离、破坏和移动。黄土高原的侵蚀历史悠久，过程迅速，原始土壤几乎被全部破坏殆尽，目前的侵蚀过程既发生在耕作层中，又主要发生在母质层中，侵蚀方式有水力侵蚀、风蚀、

---

① 黄河水利委员会黄河志总编辑室：《黄河志》卷八《黄河水土保持志》，郑州：河南人民出版社，1993年，第40页。

② 《中国大百科全书》总编辑委员会：《中国大百科全书·水利卷》，北京：中国大百科全书出版社，1992年，第400页。

③ 《中国农业百科全书》编委会：《中国农业百科全书·土壤卷》，北京：中国农业出版社，1996年，第339页。

④ 全国科学技术名词审定委员会：《土壤学名词 1998》，北京：科学出版社，1999年，第91页。

重力侵蚀和潜蚀、泥流等，已经完全超出了狭义土壤侵蚀的内容。此外，按照土壤侵蚀对水土资源造成的后果性质来分，笔者将土壤侵蚀划分为良性侵蚀和恶性侵蚀两个类型。所谓良性侵蚀是指有益于土壤环境条件改善的土壤搬迁现象，如自然侵蚀中的低凹沉积部分和人为生产活动中的打坝淤地等都属于良性侵蚀的范畴。所谓恶性侵蚀则是指对水土资源环境条件产生负面影响的土壤破坏搬运现象。

自 20 世纪 50 年代到 21 世纪初，国内学者吸取了苏联和西方英美等国土壤侵蚀研究的成就和经验，尤其基于中国悠久的耕垦历史，以及自然土壤剖面多遭侵蚀的具体情况，对土壤侵蚀的概念有所扩展。自然地理学家黄秉维和土壤侵蚀学家朱显谟通过对土壤侵蚀分类、分区的研究[1]，对土壤侵蚀的营力，除水力、风力和重力等自然营力外，特别提出了土地利用和天然植被遭破坏的人为作用力对侵蚀的影响。

2004 年 7 月 3 日—17 日在澳大利亚布里斯班举办的"第 13 届国际水土保持大会"上，与会学者对上述两个概念进行了总结[2]。即所谓的土壤侵蚀，着重强调的是土壤受自然及人类生产活动的破坏作用，使土壤结构及地貌特征改变，但侵蚀过程中发生的破坏程度和搬迁的距离（或范围）没有特别的规定。水土流失着重强调的是流域内土壤遭受破坏后水土资源的流失现象，这种流失不是指土壤在流域内小范围的搬迁运行，而是指土壤在跨流域范围的远距离运行，这样才会对流域内的水土资源环境产生负面的影响。理论上讲，

---

[1] 黄秉维：《编制黄河中游流域土壤侵蚀分区图的经验教训》，《科学通报》1955 年第 12 期；朱显谟：《黄土区土壤侵蚀的分类》，《土壤学报》1956 年第 2 期。
[2] 曾大林、卢顺光、闫培华：《第 13 届国际水土保持大会概况及思考》，《水土保持科技情报》2005 年第 2 期。

所谓的流失应该是指达到失去的程度，也就是土壤必须离开原来的流域范围，这样才是真正意义上的水土流失。至于在流域范围内的土壤搬迁和运行，因相对于流域整体来说没有产生水土流失，只是流域内局部土壤的重新分配和调整，它属于土壤侵蚀的范畴，而并非水土流失的范畴。因此，土壤侵蚀可以理解为土壤遭受破坏和搬迁过程中的初始量变阶段，而水土流失则是土壤侵蚀遭受破坏和搬迁过程中的后期质变阶段。当土壤遭受破坏和搬迁在流域范围内移动时属于土壤侵蚀阶段，当土壤侵蚀发展到最高程度，也就是遭受破坏和搬迁的土壤被外营力作用搬迁出流域的出口时，则为水土流失。笔者在研究过程中亦对上述两个概念有所认识，并在行文中加以运用。

3．现代侵蚀和人为加速侵蚀

现代侵蚀是相对于古代侵蚀而言，就古代侵蚀来说，它泛指地质历史时期的侵蚀，纯粹属于自然侵蚀；而现代侵蚀是指受人类活动影响，自然侵蚀或者加速或者延缓。也就是说，人类活动在一定程度或一定范围内改变了地面自然过程的强度或方向[1]。

人为加速侵蚀从属于加速侵蚀，亦是针对正常侵蚀而言。其中，正常侵蚀又叫地质侵蚀或自然侵蚀，它是在不受人为影响条件下自然营力对地表物质的分离、破坏和移动。正常侵蚀是一切具有足够发生侵蚀的地形能量地区的正常现象，尤其是塑造和雕刻山区与丘陵地区地貌形态的主要过程。它的发生发展是由内营力和外营力（不包括人为作用）相互矛盾斗争的规律性决定的。其侵蚀速度，即使在半干燥的侵蚀活跃区域，一般也不超过 0.5～1.0 厘米/年；植被良

---

① 陈永宗、景可、蔡强国：《黄土高原现代侵蚀与治理》，北京：科学出版社，1988 年，第 2-3 页。

好的湿润地区更是缓慢。而加速侵蚀是指侵蚀速度超过正常速度的侵蚀。加速侵蚀有自然加速侵蚀和人为加速侵蚀之分。自然加速侵蚀是自然界本身在某一时段出现的突发性过程所引起的侵蚀，最典型的例子是地震破坏和由地震诱发的滑坡、崩塌等；洪水泛滥造成的强烈冲刷，也是局部地区的自然加速侵蚀；其他的如气候变化引起冰雪融化所造成的侵蚀等。人为加速侵蚀是在自然侵蚀的基础上，由于人类活动削弱了地面抗蚀力（譬如破坏植被、松动表土等），从而使侵蚀快速发展。人为加速侵蚀是当今世界上普遍关注的环境问题，也是人类控制侵蚀的主要对象和任务。唐克丽等提出，地质时期黄土高原的强烈侵蚀发生在半干旱生境脆弱时期；现代土壤侵蚀以人为加速侵蚀占主导地位，生态环境演变是影响土壤侵蚀的主要因素[①]。

4. 沙漠化和荒漠化

在干旱、半干旱地区，由于人类活动造成的环境恶化称为沙漠化或荒漠化。土地沙漠化的定义比较狭窄，指人类活动造成的干旱、半干旱地区风沙作用盛行，地表流沙活动频繁，土地退化为沙质荒漠。这既包括了人类活动使原来为草原、稀树草原植被覆盖的流沙复活，固定沙丘、半固定沙丘、沙地的流沙复活，也包括了人类在现有沙漠边缘地带活动引起的沙漠扩张推进。土地荒漠化的定义则比较宽泛，指在干旱、半干旱甚至半湿润地区，人类活动造成土地生物潜能的衰减或破坏，最终使其生态退化，出现类似荒漠的景观。这显然包含了土地的沙漠化、地表和地下水质恶化、草地退化、水土流失、土壤肥力下降、土壤侵蚀等多种现象。

---

① 唐克丽、张平仓、王斌科：《土壤侵蚀与第四纪生态环境演变》，《第四纪研究》1991年第4期。

5．土地利用和土地覆盖

据吴传钧、郭焕成的研究[1]，土地利用是人类根据一定的社会经济目的，采取一系列生物、技术手段，对土地资源进行长期性或周期性的开发利用、改造和保护的经营，即把土地的自然生态系统改变为人工生态系统的过程。这一过程是自然、社会、经济、技术诸要素综合作用的复杂过程，它受诸多方面条件的影响和制约。在傅伯杰、陈利顶的研究中，土地利用是土地在人类活动的持续或周期性干预下，进行自然再生产和经济再生产的复杂社会经济过程。从系统论的观点来看，土地利用实质上是一个由自然、经济、社会和生态等多种类型的子系统有机组合而成的生态经济系统[2]。而土地垦殖是人们改变土地利用和土地覆被状况最主要的方式。

与土地利用密切相关的土地覆盖是指覆盖地面的自然物体和人工建造物。它是已利用和未利用的各种要素的综合体，其含义与土地利用近似，但研究内容有所不同。二者在地表构成一个统一的整体，即土地利用是土地覆盖变化的外在驱动力，土地覆盖又会反过来影响土地利用的方式。在全球变化研究中，往往把土地利用与土地覆盖变化作为一个整体来考察[3]。

6．人口变动和人口迁移

人口不是一个静止的总体，它永远处于错综复杂的运动过程之中。人口变动是人口发展、变化的过程，一般可分为自然变动、机

---

① 吴传钧、郭焕成：《中国土地利用》，北京：科学出版社，1994年，第1-2页。

② 傅伯杰、陈利顶等：《黄土丘陵沟壑区土地利用结构与生态过程》，北京：商务印书馆，2002年，第1-2页。

③ 倪绍祥、谭少华：《近年来我国土地利用/覆盖变化研究的进展》，中国地理学会自然地理专业委员会编：《土地覆被变化及其环境效应》，北京：星球地图出版社，2002年，第7-15页。

械变动和社会变动三种。自然变动是指人口的出生和死亡，这种变动直接导致人口数量变化，即自然增长、减少或静止。机械变动是指人口在空间上的位置移动，即人口迁移，这种变动也可导致地区间的人口数量变化及人口分布、人口密度的改变。社会变动则是指人口社会结构的改变。这三种人口变动皆可导致一个国家或地区人口总量的变动。

三、研究意义

众所周知，在"人地关系"系统中，人类在改变环境的同时，又被环境改变着，这是一个连续不断的反馈关系。人类不是处于全球变化之外的观察者，而是处于这个正在变化着的系统之中[①]。在人类活动直接作用下的土地利用对全球变化产生影响的过程中，区域性的土地利用变化成为全球变化在地球上留下最直接、最重要遗迹的载体，同时也是研究自然与人文过程的理想切入点，已成为全球变化研究的热点领域[②]。这里所指的"全球变化"是一种新的人与环境的不协调。它们不是简单的因果关系，而是人与地球环境的一种串联现象，即一种环境变化会引起一连串的变化，并有随着人口的增长而加速的趋势。作为土地利用的承载者——人类，其对全球环境变化的认识是一个对人与自然关系的认识不断提高的过程。随着人类环境意识的增强和科学技术的发展，应当把地球作为一个系统，

---

① 张丕远、葛全胜、吕明等：《全球环境变化中的人文因素》，《地学前缘》1997 年第 1-2 期。
② 史培军、王静爱、陈婧等：《当代地理学之人地相互作用研究的趋向——全球变化人类行为计划（IHDP）第六届开放会议透视》，《地理学报》2006 年第 2 期。

把人作为驱动地球环境变化的动力[①]。人类可以通过改变周围的环境要素而影响土地利用/土地覆被变化；同时，地理环境在自然变化过程中也在加剧着人类活动对土地的影响力度。

历史时期黄土高原的环境变化过程不再单纯表现为自然过程，而更多地呈现为与人类活动密切相关的人地互动过程。人类对土地这一社会经济载体的依赖程度和要求不断发生变化，土地利用的方式和程度也在不断改变。这导致黄土高原土地利用的景观结构和格局发生相应的改变，进而带来区域的环境变化。当自然植被遭到人为破坏，自然生态平衡失调时，大陆性季风气候影响下的集中降雨以及丘陵山区陡峻的地形对侵蚀的作用则成为主导因素。以森林植被为主的湿润地区，降雨成为主要侵蚀外营力；以草原为主的干旱地区，风力成为主要侵蚀外营力。而人类在黄土高原自然侵蚀的基础上不合理地利用土地、破坏植被、扩大耕地面积，从而加速了黄土高原的水土流失和沙漠化。

本书通过探讨清至民国陕北黄土高原人口变动、土地利用的变化过程以及其和黄土高原生态环境的内在关系，对土地利用的初始状态、地貌类型、土地分类、人口与聚落、生产方式的选择、粮食产量、水利设施等方面进行综合把握，有助于查明研究区域的土地类型、作物类型、耕作制度、生产工具、居民生活习惯、环境意识等基本情况，尽可能复原清至民国陕北黄土高原地理环境，并在此基础之上，探明环境变迁过程中人类土地利用的内在品质，揭示土地利用与环境变化的关系。同时，该项研究深入探讨土地利用与环境变化的关系，不仅有助于推动地理学、生态学、历史学等相关学科的发展，而且能够为区域的综合治理和可持续发展提供理论依据。

---

① 刘东生：《全球变化和可持续发展科学》，《地学前缘》2002 年第 1 期。

此外，探讨陕北黄土高原在没有显著人类活动的自然条件下的生态环境、过去环境的变化对人类的影响以及人类活动对研究区域的影响等问题，都具有重要意义。而解决这些问题的关键是从时空两个角度，查明史前和历史时期一些代表性阶段自然环境格局的动态演化过程。这些问题的解决，对理解黄土高原生态环境的自然潜力，环境对人类活动的承受能力，区分自然和人为因素对研究区环境可能产生的后果等方面均有意义。

第二节　黄土高原环境变迁学术史研究

历史时期黄土高原土地利用和环境变化关系研究是人类活动影响环境变化的典型案例，同时两者之间关系的建立是一个重大的科学命题，该命题的提出对于确立历史地理学在古地理学和现代地理学之间的桥梁作用具有深远意义。自 20 世纪 50 年代以来，学术界就黄土高原的环境变化做了大量的前沿性研究，这些研究多是围绕"植被变化和土壤侵蚀""地貌变迁和土壤侵蚀""土地利用和黄河变迁""人类活动和沙漠化"等问题展开。上述研究的深入，为构建历史时期黄土高原土地利用和环境变化的关系提供了科学的前提和坚实的基础。

一、植被演替和环境变化

自德国地理学家费迪南德·冯·李希霍芬（Ferdinand von Richthofen）提出渭河流域厚层黄土上无林的观点[1]后，我国著名学

---

[1] Ferdinand von Richthofen, China. Ergebnisse Eigener Reisen und Darauf Gegründeter Studien（Vol.1）. Berlin: Verlag von Dietrich Reimer, 1877: 1-758.

者丁文江、杨钟健等陆续提出与之相近或相左的看法①。1949 年以后，尤其是改革开放以来，学术界就黄土高原的植被演替问题展开深入讨论。由中国科学院《中国自然地理》编辑委员会主编的《中国历史自然地理》将山西、关中、陕北、陇东等黄土高原东南部划为森林地带，而将黄土高原西北部划作草原地带，并指出在草原地带毗邻森林地带的地区及一些山地上也兼有一些森林②。史念海通过对黄土高原细致地实地考察，充分利用有关这一地区的考古发掘材料及历史文献撰写了一系列的文章和著作，提出历史上的黄土高原曾是草木丰茂、沟壑稀少的地区，人类不合理的利用，破坏了地表植被，加速了土壤侵蚀③。

史念海的一系列论述，对于推动黄土高原历史植被乃至环境变迁的研究，具有积极意义④。他的论述引起学术界的强烈反响，黄土高原历史植被问题得以热烈的讨论和激烈的争论。一方面，有的学者，如陈加良、文焕然对宁夏回族自治区⑤，鲜肖威、陈莉君对甘肃

---

① 王守春：《〈黄土高原历史地理研究〉序》，史念海：《黄土高原历史地理研究》，郑州：黄河水利出版社，2001 年，第 1-12 页；杨钟健：《西北的剖面》，兰州：甘肃人民出版社，2003 年，第 12-13 页。

② 中国科学院《中国自然地理》编辑委员会编：《中国历史自然地理》，北京：科学出版社，2013 年，第 157 页。

③ 史念海：《历史时期黄河中游的森林》，《河山集·二集》，北京：生活·读书·新知三联书店，1981 年，第 232-313 页；赵其国、龚子同、徐琪：《中国土壤资源》，南京：南京大学出版社，1991 年，第 398 页。

④ 史念海：《黄土高原及其农林牧分布地区的变迁》，《历史地理》创刊号，上海：上海人民出版社，1981 年，第 21-33 页；史念海：《历史时期森林变迁的研究》，《中国历史地理论丛》1988 年第 1 辑；史念海：《我国森林地区的变迁及其影响》，史念海编：《辛树帜先生诞生九十周年纪念论文集》，北京：农业出版社，1989 年，第 18-30 页。

⑤ 陈加良、文焕然：《宁夏历史时期的森林及其变迁》，《宁夏大学学报（自然科学版）》1981 年第 1 期；陈加良：《浅议六盘山林区的兴衰和展望》，《宁夏农学院学报》1984 年第 1 期。

省境内黄土高原历史时期森林分布和遭到破坏情况的研究[1]，进一步丰富了这一领域的研究成果。另一方面，也有一些学者对这一观点提出异议，如戴英生认为古代黄土高原的植被应当是草原[2]，侯学煜认为应当是森林草原[3]，而刘东生则认为黄土高原的塬面上200多万年来从来没有过大面积的茂密森林植被，最多可能有少量的稀树草原景观，更多地为大片的草原地带[4]。

针对学术界的不同看法，史念海认为历史时期黄土高原的植被问题从属于历史自然环境的变迁，但是由于问题本身对于古地理学、第四季地质学等相关学科都存有重要的意义，因此，史念海希望多学科的交叉与合作，以有利于事实真相的揭示[5]。此后，王守春在《古代黄土高原"林"的辨析兼论历史植被研究途径》一文中认为诸多观点和分歧产生的原因主要是各研究者受其专业和研究方法的局限，又不能很好吸收不同观点的合理部分。因而他认为探讨黄土高原历史植被研究的途径是首先应予以解决的问题[6]。随后，吴祥定、钮仲勋、王守春等应用历史地理学方法并综合孢子花粉分析成果后认为，先秦时期在六盘山以东、吕梁山以西、渭河以北、长城以南的黄土高原上，植被为疏林灌丛草原。并认为在此时期延安、离石、庆阳一线以北，长期为游牧民族所据有。而在此线以南，虽为农业

---

① 鲜肖威、陈莉君：《历史时期黄土高原地区的经济开发与环境演变》，《西北史地》1985年第2期。
② 戴英生：《从黄河中游的古气候环境探讨黄土高原的水土流失问题》，《人民黄河》1980年第4期。
③ 侯学煜：《中国植被地理》，北京：科学出版社，1988年，第188-201页。
④ 刘东生、郭正堂、吴乃琴等：《史前黄土高原自然植被景观：森林还是草原？》，《地球学报》1994年第3、4期合刊。
⑤ 史念海：《历史时期森林变迁的研究》，《中国历史地理论丛》1988年第1辑。
⑥ 王守春：《古代黄土高原"林"的辨析兼论历史植被研究途径》，左大康主编：《黄河流域环境演变与水沙运行规律研究文集（第一集）》，北京：地质出版社，1991年，第45-52页。

民族居住地区，畜牧业也占据重要地位①。然而伴随着研究者工作的深入，王守春通过更为广泛的野外考察，并结合古代文献、花粉、古环境研究和考古发现，重新肯定了史念海所阐述的古代黄土高原有面积较广大的森林这一观点②。目前，关于历史时期黄土高原的植被问题仍然存有较大的争议③。

二、地貌变迁和土壤侵蚀

20世纪70年代，史念海通过对历史文献记录的分析，并结合实地考察，得出结论，即现在的黄土高原和历史时期初期相比较，最为明显的差异，首先是塬的变迁。由于侵蚀不断进展，原来黄土高原上范围相当广大的塬大都不复存在。代之而起的是长短不一的沟壑。正是这样长短不一的沟壑，使塬面受到切割，由近及远破碎分裂，成为黄土高原上的一种特色，其后果就是直接减少了借以从事劳动生产的土地。而侵蚀则是促成塬破碎消泯和沟壑增加延长的关键，侵蚀速度惊人的变化趋势，绝不仅是黄土本身特性、新构造运动性质、古地形特征及流水等外营力这些自然因素造成的；而是由这些自然因素加上人为活动因素共同作用的结果④。与史念海持相同观点的研究者对黄土高原的典型地区，如周原、董志塬、陕西富县

---

① 王守春：《论古代黄土高原的植被》，《地理研究》1990年第4期。
② 王守春：《〈黄土高原历史地理研究〉序》，史念海《黄土高原历史地理研究》，郑州：黄河水利出版社，2001年，第1-12页。
③ 刘东生：《黄土与全球变化》，《科技和产业》2002年第2卷第11期。
④ 史念海：《周原的变迁》，陕西师范大学学报（哲学社会科学版）1976年第2期；史念海：《周原的历史地理及周原考古》，《西北大学学报（哲学社会科学版）》1978年第2期；史念海：《黄土高原及其农林牧分布地区的变迁》，《历史地理》创刊号，上海：上海人民出版社，1981年，第21-33页。

与洛川之间的晋浩塬、山西平陆与芮城之间的闲塬、山西西南部的峨嵋塬、陕西定边县的长城塬等黄土塬进行了研究[①]。这些研究多借助古城、宫殿遗址、关隘、长城、陵墓等来进行黄土高原塬、梁、峁、沟壑的探究，这种研究思路的确是一种能够让历史地理学工作者顺利研究的思路，但是，正如史念海所指出的，通过这种方法所取得的研究成果是薄弱的，"以之作为探索沟壑的形成和演变的依据却也不是太多"。这种研究方法本身是有一定局限的，即这种方法的可能后果是不能较为全面地反映历史时期黄土高原塬、梁、峁、沟壑变迁的全貌[②]。与史念海持不同观点的学者，如研究黄土高原侵蚀历史的地质、地理学家则认为黄土高原侵蚀历史由来已久，至晚自中更新世以来土壤侵蚀就已存在[③]，更新世以来黄土高原一直是一个强烈的侵蚀区[④]。

　　20 世纪 80 年代以来，学术界从影响黄土高原土壤侵蚀的自然因素和人为因素出发，对土壤侵蚀的研究进行了细化。陈永宗、景可、蔡强国等将黄土高原土壤侵蚀分为自然侵蚀和加速侵蚀，"凡是无人类作用参与的侵蚀称为自然侵蚀，在人为作用参与下引起的侵蚀称为加速侵蚀。加速侵蚀主要是人类不合理的生产活动破坏黄土高原原有的生态环境而引起的，是人—地关系的表现形式之一，加速侵蚀包括人类活动引起的加速侵蚀和黄土高原自身的自然加速侵蚀两

① 史念海：《周原的变迁》，《陕西师范大学学报（哲学社会科学版）》1976 年第 2 期；史念海：《周原的历史地理及周原考古》，《西北大学学报（哲学社会科学版）》1978 年第 2 期。王元林：《历史时期黄土高原腹地塬面变化》，《中国历史地理论丛》2001 年增刊；张洲：《周原地区新生代地貌特征略论》，《西北大学学报（自然科学版）》1990 年第 3 期。
② 史念海：《历史时期黄土高原沟壑的演变》，《中国历史地理论丛》1996 年第 2 辑。
③ 景可、陈永宗：《黄土高原侵蚀环境与侵蚀速率的初步研究》，《地理研究》1983 年第 2 期；中国科学院黄土高原综合科学考察队：《黄土高原地区自然环境及其演变》，北京：科学出版社，1991 年，第 14-15 页。
④ 刘东生：《中国的黄土堆积》，北京：科学出版社，1965 年，第 228-229 页。

个方面"①。另有一些研究者基于黄土高原特殊的地质、地貌、降雨及黄土特性等自然因素，提出黄土的侵蚀、搬运和沉积过程及黄河携带大量泥沙是一种自然环境地质现象②；更有学者认为，黄土高原现代侵蚀以自然侵蚀为主，约占总侵蚀量的 70%③。

随后，来自历史地理学、生态学、古地理学、第四纪研究等领域的学者也对黄土高原土壤侵蚀的成因及相关问题进行论述④。其中，以桑广书的研究颇具新意，其在《黄土高原历史地貌与土壤侵蚀演变研究进展》⑤一文中认为，黄土高原地貌与土壤侵蚀演变研究有待全面的、系统的、多学科的综合研究；在研究地域范围上应当深入黄土高原不同地貌类型区，细致地研究地貌演变和土壤侵蚀过程的案例；而在研究手段上需要进一步的强化，采用多种定量指标，使其研究的深度，结论的可信程度，成果的应用价值增强以提高研究的水平。

① 陈永宗、景可、蔡强国：《黄土高原现代侵蚀与治理》，北京：科学出版社，1988 年，第 72 页。

② 洪业汤、朴河春、姜洪波：《黄河泥沙的环境地质特征》，《中国科学》（B 辑）1990 年第 1 期。

③ 陆中臣、袁宝印等：《安塞县的侵蚀及地貌演化趋势预测》，《黄土高原遥感调查试验研究》，北京：科学出版社，1988 年，第 202-211 页。

④ 甘枝茂：《黄土高原地貌与土壤侵蚀研究》，西安：陕西人民出版社，1990 年，第 96-105 页；齐矗华主编：《黄土高原侵蚀地貌与水土流失关系的研究》，西安：陕西人民教育出版社，1991 年，第 6-10 页；朱士光：《黄土高原地区环境变迁及其治理》，郑州：黄河水利出版社，1999 年，第 148-154 页；桑广书、甘枝茂、岳大鹏：《历史时期周原地貌演变与土壤侵蚀》，《山地学报》2002 年第 6 期；桑广书、甘枝茂：《洛川塬区晚更新世以来沟谷发育与土壤侵蚀量变化初探》，《水土保持学报》2005 年第 1 期；桑广书、甘枝茂、岳大鹏：《元代以来黄土塬区沟谷发育与土壤侵蚀》，《干旱区地理》2003 年第 4 期；赵文武、傅伯杰、陈利顶：《陕北黄土丘陵沟壑区地形因子与水土流失的相关性分析》，《水土保持学报》2003 年第 3 期；盛海洋：《黄土高原的黄土成因、自然环境与水土保持》，《黄河水利职业技术学院学报》2003 年第 3 期；魏建兵、肖笃宁、解伏菊：《人类活动对生态环境的影响评价与调控原则》，《地理科学进展》2006 年第 2 期。

⑤ 桑广书：《黄土高原历史地貌与土壤侵蚀演变研究进展》，《浙江师范大学学报（自然科学版）》2004 年第 4 期。

三、土地垦殖和黄河变迁

历史时期黄河的变迁主要表现为洪水和泥沙不断的发展变化，其中，泥沙的变化是导致黄河变迁的主因。作为黄河泥沙主要来源的黄土高原自地质时期便开始出现侵蚀，进入历史时期以来，呈现逐渐加剧的趋势，即在自然侵蚀的基础上人类不合理的利用土地、破坏植被、扩大耕地面积，加速了黄土高原的侵蚀，使入黄泥沙增多。不过，在人类历史的不同时期，黄土高原的侵蚀伴随着人类对土地干扰程度的不同而有所差异。

1962 年，谭其骧在《学术月刊》发表《何以黄河在东汉以后会出现一个长期安流的局面——从历史上论证黄河中游的土地合理利用是消弭下游水害的决定性因素》①一文。谭其骧论证了黄河中游地区农牧业的交替发展、植被状况与下游河道变迁的密切关系。同时，认为东汉以后，黄土高原大部分地区被游牧民族所控制，农业民族逐渐退出，牧业代替农业，植被得到恢复，土壤侵蚀强度有所减弱，进入黄河中的泥沙有所减少。谭其骧这一观点的提出，逐渐得到学术界的广泛认可，自此，无论对于黄河的研究，还是对于黄土高原的研究，都不再作为割裂的地理单元去看待，位于黄河中游地区黄土高原的人类活动与黄河下游水患之间的因果关系，成为多数学者的共识②。

同时，谭其骧的论述受到其他学科的关注，如地质学、自然地理学、水利学界等。由于不同学科的学者们观察问题的角度以及研

---

① 谭其骧《何以黄河在东汉以后会出现一个长期安流的局面——从历史上论证黄河中游的土地合理利用是消弭下游水害的决定性因素》，《学术月刊》1962 年第 2 期。
② 韩茂莉：《历史时期黄土高原人类活动与环境关系研究的总体回顾》，《中国史研究动态》2000 年第 10 期。

究的方法有所不同，因此所得出的观点或结论也存有一定的分歧。尤其是关于黄河从东汉以后长达数百年的安流，到底与什么原因有关，学术界就存有不同的看法。任伯平《关于黄河在东汉以后长期安流的原因》一文认为，东汉以后黄河长期安流的原因不能归之于中游土地利用方式的改变，而应归功于王景治河采取了修堤、分洪、滞洪、放淤的综合措施[①]。随后，邹逸麟、王守春、赵淑贞等学者对这一问题也进行了相关的论证[②]。伴随着研究者工作的深入，史念海提出历史时期的黄河曾经有过两次长期相对安流的时期，也有两次频繁泛滥的时期，指出导致安流和泛滥交相出现的关键在于人类活动对黄土高原森林的影响[③]，又将黄土高原的植被问题纳入黄河变迁与黄土高原的土地利用上来。世纪之交，王尚义综合现代水文、地貌、土壤侵蚀等方面的观测研究成果，对史料进行重新解读，认为北方少数民族进入黄河中游地区以后，畜牧生产对当地自然植被起的不是恢复作用，而是进一步的破坏作用，以至于东汉时期的水患频率高于西汉，而且灾情也更为严重[④]。这些观点的分歧不仅仅限于学者们的讨论，而且也关系到黄河治理的方针决策。因此，这些问题也就成为黄河研究中有待继续深入研究的基础性问题。

---

① 任伯平：《关于黄河在东汉以后长期安流的原因——兼与谭其骧先生商榷》，《学术月刊》1962 年第 9 期。

② 邹逸麟：《读任伯平"关于黄河在东汉以后长期安流的原因"后》，《学术月刊》1962 年第 11 期；赵淑贞、任伯平：《关于黄河在东汉以后长期安流问题的研究》，《人民黄河》1997 年第 8 期；赵淑贞、任伯平：《关于黄河在东汉以后长期安流问题的再探讨》，《地理学报》1998 年第 5 期。王守春：《论东汉至唐代黄河长期相对安流的存在及若干相关历史地理问题》，《历史地理》第 16 辑，上海：上海人民出版社，2000 年，第 295-307 页。

③ 史念海：《黄土高原及其农林牧分布地区的变迁》，《历史地理》创刊号，上海：上海人民出版社，1981 年，第 21-33 页。

④ 王尚义：《唐代黄河土壤强烈侵蚀区人类活动的研究》，《生产力研究》2002 年第 3 期；王尚义：《两汉时期黄河水患与中游土地利用之关系》，《地理学报》2003 年第 1 期。

四、人类活动和沙漠化

黄土—沙漠边界带沙漠不断扩大的现象和事实，早在清代中后期便已引起有关人士的关注①。民国以来，有关沙漠变迁的论述纳入学术界的视野②。不过这一时期的研究多是停留在对北方沙漠的现状、沙漠化与社会经济发展等方面的探讨。1957 年，中国科学院与苏联科学院合作，共同组织了对内蒙古、陕北、宁夏等地的沙漠综合考察，考察范围几乎达到了我国沙漠总面积的 1/5③。在此次考察的过程中，关于沙漠的成因、演变的过程以及其危害程度的相关研究逐步得到研究者的关注。多数研究者就沙漠化的人为因素达成共识，即"人为的过度放牧、樵采、开垦破坏了植被，特别是破坏了那些古代沙地植被，促进了流沙的形成。……长期频繁的不正确的土地利用也是原因之一，其最突出最明显的例子就是毛乌素沙漠"④。

20 世纪 50 年代末至 60 年代初，北京大学侯仁之率领北京大学沙漠历史地理考察组对黄土高原地区北部毛乌素沙地、乌兰布和沙漠进行实地考察，依据考古与史籍资料，论述了上述地区历史时期

---

① ［法］古伯察：《鞑靼西藏旅行记》，耿昇译，北京：中国藏学出版社，1991 年，第 10-13 页。
② 安汉：《西北垦殖论》，南京：国华印书馆，1932 年，第 198-234 页；杨增之、郭维藩等编著：《绥远省分县调查概要》，归绥（呼和浩特）：绥远省民众教育馆，1934 年，第 16-18 页；程伯群：《中国北方沙漠之扩张》，《科学》1934 年第 6 期；［美］拉铁摩尔：《中国的亚洲内陆边疆》，唐晓峰译，南京：凤凰传媒集团、江苏人民出版社，2008 年，第 39-71 页。
③ 中国科学院治沙队编：《沙漠地区的综合调查研究报告》，北京：科学出版社，1958 年。
④ 中国科学院治沙队编：《沙漠地区的综合调查研究报告》，北京：科学出版社，1958 年，第 20-33 页。

的垦殖开发对自然环境造成的深刻影响。他们认为乌兰布和北部沙漠是西汉时期的垦区，后放弃而沦为沙漠，毛乌素沙地到了 9 世纪，即唐代晚期才见有遭到流沙侵袭的文字记录材料，而宁夏河东沙地是明代中叶在沿长城一带推行军屯后，由于不合理的农业耕作与过度牧樵才变成沙漠①。随后，侯仁之在《历史地理学在沙漠考察中的任务》一文中从典型事例中引出了几个有关沙漠研究的规律性观点，即①有些沙漠是远在地质时代形成的，但也有些沙漠是在比较晚近的历史时期内形成的；②在历史时期形成的沙漠中，人类活动与土地沙化之间有着极为密切的关系，不合理的土地利用方式是造成土地沙化的直接原因；③在这些沙漠中，过去一般认为流沙是从外部吹袭而来，然而实际上这只是局部的一时的现象，流沙主要还是就地产生的；④人类活动造成一个地区的沙漠化往往需经过多次的反复演替，是一个非常复杂的过程。此外，侯仁之认为在沙漠考察中，历史地理学的研究重点是"沙漠在人类历史时期的变化——特别是由于人类的活动所导致的沙漠的变化"②。侯仁之一系列文章的发表推动学术界对于黄土高原地区北部之毛乌素沙地、乌兰布和沙漠的形成与环境变迁问题的研究进入到一个新的阶段。

20 世纪 80 年代后继续有学者对上述沙漠之成因与扩展过程进行研究，特别是对毛乌素沙地究竟是在地质时期就已形成，还是在人类历史时期由自然因素变化与人为活动影响共同作用造成的问题曾展开过学术争论。复旦大学赵永复在《历史上毛乌素沙地的变迁问题》一文中就毛乌素沙地起源问题运用大量历史文献资料证明，

① 侯仁之、俞伟超、李宝田：《乌兰布和沙漠北部的汉代垦区》，《治沙研究》7 号，北京：科学出版社，1965 年，第 15-34 页；侯仁之：《从红柳河上的古城废墟看毛乌素沙漠的变迁》，《文物》1973 年第 1 期。
② 侯仁之：《历史地理学在沙漠考察中的任务》，《地理》1965 年第 1 期。

"今毛乌素沙地及其流沙，隋代以前可能已经存在"，"它的产生应该早在汉代以前"，它"主要为自然因素的产物，是第四纪以来就已存在的，而不是人造沙漠"[①]。齐矗华、甘枝茂、惠振德对此观点进行了进一步拓展，他们认为，毛乌素沙地处于荒漠草原和干旱草原气候环境，气候干旱、多大风；第四纪河湖相沙质地表上形成的沙性土壤为沙漠化提供了物质基础。在具有沙化的背景条件地区，人类的干扰尚未超越自然环境自动调节的限度时，在天然植被的抑制下，沙地环境在生态相对平衡的状态下，不会发生剧烈的退化。只是人类活动过度破坏植被，才加剧现代环境沙漠化进程，沙化的发展和扩大反转来又影响各个方面[②]。董光荣、李华章、牛俊杰、侯甬坚、韩昭庆也持相同观点[③]。

21 世纪以来，伴随着研究开始呈现百年尺度的个案性、专题化趋势，研究内容逐渐细化，有学者开始尝试从重大的历史事件出发来探讨人文因素对于环境的影响[④]。还有学者，如邓辉、舒时光、宋

① 赵永复：《历史上毛乌素沙地的变迁问题》，《历史地理》创刊号，上海：上海人民出版社，1981年，第34-47页。
② 齐矗华、甘枝茂、惠振德：《陕北黄土高原晚更新世以来环境变迁的初步探讨（续）》，《山西师范大学学报（自然科学版）》1987年2期。
③ 董光荣、李保生等：《鄂尔多斯高原晚更新世以来的古冰缘现象及其与风成沙和黄土的关系》，《中国科学院兰州沙漠研究所集刊》1986年第3号；李华章：《中国北方农牧交错带全新界环境演变的若干特征》，《北京师范大学学报（自然科学版）》1991年第1期；牛俊杰、赵淑贞：《关于历史时期鄂尔多斯高原沙漠化问题》，《中国沙漠》2000年第1期；侯甬坚：《北魏（AD386—534）鄂尔多斯高原的自然—人文景观》，《中国沙漠》2001年第2期；韩昭庆：《明代毛乌素沙地变迁及其与周边地区垦殖的关系》，《中国社会科学》2003年第5期。
④ 肖瑞玲：《清末放垦与鄂尔多斯东南缘土地沙化问题》，《内蒙古师范大学学报》2004年第1期；何彤慧、王乃昂等：《对毛乌素沙地历史时期沙漠化的新认识》，陕西师范大学西北历史环境与经济社会发展研究中心编：《历史环境与文明演进——2004年历史地理国际学术研讨会论文集》，北京：商务印书馆，2005年，第110-121页；韩昭庆：《清末西垦对毛乌素沙地的影响》，《地理科学》2006年第6期；张萍：《谁主沉浮：农牧交错带城址与环境的解读》，《中国社会科学》2009年第5期；李大海：《清代伊克昭盟长城沿线"禁留地"诸概念考释》，《中国历史地理论丛》2013年第2辑；王晗：《清代毛乌素沙地南缘伙盘地土地权属问题研究》，《清史研究》2013年第3期。

豫秦、邢福来提出明清以来人类活动的强度虽然呈现不断增加的趋势，但毛乌素沙地并没有随之发生大规模地向东南或西南的扩展[①]。

2013 年 10 月，由邹逸麟、张修桂、王守春编写的《中国历史自然地理》一书认为，我国东部草原及荒漠草原地带的沙漠都是历史时期的产物，而引起环境变化的主要原因是人为活动的影响。对于我国西部荒漠地带的沙漠成因，尤其是毛乌素沙漠，该项研究认为"毛乌素沙地沙漠化过程大约延续在唐代后期以来的千余年间，而沙漠化的进程表现为愈趋晚近愈为剧烈，沙漠化的原因应是自然和人文因素相互叠加、共同作用的结果，是在半干旱气候和丰富的沙源物质等因素的基础上叠加上人为不合理的活动而产生的"[②]。

第三节　本书研究的切入点、整体思路和史料评析

如前文所述，黄土高原的环境变迁问题一向受到学界的关注，相关的论著较为丰富，然而对于历史时期土地利用的研究却相对较少。目前，进一步将历史时期的土地利用问题作为平台来深入研究人为影响下的土地利用和环境变化的关系尚待建立。

一、研究的切入点

目前学术界对历史时期黄土高原的相关性研究多立足于本学科的知识体系，结合相关学科的科学方法和手段，选取研究时段为小

---

① 邓辉、舒时光等：《明代以来毛乌素沙地流沙分布南界的变化》，《科学通报》2007 年第 21 期。
② 邹逸麟、张修桂、王守春编：《中国历史自然地理》，北京：科学出版社，2013 年，第 877 页。

尺度的典型区域，就历史时期，尤其是近 3 000 年以来黄土高原人为因素影响下的土地利用与环境变化进行多学科、综合性的研究。在这一研究时段内，鉴于历史文字资料的出现和大量留存，利用文献资料进行研究的历史地理学就成为主要手段。而且"由于被考察的地质地理事实所包含的古今变化，无一不是以长度不等的时间过程为基本条件，用历史的眼光来看待分析材料就成为历史地理学者与学俱来的专长"①，这也是中国历史自然地理研究的独到之处。这样的表达就在于历史时期的文字和实物资料如此丰富，可以对最近3000 年来中国大陆及其邻海地区各个环境要素及其相互关系与过程进行详细研究。就时间尺度而言，研究时段可达到数十年，十年，或者年，有的要素（如天气现象）可达到季、月、旬，乃至日，就空间尺度而言，研究个案范围可缩小到县以下基层单位（如镇、村）的范围。

1. 时间尺度的选取

近年来的研究表明，进入全新世冰后期，尤其是人类历史时期以来，环境变迁过程无不打上人类活动干扰这一烙印。其结果是在不同周期性的环境变迁中，叠加了一种人为的过程，从而使环境变迁过程变得更加复杂②。历史时期黄土高原土地利用和环境变化是一个相当复杂的过程，同时受到自然、社会、经济等众多因素的影响，但在较短的时间尺度上则主要取决于经济、技术、社会以及政治等方面的变化。

总体看来，历史时期人类活动是自然力影响黄土高原生态环境

---

① 侯甬坚：《历史自然地理研究的理论背景》，孙进己主编：《东北亚研究——东北亚历史地理研究》，郑州：中州古籍出版社，1998 年，第28-34 页。
② 武弘麟、史培军：《全新世科尔沁沙地的环境变迁》，《内蒙古草场资源遥感应用研究》（二），呼和浩特：内蒙古大学出版社，1987 年，第224-234 页。

的一个叠加因子，而明清以降人类活动强度逐次增强，在土壤侵蚀、沙漠化等生态问题上已成为主导因子。本书选定清代至民国的近300 年为研究时间尺度，希冀在人类活动频仍的时段内来揭示人类活动（尤其是土地利用）过程对环境变化的可能贡献。

2. 空间尺度的把握

空间尺度的把握实际上更加趋近于个案研究，主要是针对同一个历史时期，或前后相近的历史阶段，先对相关的区域按照一定的标准，例如按照地貌、地形、流域、水系等自然要素先将区域进行划分，然后选取资料相对丰富的区域，按照一定的研究方法，进行相关性的研究，得出具有代表性的结论，并将这种经验式的结论应用到大范围的空间格局中去。这样一来，笔者能够将研究区域内就土地利用和环境变化之间的可能性关系做出较为客观、合理的研究。实际上，这种将个案研究和宏观研究相结合的方法在应用过程中能够对在自然作用和人类活动双重影响下的土地变化状况做出合理的回答。当然，将个案研究和宏观研究相结合，可以促使笔者从多种角度（气候变化、动物变迁等自然要素角度和制度、政策、人口压力、生产工具、人群组织等）来考察对土地利用和环境变化的过程、具体环节的影响以及影响速率，并判断自然动因、社会动因二者作用所产生的结果。

刘翠溶在《中国环境史研究刍议》一文中将"土地利用与环境变迁"归入未来科学研究的 10 项可深入研究的方向，并认为更详细的区域与地方个案研究将有助于了解环境变迁的问题[①]。就陕北黄土高原而言，该区域为黄土高原水土流失最强烈的地区。而且区域内黄土层深厚，地层完整，标志明显，地貌类型多样，有典型的黄土

----

① 刘翠溶：《中国环境史研究刍议》，《南开学报（哲学社会科学版）》2006 年第 2 期。

塬、黄土梁、黄土峁及复杂的沟壑系统。延安以南黄土区统称黄土高原沟壑区，以北黄土区统称黄土丘陵沟壑区。其中，黄土丘陵沟壑区是水土流失最严重的区域，也是黄河多沙、粗沙的主要分布区。

由于上述不同地域地理环境的显著差异，以致影响土地利用和环境变化的主导因子也存有区别，甚至可能差别很大。在某一地域可能加速土地利用变化的因子，在另一地域起到的则可能是减缓的作用。即使是同一地域，不同的历史时期，相同的因子也可能产生不同的甚至相反的作用。因此，本书研究中对空间尺度的把握，即重视个案研究具有特别重要的意义。

二、整体思路

1. 人口变动趋势——量与质的变化

世纪之交，"沃尔沃环境奖"获得者秦大河在其总主编的《中国西部环境演变评估》一书中认为，历史时期我国人类活动对西部生态环境的影响主要表现在土地利用/土地覆被变化上。在各种人文因素中，人口数量是人类活动强度的最重要示量指标。随着人口数量迅速增长，人类活动对环境施加的影响也逐渐增强[①]。而历史时期黄土高原人口变动情况则是人类活动影响环境变化的一个典型案例，而且直接作用到土地利用过程，进而关联到环境变化的趋势。

然而历史时期人口的调查多依赖于户口的登记和统计，而且户

---

① 王绍武、董光荣：《中国西部环境特征及其演变》（第一卷），秦大河总主编：《中国西部环境演变评估》，北京：科学出版社，2002 年，第 195 页。

口登记和统计的主要目的是征收赋税、征发徭役，这往往导致户口统计不包括全部人口。就本书研究的清至民国时期而言，清康熙五十一年（1712 年）以后，虽然户口登记与赋税征收已经不再有直接的联系，但由于赋税制度的长期影响和户籍管理体系的不完善，户口数字与实际人口仍存有明显的差距。光绪三十四年（1908 年）开始实行的人口调查的目的和要求已经与现代人口普查一致，但由于种种原因，直到 1953 年第一次全国人口普查前，中国还没有能够进行科学意义上的人口普查①。在陕北黄土高原，常见的人口数据多被记录于省、府、州、县等四级行政单位的地方志中。虽然这些文献中所记录的人口数据颇为翔实，但人口数据的质量却存有显著差异。据薛平拴研究，《皇朝文献通考》所载乾隆年间人口数和《嘉庆重修一统志》《秦疆治略》所载人口数额质量较高，而府、州、县等所编纂的地方志书中的数据质量则要加以斟酌②。

　　由于本书研究的重点在人口变动、土地利用和环境变化的关系上，因此，笔者的工作重点是要选取区域较为典型、史料较为可靠的地区，复原该区域在清至民国的近 300 年时间里人口变动的趋势，并解释不同时期人口变动的原因。在此基础上，笔者尽可能将这一人口变动趋势在区域内部和区域之间进行比较和分析，从中得出整个陕北黄土高原人口变动在此时期内的变化趋势，并做出科学合理的解释。

　　2．土地利用——方式、力度和部位

　　本书选定的研究区域自然环境相对恶劣，社会状况较为复杂，

---

① 葛剑雄：《中国人口史》（导论、先秦至南北朝时期卷），上海：复旦大学出版社，2002年，第35-36 页。
② 薛平拴：《陕西历史人口地理》，北京：人民出版社，2001 年，第179-812 页。

地貌类型多样化，土地利用方式相对固化，这促成人类在土地利用的方式、力度和部位上多有不同。那么，人类活动究竟通过哪些具体方式，改变了土地的基本状况？笔者试图从人口压力、生产工具、制度和政策、人群组织等方面来考察其实施过程、具体环节和影响速率，判断社会动因、实施举措和所产生的结果。但是历史文献记录多以定性描述为主，一向缺乏数字资料，即便有一些数字（如土地数字）遗留下来，往往又事出其他因素，非经过一番考订校正而不能直接使用；对有价值的资料进行数字化处理，也存有一定困难。

本书所研究的时段是清至民国时期，这一时期的民屯土地记录和赋税记载相对前代为多，这主要是为了满足计算和征收田赋的需要，因此，在史料中，民地的记录往往只记总数，而且是田地按其质量的差异而折合的实有亩数，这种现象在土地贫瘠的陕北黄土高原尤为突出。此外，历史文献记述中很难找到田地的具体折算比例和方法，这就给还原土地数字带来困难。

目前，对文献中的土地数据最权威的看法是，"传统的土地数据，只是交纳土地税的单位的数目，它们与其说是实际耕种的亩数，还不如说是纳税亩数"[①]。费正清（John King Fairbank）为这类研究著作作序时也说到"中国的史料不能作为可靠证据"[②]。国内经济史专家也认为历代所记的田亩数字，与其认为是开垦田地的面积，毋宁

[①]［美］何炳棣：《明初以降人口及其相关问题：1368—1953》，葛剑雄译，北京：生活·读书·新知三联书店，2000年，第117-118页。

[②]［美］费正清：《〈明初以降人口及其相关问题：1368—1953〉序言》，［美］何炳棣：《明初以降人口及其相关问题：1368—1953》，葛剑雄译，北京：生活·读书·新知三联书店，2000年，第2页。

理解为税地单位的数量①。可以说，这样的土地数字记录，不经过处理就很难加以使用。此外，史料中存有一些更加细化的区域性土地数字记录，但这些土地数字真正可以代表的具体区域范围却很难予以界定。

就本文所涉及的研究区域来说，地貌条件的复杂性引发了研究者必须对不同地貌类型下所开垦的土地情况进行明晰把握。当然，除却耕地所处的地形部位，因降水和积温的不同而带来土地开发者不同的土地利用方式和力度也是研究者必须考虑的内容。

笔者的做法是，借用现代自然地理学和当地民众的地方经验对研究区域内不同的地貌类型加以分类，给出具有典型代表意义的地貌分区，从中选取个案来分析具体的土地利用方式。即针对个案中人口、聚落的分布特点来进行定位，对因降水、积温、耕作部位而出现的不同地貌进行区别分析，并对这些地貌类型下的土地利用方式和力度加以排比，以做出土地利用和环境变化的微观表达模式。

3．人口变动、土地利用和环境变化的关系

在本书研究中，即使仅就人口变动、土地利用和环境变化中的某一问题或其中的某两个问题进行探讨，也将会是较为复杂的研究过程。而将三者彼此之间的关系进行研究，尤其是建立土地利用和环境变化之间的关系既是目前科学研究的重点，也是工作中的难点。这需要研究者对地理学和地貌学的原理、概念、前沿问题具备相当的把握，而且需要对历史学的研究思路、脉络和研究理念、方法有一定的基础。鉴于笔者的知识背景和学力水平，笔者将结合地理学、

---

① 梁方仲编著：《中国历代户口、田地、田赋统计》，上海：上海人民出版社，1980 年，第 527-528 页。

历史学、地貌学等相关学科的研究方法，对人口变动和土地利用尽可能做出定量化的表达，勾勒出陕北黄土高原近 300 年时间尺度内的土地利用趋势，而对细节，特别是对特定时段内的人类影响因素加以分析。

三、史料搜集与辨析

历史时期针对清至民国陕北黄土高原环境变化的相关记载实际上是相对缺失的，且多分散在各种类型的文献中。本书将这些资料大致分为四类：①正史、政书类；②地方志书、历史地图；③档案、统计资料；④文集、笔记及史料丛刊。

以地方志书为例，地方志书的著作者在纂修的过程中多将视野定位在对"舆地""建置""田赋""风俗""艺文"等方面的记述。在这些内容的记录过程中，又多侧重于对"人"本身影响密切的事件记录，淡化，甚至是忽略了对自然事件的记载。这便产生一种倾向，即研究难度相对加大，研究者对所要研究的内容需要进行更为细致、深入的探究，并从现有的文献中尽可能复原出当时的水土流失过程，以便找到其中的规律。

笔者对现有的文献按照研究需要，大致可分为以下两类：

（1）对陕北黄土高原的地形、地貌以及水土流失的自然变化过程进行直接的、通俗化的记述。

这些文献多见于方志、采访册、乡土志、地名志以及文史资料。这些资料本身存有两方面的特点：其一，资料记述本身存有较大误差，且史料分布不均，特定时段的面上分析存有一定难度，如道光《榆林府志》所载，"榆林县无志。神木志，乾隆年旧有志稿，未刻亦未善，现王翕亭明府新立志书。府谷志成于乾隆四十九年（1784 年），太繁亦多讹，乾隆间，杨氏有续府谷稿，未全。葭州志成于嘉庆十四年（1809 年），以后缺。怀远志成于乾隆十二年（1747 年），以后缺，俱未尽善"①。这条文献一语中的地道破了当时榆林府所辖各县编修方志存在的实际情况，为选取典型时期的横断面带来一定困难。其二，资料编纂者限于当时的社会环境，对历史时期发生在黄土高原环境变化的直观现象的辨识能力有限，而且某些资料，尤其是来自口述史料的相关数据，其真实性、可靠性有限，这就促使研究者需要对上述几方面的史料进行细致、深入的考辨，去伪存真。如咸丰年间米脂县城南侧的东沟河流域出现过两次较大的水土流失现象。笔者通过对文献的整理，古今地图的考究，实地调查的取证，得出由于东沟河上游各支流的土地利用不当、植被过度砍伐而导致水土流失的加剧。

（2）对历史时期研究区内人群的生产方式、生活方式以及政治文化活动等的记录。

这些资料多见于实录、通志和县志中，而这些文献亦具有两方面的特点：其一，资料记述误差较小，记载内容所涉及的范围多为较大区域，便于面上研究，但是内容表达不详，如雍正《陕西通志》载，万历"十九年（1591 年）八月，延绥、榆林二卫霜雹相继，禾苗尽死"②。该条文献虽然表明灾害发生的时间和波及的范围，但是对灾害所带来的影响、民众的应对以及地方政府的反应却少有记录。其二，上述文献有助于对研究区域有一个背景式的理解，有利于在

---

① 道光《榆林府志》之《凡例》，《中国地方志集成·陕西府县志辑》，南京：凤凰出版社，2007 年影印本，第 38 册，第 161 页。
② 雍正《陕西通志》卷四十七《祥异二》，陕西师范大学图书馆古籍部藏，未刊印。

调查、取样、排比、分析的过程中更加灵活地把控文献的使用度。如清代米脂县的气候状况可以表述为，"二月而水未尽泮，三月而花乃初开，麦成在夏至之后，霜见或秋分以前，盛暑虽不废棉，严寒则必资土室"①，该史料所呈现的是当地的气候条件具有耕作期短、霜降早而昼夜温差较大的特点，该特点有助于从宏观上了解和把握当时当地的自然状况。

通过对上述两类文献的考察，研究者应当对相关的、必要的研究方法和手段综合利用，更有利于从时空的多维角度对不同来源、不同特点的资料进行规范化处理，并以此作为恢复黄土高原水土流失历史原貌的平台。总之，灵活地将合理的研究思路和正确的研究资料有机且有效结合在一起，便可能做出符合时代条件、特定境况、科学原理或法则的判断、分析，并进而成为深入研究清至民国陕北黄土高原人口变动、土地利用和环境变化关系的基本条件。

---

① 民国《米脂县志》卷一《天文志》之《时令二》，《中国地方志集成·陕西府县志辑》，南京：凤凰出版社，2007年影印本，第42册，第611页。

第一章

地理环境的复原

　　研究历史时期人类活动和地理环境的关系，需要对当时的地理环境作以复原，并以之与现代地理环境相对比，从中找寻到不同时期地理环境之间的关系，以有利于科学问题的探讨。就黄土高原而言，地理环境更应该表述为侵蚀环境（Erosion Environment）。这主要是指在水土流失区因侵蚀而造成的特有的景观和生态系统，是一个包含自然侵蚀环境与人文侵蚀环境的复合型环境系统[①]。黄土高原侵蚀环境的优劣直接影响着土壤侵蚀的强弱，也影响着农业生产的发展。就黄土高原的侵蚀环境而言，自然因素和人为因素是构成侵蚀环境的两大主导因素。前者包括地形、降雨、地表物质组成、植被等要素，后者则主要指人类活动[②]。

---

① 唐克丽、贺秀斌：《黄土高原生态建设与侵蚀环境调控》，《中国西部生态重建与经济协调发展学术研讨会论文集》，成都：四川科学技术出版社，1999 年，第 28-32 页。
② 景可、王斌科：《黄土高原现代侵蚀环境及其产沙效应》，《人民黄河》1992 年第 4 期。

第一节　自然环境的复原

一、历史地貌的勾勒

陕北黄土高原是我国黄土分布最典型的地区，从早更新世到全新世的第四纪黄土堆积完整，地层发育完全；黄土覆盖面积广，呈连续分布；黄土堆积最厚可达 150～200 米；黄土塬、梁、峁等地貌发育典型。由于黄土高原南北景观以及地貌外营力强度的差异，长城沿线以南至北山一带为黄土主要覆盖区域，以流水作用为主，分别形成黄土丘陵沟壑景观与黄土高原沟壑景观。其中，黄土丘陵沟壑区内黄土梁峁广布，沟壑纵横，相互交织，构成起伏的黄土丘陵，如绥德一带地貌条件复杂，"境内皆高山陡坡，水多急流"[①]，"其土田、民人在峰崖、溪涧中，忽断忽续不止，犬牙相错已"[②]；黄土高原沟壑区内以破碎塬及长梁为主，由于受到洛河、延河及其支流沟谷的切割，形成了塬梁与沟谷相间的黄土高原沟壑景观，如洛川塬"因受连续不断之剥蚀，致沟谷纵横，行旅极感困难，但一登山顶，恍如平地，故陕人称'原'，而不称山。惟在较大河流附近之盆地面，则均比距河流远处为低，故由境内各支流至洛河谷，地势渐渐下降，自西南境沿洛河向北至县城西境，地势复逐渐上升也。地属高阜，

---

① 道光《秦疆治略》之《绥德直隶州》，《中国地方志丛书·华北地方·陕西省》，台北：成文出版社有限公司，1970 年，第 167-168 页。

② 乾隆《绥德直隶州志》卷一《舆地门》之《疆域》，《中国地方志集成·陕西府县志辑》，南京：凤凰出版社，2007 年影印本，第 41 册，第 153 页上。

随处皆有嵝岭深沟，望之无甚崄巇，履之殊少坦途"[1]。

此外，黄河支流洛河、延河、无定河等河流经黄土区内，水系分布呈现树枝状特征。各河流均依地势高低，自西北流向东南，注入黄河。河流中上游较宽阔，河口段狭小形成峡谷，上游及支流呈"V"形河谷，中下游呈"U"形河谷。由于河床较大，水流急，洪水大，枯水小，易出现暴雨洪水，进而造成严重的水土流失。

整体而言，本研究区地势由西北向东南逐级降低，地貌特征空间差异较大，除土石山区和高原沟壑区的塬面侵蚀轻微外，其他广大地区呈现出丘陵起伏、沟壑纵横、地形破碎的侵蚀地貌特征。而当地居民在从事农牧业生产过程中，往往根据生产、生活环境的特点对自身所在的居所进行命名，其中以村庄的命名为典型，如表1-1所示。

表1-1　清至民国陕北黄土高原地貌类型统计

名称	含义	名称	含义
塬	面积较大的平地	梁	无突起，呈条状的山岗
坪	在塬上或山顶上面积较小的平地	崖	山的断壁或陡峻的河岸
掌	四周陡峻的小平地	圪崂	小崖
塌	指沿河湾较平坦之地	砭	临河两岸高处之石路
滩	河流中面积较大，河水流势较缓，沙石堆积成岸的地方	嘴（咀）	梁延伸出来的边缘部分，形状似咀突出
界	指平坦而开阔的地域	脑畔	指窑洞、院落顶部之处
圪台	比"塔"较小的高台地或小土丘	窑寨（磕）	以土窑聚居的小村庄

[1] 民国《洛川县志》卷五《山水志》之《地形概述》，《中国地方志集成·陕西府县志辑》，南京：凤凰出版社，2007年影印本，第48册，第95-96页。

名称	含义	名称	含义
圿	山之低下处	崾崄	两山间的马鞍型结合部，背山面水之村舍
圪槽	指地面凹下似槽形的地方	湾	山、河、川等转弯处，川道较宽
圪崂	山之凹部	沟	两山之间的凹部，有水
圪陀	地中大凹	渠（曲）	无水之沟
坡	山或塬周围地势倾斜的地方	涧	两山之间的水沟
山岭	独立的山头或山脉	岔	两山之分处也
峁	顶部浑圆，斜坡较陡的丘陵	河	常流水，比较大的水系
圪梁	山脊，物之凸起而长者	墕	两山中临溪之小径
圪塔	较高的台地或丘陵		

资料来源：道光《安定县志》卷一《舆地志》之《方言》；民国《续修安塞县志》卷六《风俗志》之《方言》；民国《府谷县志》卷二《民社志》之《方言》；民国《续修葭县志》卷二《风俗志》；光绪《米脂县志》卷六《风俗志四》；民国《宜川县志》卷一《疆域建置志》。

　　通过对当地民众利用不同地貌条件所命名的村庄进行统计，共得出 31 种基本的地貌类型。从表 1-1 中不难看出，上述地貌类型中，除面积较大的塬地、土壤相对肥腴的河滩地以及坡度相对较小的坡地等相对适宜耕作外，诸如圿、崾崄、峁、崖、嘴、圪塔、窑窠等地貌类型由于地块窄小、坡度较陡、地表覆被稀少、耕作层易蚀，多为不宜开垦的地形部位。

　　在黄土丘陵沟壑区，许多民众赖以生活的地方往往由于地处"峰崖、溪涧之中"，因长期的重力侵蚀、水力侵蚀和人类活动影响下的人为加速侵蚀而出现"城没""水冲""大山崩颓"等侵蚀现象[①]。有学者根据这些历史事件来计算明清以来的土壤侵蚀强度。如以当时地处清涧县，后划归子洲县的裴家湾乡黄土圿村九牛山为例，顺治

---

① 民国《安塞县志》卷二《建置志》之《城池》，《中国地方志集成·陕西府县志辑》，南京：凤凰出版社，2007 年影印本，第 194 页下-195 页上。

《清涧县志》、康熙《延绥镇志》、雍正《陕西通志》《续文献通考》等文献对此都有记载，即"隆庆己巳（1569年），黄土坬二山崩裂成湫"[①]。经现代科学对此情况进行的研究表明，目前的侵蚀强度较明代以来的平均侵蚀强度大43.52%，说明黄土丘陵区侵蚀环境的恶化主要在历史时期，尤其在明代以后[②]。在黄土高原沟壑区，尤其是北洛河流经的洛川塬区，也存有长期土壤侵蚀下的城郭废弃、迁移等情况[③]。不过，有学者认为，洛川县城出现明显土壤侵蚀现象始于万历二十三年（1595年），至乾隆十四年（1749年），洛川旧县城"城垣四面临崖，城根塌陷入沟，基址全颓"，人类活动对自然环境的影响较弱，沟谷发育速度、土壤侵蚀强度的变化主要由于自然条件的变化所致[④]。其判断的依据为1994年洛川县志编纂委员会编辑的《洛川县志》转载嘉庆《洛川县志》所统计的民户数[⑤]，这一判断的依据存有问题，问题主要在于对当时历史文献中所载人口数量的判读出现失误，具体论证详见第三章。笔者认为，黄土塬区的沟谷发育存有人为加速侵蚀，虽然和黄土丘陵沟壑区同期相比相对较弱，但也是不可忽视的因素。

通过对当时地貌的复原，笔者认为本研究区内，农业生产潜力

---

① 顺治《清涧县志》卷一《地理志》之《灾祥》，陕西师范大学图书馆古籍部藏，未刊印。

② 张金慧：《黄土洼天然聚湫之谜》，《山西水土保持科技》2001年第3期；龙翼、张信宝等：《陕北子洲黄土丘陵区古聚湫洪水沉积层的确定及其产沙模数的研究》，《科学通报》2009年第1期。

③ 嘉庆《洛川县志》卷五《城池》，《中国地方志集成·陕西府县志辑》，南京：凤凰出版社，2007年影印本，第390页上。

④ 桑广书、甘枝茂、岳大鹏：《元代以来黄土塬区沟谷发育与土壤侵蚀》，《干旱区地理》2003年第4期。

⑤ 嘉庆《洛川县志》卷九《民数》，《中国地方志集成·陕西府县志辑》，南京：凤凰出版社，2007年影印本，第414页上-416页上。

分布虽然直接取决于地貌条件[①]，但人为活动的影响，尤其是土地利用方式和力度的变化对局部地貌也产生一定影响，这其中既有对局部地貌状况的破坏，亦有对局部地貌状况的改良。如清初，因战乱、自然灾害因素，陕北黄土高原出现"民化青磷，田鞠茂草，盖无处不有荒田，无户不有绝丁也"的情况[②]。人口明显减少，土地大量荒芜，民众多集中于开发相对容易，产出相对较高的地貌类型区从事简单的农牧业活动以维持生计。伴随着社会经济的恢复，人民生活相对稳定，大量民众由于原居地可耕土地数量的有限，开始向耕作层相对较薄、产量相对较低的地貌类型区转徙。

二、区域气候的分析

据邹逸麟研究，大约康熙末期至乾隆中叶的 18 世纪，我国北方气候有一段转暖时期，因此，农牧过渡带的北界有可能到达了无灌溉旱作的最西界。而至 20 世纪初又有一个转暖期，其程度弱于康乾时期[③]。本书通过对历史文献中晋陕边民越界垦殖涨落情况的考察，亦赞成此种观点。在这种大的气候背景下，陕北黄土高原的区域内部气候状况又是怎样的呢？据史料载，黄土沟壑区所在区域，如延安府"寒早暑迟，三月而冰未泮，四月而花始发，麦成在夏至之后，霜降或中秋之期，盛暑不废羔裘，严寒必资土室"[④]。榆林府虽地处

[①] 赵名茶：《黄河流域自然条件对生产潜力及人口承载量的影响》，左大康编：《黄河流域环境与水沙运行规律研究文集》（第一集），北京：地质出版社，1991 年，第 207-215 页。
[②] 《孟乔芳揭帖》，顺治七年（1650 年）八月初一日，故宫博物院藏。
[③] 邹逸麟：《明清时期北部农牧过渡带的推移和气候寒暖变化》，《复旦学报（社会科学版）》1995 年第 1 期。
[④] 雍正《安定县志》之《节候》，陕西师范大学图书馆古籍部藏，未刊印。

延安府以北，且"地逼沙漠"，但该区气候特征和延安府颇有相似之处，该地"寒早暑迟，三月而冰未泮，四月而花始发，九月地冻而冬无种植，土工不兴，麦成在六月之后，霜降常中秋之期，盛暑雨后，辄被羔裘，长夏夜间，不熄火烧，其大概也"[①]。而黄土高原沟壑区则"纯为大陆气候，冬夏寒暑俱烈。严寒季节为一月间，其最低温度约达摄氏零下十五度至二十度之间，平均温度约在零下三四度左右；酷暑期在七月间，其最高温度可达摄氏三十度至三十五度之间，相当华氏九十度左右。唯一日之间，早、夜与午间相差甚大，例如正午九十度，早晚仅八十度，深夜则六七十度，变化剧烈，刺激生物尤甚"[②]。

　　由上述文献不难看出，区域性气候因地形及地表状况的差异而有所不同。陕北黄土高原平均海拔高 1 000～1 200 米，高低差异不明显，整个高原顶部高度变化不大，有利于气流的运行，但一些略高的山地对降水的影响是显著的。同时，由于黄土高原沟谷密度较大，尽管塬面与沟谷相对高差不大，但对区域气候仍具有明显影响。以延安市安塞区为例，其"地处西秦以西，又当北山之北；治城则三山鼎峙，二水带围；五区则万脉环流，诸峰罗列；延水贯其北，洛水穿其南，太重山起脉于东界，杏子河发源于西方，以故梯田最多，平原绝少"[③]。气候状况虽大致相同，但"细验之，则邑之东南与西北虽相连一境，而禾苗收获每以寒热稍易，亦觉气候不齐"[④]。

① 乾隆《府谷县志》卷二《风俗》，陕西师范大学图书馆古籍部藏，未刊印。
② 民国《洛川县志》卷三《气候志》之《气温》，《中国地方志集成·陕西府县志辑》，南京：凤凰出版社，2007 年影印本，第 78 页。
③ 民国《续修安塞县志》卷一《地理志》之《安塞县舆图·图说》，《中国地方志集成·陕西府县志辑》，南京：凤凰出版社，2007 年影印本，第 188 页。
④ 民国《续修安塞县志》卷一《地理志》之《气候》，《中国地方志集成·陕西府县志辑》，南京：凤凰出版社，2007 年影印本，第 186 页上。

降水情况。陕北黄土高原的降水情况呈现年际的不均衡性和季节的不均衡性。就年降水量而言，研究区内许多地方"受中国季候风之控制，故各季节降雨之多寡，全视风向：当夏季风（东南风）盛行之际，则雨量增加，而冬季风（西北风）暴发之时，则雨量大减，计全年总雨量约在五百公厘左右；但历年变差甚大，旱年则低于此，涝年过之"[①]。就季节的不均衡性而言，本区内亦有不少地方"春少雨，即有亦微霖，清明后见青草，桑始发叶……入伏始种荞麦，夏常虑缺雨，或暴雨，又虑带雹，且山涨冲地如蚓窟"[②]。中雨、大雨的骤然而至，夏季降水量往往集中在几天之内完结，从而引发较为严重的水土流失。以中部县（今黄陵县）为例，据民国《中部县志》载该县民国二十一年至民国三十二年（1932—1943 年）的雨量数据，其统计结果如表 1-2 所示。

表 1-2　中部县民国二十一年至民国三十二年（1932—1943 年）之雨量统计

单位：毫米

年 月	1932	1933	1934	1935	1936	1937	1938	1939	1940	1941	1942	1943
1		—	16.5	1.2	3.3	—		—	3.6	3.1	—	5.0
2	7.0	—	—	21.0	3.9	3.5	0.5	33.0	51.0	76.0	2.0	—
3	—	3.9	8.0	18.8	6.4	0.5		44.0	60.8	89.0	30.0	25.0
4	5.5	2.9	47.0	24.3	14.6	6.3	9.0	45.0	—	11.0	12.0	31.0
5	67.0	1.3	33.0	32.9	9.0	14.4	5.0	42.0	166.6	50.0	33.0	52.0
6	36.0	15.0	20.3	44.4	33.9	17.6	14.6	15.1	149.3	10.0	4.0	37.0

---

① 民国《洛川县志》卷三《气候志》之《气化》，《中国地方志集成·陕西府县志辑》，南京：凤凰出版社，2007 年影印本，第 78-79 页。1 公厘=1 毫米。
② 乾隆《延长县志》卷一《方舆志》之《气候》，《中国地方志集成·陕西府县志辑》，南京：凤凰出版社，2007 年影印本，第 96 页下-97 页上。

年\月	1932	1933	1934	1935	1936	1937	1938	1939	1940	1941	1942	1943
7	72.8	133.5	7.2	154.6	22.0	26.2	19.0	114.0	256.0	117.6	13.0	35.6
8	57.0	16.8	73.2	322.5	6.3	31.5	4.3	27.0	326.0	68.4	16.0	46.0
9	96.0	45.0	66.2	54.6	10.2	24.5	43.3	31.0	335.6	130.0	80.0	86.0
10	—	21.0	4.6	7.1	—	4.2	163.0	59.0	23.4	72.0	—	9.0
11	—	10.0	1.9	7.9	—	2.6	—	89.0	10.4	31.6	—	—
12	1.8	5.0	2.3	5.0	2.0	—	2.3	—	—	1.0	—	—
总	343.1	254.4	280.2	694.3	111.6	131.3	261.0	499.1	1 382.7	659.7	190.0	326.6
均	28.6	21.2	23.4	57.9	9.3	10.9	21.8	41.6	115.2	55.0	15.8	27.2

资料来源：民国《中部县志》卷二《气候志》之《气象》，《中国地方志集成·陕西府县志辑》，南京：凤凰出版社，2007 年影印本，第 152-153 页。

由表 1-2 统计可得，自民国二十一年至民国三十二年（1932—1943 年）的平均雨量为 427.39 毫米。其中，民国二十五年（1936 年）雨量最少，仅为 111.6 毫米，而民国二十九年（1940 年）雨量最多，高达 1 382.7 毫米，年降水量相差竟至 12 倍以上。同时，统计每年 7、8、9 三月的降水量数据可得，上述三月间的降水量所占当年降水量的比例和其余年份相比，也有较为明显的变化。其中，民国二十七年（1938 年）所占比例仅为 25.5%，高出该年季均值 0.5 个百分点；而民国二十四年（1935 年）所占比例最高，为 76.6%。很明显，降水量多集中在夏季风盛行期间，仅有少量降水分配在冬季风盛行期间。一年之中，4、5 月间（清明至小满）常会因雨水缺乏，以致"春耕时尤难调匀，播种失时即收获难望"[1]，故陕北农谚有"见苗一半收"的说法[2]。此外，7、8 月间雨水最多，川地往往因

---

① 光绪《绥德州志》卷四《学校志》之《习俗》，《中国地方志集成·陕西府县志辑》，南京：凤凰出版社，2007 年影印本，第 388 页下。
② 于光远：《于光远经济论著全集》（第 1 卷），北京：知识产权出版社，2015 年，第 8 页。

河水突增，且"无蓄浅之处，难以修筑堤堰，不能引灌田亩"[1]，甚而一旦雨水过多，大量耕地"粪汁土膏又渗漏无余，蕴田愈薄，则收愈歉矣。雷雨大作则浊浪冲激，随地成沟壑，苗之根抵露，加以烈风，胥仆偃于泥淤中，而田近河畔者，随波而去，势则然也"[2]。

霜降情况。研究区受冬季风控制，时有冷空气侵入，出现霜降现象，从而引起急剧降温，并造成大量农作物植株茎秆受害或者死亡。如果在抽穗期出现明显的霜降情况，则往往导致穗部遭受冻害，严重影响产量[3]。以保安县为例，该县境内"每岁春末秋初间，霄严霜杀谷伤稼，俗谓之黑霜，未霜前数日，北风劲厉，天气骤寒，入夜而降，或数里或数十里，有亩东被灾而亩西不灾者，有高地被灾而下地不灾者，甚有一地年年被灾不宜耕种者，不尽遍灾也。次日天必晴，霁日光灿之禾稼受侵者，立见枯萎"[4]。此外，黄河沿岸的佳县一带因"北临沙漠，风气最寒"[5]，"一至七月之中，凉风乃至，故沿边一带，禾苗或有冻枯者，八月下旬，谷菽皆登，土人有言曰至寒露割谷打枣，是以时降霖雨，凄凉特甚，九月之初，繁霜满地，木叶尽脱"[6]。而且，一旦秋霜过早，农作物则"多有秀而不实之虞"[7]。

---

[1] 道光《秦疆治略》之《绥德直隶州》，《中国方志丛书·华北地方·第288号》，台北：成文出版社，1960年，第168页。

[2] 顺治《安定县志》之《艺文》，（清）王鸿荐：《续土田说》，陕西师范大学图书馆古籍部藏，未刊印。

[3] 李国桢：《陕西小麦》，西安：陕西省农业改进所，1948年，第15页。

[4] 光绪《保安志略》之《庙祀篇·祀典》，《中国地方志集成·陕西府县志辑》，南京：凤凰出版社，2007年影印本，第186页下-187页上。1里=0.576千米

[5] 嘉庆《葭州志》卷一《天文志》，《中国地方志集成·陕西府县志辑》，南京：凤凰出版社，2007年影印本，第13页。

[6] 民国《续修葭县志》卷二《风俗志》，《中国地方志集成·陕西府县志辑》，南京：凤凰出版社，2007年影印本，第402-403页。

[7] 光绪《绥德州志》卷四《学校志》之《风俗》，《中国地方志集成·陕西府县志辑》，南京：凤凰出版社，2007年影印本，第388页下。

故民众唯有利用从谷雨到秋分期间仅五个月的无霜期从事农业生产，"然雨泽稀少，而春耕时尤难调匀，播种失时，即收获难望，……故旱干之年，衣食恒多不给"[①]，这一情况亦可以从清代地方官员向中央政府呈递的奏疏中有所反映[②]。

从文献中直接或间接体现的整体气候状况来看，清至民国时期，该区域的气候状况与现在相比略差，但气温、降水和霜降情况存有很大的相似性。

三、土地覆被状况

陕北黄土高原地域广袤，地形变化明显，各地区的降水量和土壤类型呈现显著的区域分异，以致本区土地覆被的区域性差异突出。

在本书所涉及的研究区域内，土地覆被大致由落叶阔叶林森林草原向干草原过渡。就具体区域而言，黄土高原沟壑区和土石质山区林草植被分布相对较广，牧业用草有"白草、冰草、星星草及蒿"等[③]。有的地方如黄龙山区一带，至民国初年依然"森林茂密""尚少摧残"[④]。而黄土丘陵沟壑区多数地方虽然草类众多，如"沙竹、木竹、石榆柳、沙蒿、黄蒿、沙蓬、荆条、刺蒿、麻儿蒿、绵蓬、

---

① 光绪《绥德州志》卷四《学校志》之《风俗》，《中国地方志集成·陕西府县志辑》，南京：凤凰出版社，2007年影印本，第388页下。

② 《陕西巡抚谭钟麟八月初二日（8月29日）奏》（光绪四年，1878年），中国科学院地理科学与资源研究所、中国第一历史档案馆：《清代奏折汇编——农业·环境》，北京：商务印书馆，2005年，第537页。

③ 民国《洛川县志》卷八《地政农业志》之《土地利用·林地利用》，《中国地方志集成·陕西府县志辑》，南京：凤凰出版社，2007年影印本，第154-155页。

④ 民国《宜川县志》卷八《地政农业志》之《土地利用·林地利用》，《中国地方志集成·陕西府县志辑》，南京：凤凰出版社，2007年影印本，第152页。

灰蓬、和尚草、牛蔓青、沙弥等"[①]，但地表覆被稀少，大量黄土裸露于外，"连岗叠阜而不生草木，间有层岩，又率皆顽石，而色赤无足观"[②]。就地貌部位而言，阴坡、阳坡、丘陵顶部、平坦地面等不同地貌部位，由于水热条件的差异，在天然植被的组成上有显著的不同。在黄土峁顶和阳坡，分布有白羊草、黄背草、杂类草及酸枣、荆条灌丛。禾草—杂类草大都分布于海拔 1 000～1 200 米的黄土高原东南部的阳坡、半阴坡或脊部的缓坡上。阴坡上常分布有林木，在侵蚀沟的沟头、沟壁及梁峁下部基岩出露的陡壁等处多为"沟渠润湿之处，尚有榆、柳、杨、桐繁茂野生，而连阡累陌，蓊郁干霄者则未之见也"[③]。此外，陡坡或多年撂荒地还分布有柠条、酸枣、乌柳、羊厌厌等灌丛植被[④]。从现有的史料中可以得出，清至民国时期陕北黄土高原的高原沟壑区和丘陵沟壑区多数地区土地覆被明显好于中华人民共和国成立初期。

　　从清至民国时期研究区域内的自然侵蚀环境来看，当时地貌状况、气候条件以及土地覆被情形和现在相比，存有一定差别。其中，地貌整体状况在自然侵蚀和人为加速侵蚀的双重作用下变化尤为突出。人类活动的影响，尤其是土地利用方式和力度的变化对局部地貌所产生的影响存有显著的区域差异，这既有对局部地貌状况的破坏，亦有对局部地貌状况的改良。气候状况和土地覆被状况虽然在总体上和现在相比存有不同，但在区域内部差异层面上和现在存有很大的相似性。

① 民国《葭县志》卷二《物产志》，《中国地方志集成·陕西府县志辑》，南京：凤凰出版社，2007 年影印本，第 451-457 页。
② 康熙《延绥镇志》卷一《地理志·山川上》。
③ 民国《横山县志》卷三《实业志》，《中国地方志集成·陕西府县志辑》，南京：凤凰出版社，2007 年影印本，第 433 页。
④ 崔友文：《黄河中游植被区划及保土植物栽培》，北京：科学出版社，1959 年，第 5 页。

第二节　人文环境的复原

一、人口迁移和聚落变迁

　　人口迁移是人口在空间上的位置移动，它的变化可以导致人口布局的调整、人口密度的改变以及居民的人口重构。而聚落，尤其是农村聚落，是在不同时代不同生产力水平下产生的，体现了人类生活、生产与周围环境的统一[1]。当周围的自然、社会环境不适宜人类居住时，人类往往重建新的聚落以维持生计。因此，人口迁移与聚落变迁密切相关。

　　明末清初之际，陕北黄土高原自然灾害肆虐，战乱频仍，李自成、张献忠农民军和明、清官兵在这里进行了长达数十年的征战[2]。长期不稳定的因素使得民众多躲避于深山峻谷，生活极度贫困[3]。清代初年，曾有官员对研究区的社会状况进行记录，"自宜君至延绥，南北千里，内有经行数日不见烟火者，惟满目蓬蒿，与虎狼而已"，而"此方之民，半死于锋镝，半死于饥馑，今日存者，实百分之一，皆出万死而就一生者也，是以原野萧条，室庐荒废"[4]。因此，许多

---

① 金其铭：《农村聚落地理》，北京：科学出版社，1988 年，第 67 页。
②（清）吴伟业《绥寇纪略》卷一《渑池渡》，北京：中华书局，1985 年，第 10-38 页。
③ 嘉庆《重修大清一统志》卷二五〇《绥德州》，《续修四库全书》编纂委员会：《续修四库全书》之《史部·地理类》，上海：上海古籍出版社，2002 年，第 213 页下-214页上。
④ 雍正《陕西通志》卷八六《艺文二》之《奏疏》，（清）杨素蕴：《延属丁徭疏》，陕西师范大学图书馆古籍部藏，未刊印。

地方至清康熙中期仍然市井萧条，"各里每多断甲绝户"①，在此时期，陕北黄土高原的民众多从事对荒芜土地的复垦。同时，另有一些无地、少地民众为避战乱，突破清政府政策的规定，进入蒙陕农牧交错带的黑界地进行私垦，但为数有限，不足以改变当地畜牧业经济为主体的地位，他们所从事的农业生产只是零星地点缀在蒙陕农牧交错带，成为当地畜牧业经济的附属。

　　康熙初年，长期战乱造成的创伤逐渐恢复，社会经济秩序日渐稳定，人口有所增长。薛平拴通过对乾隆十四年至嘉庆二十五年间（1749—1820 年）的陕西人口数量变化做出推算，认为乾隆一朝陕西人口的年平均增长率肯定在 6‰以上，人口的实际年平均增长率应在 8‰左右②。此时期，陕北黄土高原各州县人口增长较缓于内地。如表 1-3 所示。

表 1-3　乾隆年间至道光年间陕北黄土高原典型区域人口变化

年代	绥德州本州（乾隆四十九年，1784 年）	洛川县（乾隆五十一年，1786 年）	延长县（乾隆二十七年，1762 年）	榆林县（乾隆四十年，1775 年）
乾隆间	72 809	90 293	21 044	85 679
道光三年（1823 年）	81 536	98 400	86 100	101 200
年均增长率	3.0‰	2.36‰	23.0‰	3.70‰

资料来源：乾隆《绥德州直隶州志》卷二《人事门》之《户口》；嘉庆《洛川县志》卷九《民数》；乾隆《延长县志》卷三《赋役志》之《户口》；道光《榆林府志》卷二二《食志》之《户口》；道光《秦疆治略》之《绥德直隶州》《洛川县》《延长县》《榆林府》。

---

① 乾隆《宜川县志》卷一《方舆》之《里甲》，《中国地方志集成·陕西府县志辑》，南京：凤凰出版社，2007 年影印本，第 226 页。
② 薛平拴：《陕西历史人口地理》，北京：人民出版社，2001 年，第 206 页。

笔者选取陕北黄土高原史料较为集中、地域较为典型的区域进行统计，发现，乾隆年间至道光三年（1823 年）的 60 余年间，区域内人口状况虽有好转，但与关中地区相比，其年均增长率明显偏低。以此推测，乾隆中期，陕北长城以南地区的人口数量当在 570 000～1 203 000。仍以道光三年（1823 年）陕北黄土高原的人口数量为基点，上溯至康熙中期，陕北地区人口在 249 300～527 400 口。当然，这一人口数字应当排除局部发生较大的自然灾害情况。

自道光年间至咸丰初年，国外资本主义的势力尚未侵入内地，陕北地区民众仍从事着传统的农牧业生产，人口数量得以逐步增长。至咸丰年间，江南、华中及华北各地因太平军、捻军与清军的激烈角逐，人口数量先后呈逐渐下降的趋势。而西北地区则因远离战场，大量战区人口迁入，其人口规模呈上升趋势。曾有学者统计，咸丰六年（1856 年），陕西、甘肃、新疆人口总数约为 3 749 万，达到了清代西北人口发展的顶峰[1]。外来人口的增多，一方面固然带来了较为先进的生产技术，而另一方面，也使得西北地区本就贫瘠的土地的人口承载力趋于饱和，进而促使土客民之间、民族之间的矛盾凸显出来。

在这种人地比率变动过程中，人口增长也不断逼近当时生产力水平之下的土地人口承载力极限，这就需要重新审视和改进土地的利用方式。当时改进土地利用的方式有两种：一是扩大耕地面积，二是提高单位面积产量，这两种方式实际上是土地利用在广度上的扩展和深度上的加强[2]。而农民采取的农业要素是自己及其祖辈长期

---

① 侯春燕：《近代西北地区回民起义前后的人口变迁》，《中国地方志》2005 年第 2 期。
② 萧正洪：《环境与技术选择——清代中国西部地区农业技术地理研究》，北京：中国社会科学出版社，1998 年，第 207 页。

以来所使用的，而且在这一时期内，没有一种要素由于经验的积累而发生明显的改变，也没有引入任何新农业要素。通过长期的经验，他们熟悉了自己所依靠的生产要素，而且正是在这种意义上，这些生产要素是"传统的"。在所拥有的要素数量、种植的作物、使用的耕作技术和文化方面，这些因素之间显然是不同的，但它们有一个共同的基本特征：许多年来，它们在技术状况方面没有经历过任何重大的变动。这就意味着这种社会背景下，农民年复一年地耕种同样类型的土地，播种同样的谷物，使用同样的生产技术，并把同样的技能用于农业生产。相应地，引入一种新生产要素将意味着，不仅要打破过去的常规，而且要解决一个问题，因为新要素的生产可能性取决于还不知道的风险和不确定性。因此，仅仅采取新要素并得到更多的收益是不够的；必须从经验中了解这些要素中固有的新风险和不确定性，这必然导致传统农业对现有技术状况的任何变动都有某种强大的内在抵抗力[1]。因此，当人口承载力出现问题时，更多的民众会从原居地中分离出来，去寻找新的可利用资源[2]。

同治年间的"回变"使得"城池四乡多被蹂躏，人民逃往净尽，焚掠一空，死伤过半"，而光绪年间的"丁戊奇荒"使得生态承载能力本就低下的陕北黄土高原更加难以为继。以延安府同治年间的战乱和光绪初年的灾害为例，延安府治下的肤施、甘泉、保安、安塞等四县在两次动乱中的人口损失表现尤为突出。肤施县在咸丰十一年（1861 年）尚有民口 6.9 万，至宣统元年（1909 年）男女大小统

---

① ［美］西奥多·W. 舒尔茨：《改造传统农业》，北京：商务印书馆，2006 年，第 29 页。
② 秦燕、胡红安：《清代以来的陕北宗族与社会变迁》，西安：西北工业大学出版社，2004 年，第 47 页。

计，仅为 18 198 口，损失近 5.1 万人[①]。在保安县，据史料载，该县在光绪二十二年（1896 年）有男女大小共 5 241 口，和战前相比，损失人口高达 92%[②]。如此高的人口损失，并不意味着人口都死亡了，而更多的是反映了人口多已逃亡在外。不过，据后来的文献反映，人口损失最大的地区，灾后的人口增长速度最快，反之，增长速度即低。当然，此时期的人口增长包括了原有逃亡在外的民众重新著籍和外地移民的涌入[③]。

就本书研究区域而言，人地矛盾相对较轻时，当地民众在黄土残塬区从事简单的农牧业活动以维持生计[④]。伴随着社会经济的恢复，人口日渐增长，土地承载能力逐步饱和，大量民众由于原居地可耕土地数量有限，开始向丘陵沟壑区转徙。他们往往在"山坡陡圪抅掏挖种植"，且"春耕秋获，三时皆勤，相习至冬稍暇，犹以粪种奔走田间，故谓终岁勤动也"[⑤]，但所获作物产量"数垧不能当川原一二亩之半"。

当地民众在从事土地垦殖的过程中，往往根据特定的地貌条件和生活环境对自身所在的居所进行命名，其中多有以沟、梁、峁、台、崖、岔、峪、崂、塬、坪、湾、嘴等命名的村庄。如宜川县，该县除县川河以北地区和平川、河道地带有较大的村庄外，大多数村庄分布在山、峁、梁、沟里，农民的居住点分布显现出异常分散

---

① 民国《续修陕西通志稿》卷三一《户口》，陕西师范大学图书馆古籍部藏，未刊印。
② 光绪《保安志略》之《田户篇·户口》，《中国地方志集成·陕西府县志辑》，南京：凤凰出版社，2007 年影印本，第 175-176 页。
③ 饶智元编：《陕西宪政调查局法制科第一股第一次报告书》之《民情类》，稿本，南京图书馆藏。
④ 乾隆《宜川县志》卷一《方舆》，《中国地方志集成·陕西府县志辑》，南京：凤凰出版社，2007 年影印本，第 230-231 页上。
⑤ 道光《秦疆治略》之《绥德直隶州》，《中国地方志丛书·华北地方·陕西省》，台北：成文出版社有限公司，1970 年，第 167-168 页。

的特点。在这种破碎分割的地形条件下，乡村聚落分布不均，"率多比户而居"，由大河谷地到次一级河谷，再到支毛沟、梁峁坡面，聚落分布沿树枝状水系呈现出有规律的变化，即聚落密度由河谷平原→川台地→支毛沟→梁峁坡，呈现为树枝状的递减[①]。

二、谋生方式的选择

1. 农业

受地貌条件复杂、土质疏松、多季节性暴雨和地表植被相对稀少等自然条件的限制，陕北黄土高原民众的耕作方式呈现出较为明显的地域特性。其中，多数民众以占有大量的耕地为基础，多推行轮休耕作等土地利用方式。如安定县，该县"地连沙漠，山高而川狭，少平田，多种山上，种三年必须培生，培生者弃已耕之地，俟荒芜十余年，土脉生而后可耕也"[②]。同时，由于特定自然环境的制约，许多地方盛行"广种薄收"的耕作方式，即"不种百垧不收百石"[③]。在这种耕作方式下，当地民众要在一次收获中取得全年所需的粮食，必须抓紧时间抢耕多种，不多种不行。他们每年"立春即拥肥缮农具，清明节后始插铧播种……其地干燥不润，常视雨泽之多寡以占一年丰歉，如暑中缺雨，即终岁勤苦，仍有衣食为艰之忧"[④]。农民在短短的几个月内，常常忙于犁地下种，播足七八十

① 甘枝茂、甘锐等：《延安、榆林黄土丘陵沟壑区乡村聚落土地利用研究》，《干旱区资源与环境》2004 年第 4 期。
② 雍正《安定县志》之《田赋》，陕西师范大学图书馆古籍部藏，未刊印。
③ 乾隆《怀远县志》卷二《种植》，陕西师范大学图书馆古籍部藏，未刊印。1 垧=1 公顷。
④ 民国《横山县志》卷三《实业志》，《中国地方志集成·陕西府县志辑》，南京：凤凰出版社，2007 年影印本，第 433 页。

亩①以至百亩才休止，而后又要抢收秋禾，中间往往顾不得锄草，精耕细作无从讲求。每当农忙之时，民众便以"伙种""搭庄稼"等民间互助形式自发地组织起来，利用尽可能多的人力、畜力、农具共同劳动，共同分配，以达到与天抢食的目的②。这样做的效果是明显的，即很可能导致当地民众大部分的时间忙于种田而不治田，"不壅不锄，止知一耕一种，已无余事，其收成厚薄，则听之天矣"③。在关中和陕南，农业自然条件较好，农作时间较长，农作物一年一熟或两年三熟。而陕北地区多数地方，因受到气候等方面的制约，只能一年一熟。

此外，在地貌类型和耕作方式的影响下，当地民众对于田亩的统计方式也颇具区域特性。如清涧县，该县"地本硗确，峰崖委蛇，田难以顷亩计，为一晌或以土作垧，又曰一塌……大约一塌为地三亩，或云牛耕自朝至暮为巡，当作巡"④。而延长县则"科粮以五亩折正一亩，呼为一塌"⑤。上述统计单位"塌"的实有亩数因地域差异而有所不同，不过由于粗放型农耕制度的存在，单位亩产量自然会受到影响，加之当地的自然环境恶劣，民众辛苦一年，所获甚微，"其一塌所获粮，除川地外，余原地带不能满市斗一石，计每亩止二斗内外"⑥。即使是高产作物，如高粱，其亩产在风调雨顺的情况下，

① 1亩=666.67平方米。
② 陕甘宁边区财政经济史编写组、陕西省档案馆编：《抗日战争时期陕甘宁边区财政经济史料摘编》，西安：陕西人民出版社，1981年，第6-9页。
③ 乾隆《怀远县志》卷二《种植》，陕西师范大学图书馆古籍部藏，未刊印。
④ 道光《清涧县志》卷一《地理志》之《风俗》，《中国地方志集成·陕西府县志辑》，南京：凤凰出版社，2007年影印本，第41页下。
⑤ 乾隆《延长县志》卷三《赋役志》之《杂课》，《中国地方志集成·陕西府县志辑》，南京：凤凰出版社，2007年影印本，第117页。
⑥ 乾隆《延长县志》卷三《赋役志》之《杂课》，《中国地方志集成·陕西府县志辑》，南京：凤凰出版社，2007年影印本，第117页。1斗=10升=7.5千克，1石=75千克。

也就勉强达到一石五斗的水平。不过，由于这里土地"地处极边，山穷水恶，天时则寒多暑少，地利则素鲜膏腴"，适合种植高粱的土地不多，只可种植一些低产出的作物，如在当时的生产条件下，亩产仅达到二斗至七斗五升的粟类作物。这样就可能造成多数民众辛苦终岁，难以果腹，灾年之时，奔走四方。

在普遍施以"广种薄收"生产方式的同时，陕北各县也存有一种趋向于精耕细作农业生产方式的技术形态，这种技术形态亦有一个发展、演变的过程。一方面，地方政府通过"晓谕邑令，巡历乡村，随地讲解"的方式敦促民众学习先进的生产方式，以尽教化之能，而民众亦"渐习培粪、薅荼之法"[1]，尽可能地保持土壤肥力，提高作物产量。另一方面，则是农田水利的兴修。据民国二十八年至民国三十年（1939—1941年）的《榆林雨量记录》统计，全年雨量最少者，仅193毫米，多者亦不过500余毫米[2]，而且降水分布不均，要么长时间不降雨，要么一旦降雨，即为强降雨，疏松的土壤经不住雨水冲刷。陕北黄土高原多数地方"以土性沙垆，不宜蓄水，而所修堤堰遇山水涨即冲去，故卒无成功，惟近庄地有平泉者，间修以菜园数十畦，种葱、韭、瓜、蔬，以供日用之需而已"[3]。因此，除延长县存有较为密集的水利设施以供农田灌溉之需外，其余各地多出现"水利不兴"的局面[4]。国民政府经济委员会陕西省水利处在民国二十六年（1937年）编纂的《陕西省水利概况》一书中认为，陕北水利事业与关中、陕南各区相比，无论从灌渠数量，还是灌渠

---

① 民国《宜川县乡土志》之《风俗》，陕西师范大学图书馆古籍部藏，未刊印。
② 李国桢编：《陕西小麦》，西安：陕西省农业改进所印，1948年，第15页。
③ 雍正《安定县志》之《水利》，陕西师范大学图书馆古籍部藏，未刊印。
④ 乾隆《延长县志》卷二《建置志》之《水利》，《中国地方志集成·陕西府县志辑》，南京：凤凰出版社，2007年影印本，第107-110页。

灌溉面积上仍存有较大差距[①]。

2．牧业

本书所涉及的陕北长城以南地区，其牧业生产和长城沿线相比，无论从规模上，还是从种类上，都存有较为明显的差异。即便是该区域内部的牧业生产也随着地域的不同而呈现自北而南的显著变化。就区域间的差异来看，黄土高原沟壑区和黄土丘陵沟壑区地貌类型多样化，地表覆被亦随地貌差异而疏密不一。长期的传统农业生产使得当地民众多习惯于固有的生产要素以及因此而产生的种植的作物和使用的耕作技术。牧业生产更大程度上依附于农业生产，甚而在许多地方更多地表现为农业的补充，而且牧业用地也多是抛荒地或难以从事农业生产的陡峻荒地。就区域内部的差异而言，延安以北地区地形多被切割，沟壑密集，植被稀疏，土壤侵蚀剧烈，延安以南地区自然状况相对良好，自然植被相对较多，尚有部分稀疏梢林，径流侵蚀较轻处残存破碎塬地。由于地形条件的多样性、地表覆被的分布差异性，当地民众在从事农业生产的同时，往往会利用自然环境的地域差异而从事适当的牧业生产。

延安以北区域在历史时期多为豢养军马的场所，如保安县。该县地处"雍之北边，地气高寒，春迟秋早"，且该地气候恶劣，对农事活动颇为不利，"霜信无常，春夏之三四月，秋之七八月，有非时之霜降；五六月，有非时之冰雹，杀谷伤稼。早稼遇霜十损二三，迟稼遇霜十损五六"[②]。所种作物"以黍、稷为上品，麦次之，粱与菽豆尤次之"。其产量"每地一塂上稔约收三斗，每二斗合京斗一石，

---

① 全国经济委员会陕西省水利处编：《陕西省水利概况》，南京：美丰祥印书局，1938 年，第 219 页。
② 民国《保安乡土志》之《气候》，陕西师范大学图书馆古籍部藏，未刊印。

中稔二斗下，岁则一斗有奇而已"[①]。当地民众为保证基本的生计，"勤耕而外，以畜牧为大宗"[②]。

光绪《保安志略》的编修者根据保安县实有情况，对该县的牧业生产特点加以总结。其特点有四，其一，明代，该县即为游牧场所。县境"直北三百里越边墙入蒙古草地，为自来游牧之场。物土之宜不相什百，而保安民多牧羊，坐食其利，饶益较马牛为广"。其二，该县特定的地貌条件为牧业生产提供了必要的牧放场所。"保安密迩边陲，负阴回阳，凡深山广泽，悉听纵放，谓之牛羊山，公私无禁。每当春夏之交，百草怒发，露稀而出，露湿而归，濈濈来思，无虑疾蠢，至若严冬，暮风劲草，枯则搜齿宿根，随地取足"。其三，选择合适的畜种进行养殖。"羊曰达生孳息最易中人之家，受牧百羊，饮饲得宜，岁倍其数，故陆地之产"，且"羊之利在毛与绒，保安绒尤良，有绵羊、山羊二种，绵羊重在毛，山羊重在绒。每二三月毛毵始脱，刮而取其绒，一羊约得四五两，壮健者尤丰美。逾春则无绒而毛矣！绵羊之毛至秋而毡，较春毛鲜好，计一羊岁取其绒，二取其毛，三至取其皮。而羊之功用异矣！故树一谷，无水旱、霜雹，一树仅一获。牧一羊但不邅寝，其皮一树可百获焉"。其四，牧业生产的实际需要劳力相对较少。"种植耕获，动需群力，牧之为业，无候多人，岁赁一夫一童，约十数缗，肩垂橐，手短柄，左叱羊，右驱犬，旃裘篛笠，无爽阴阳，朝稽而出之，暮稽而入之，任我指执，无尧牵舜鞭之苦"[③]。正是由于该县牧业生产存有上述四

[①] 光绪《保安志略》之《物宜篇·种植》，《中国地方志集成·陕西府县志辑》，南京：凤凰出版社，2007年影印本，第199页上。
[②] 民国《续修陕西通志稿》卷一九六《风俗二》，陕西师范大学图书馆古籍部藏，未刊印。
[③] 光绪《保安志略》之《物宜篇·畜牧》，《中国地方志集成·陕西府县志辑》，南京：凤凰出版社，2007年影印本，第196页下。

项特点，以致"人争趋之"。该县"民户近且千，畜牧者，十室而九，富家有牧至二三千头者，至少亦畜百头。每户以百羊计之，约得羊十万头，每羊以千钱计之，约得钱一十万缗，少亦约数万缗。不可谓为瘠区也"[1]。

从保安县的情况来看，该县之所以牧业生产相对农业颇占优势，除区域气候不利农事、适宜畜牧外，当地常年稳定的人口数量与之息息相关。如比保安县纬度还高的绥德、米脂一带作为陕北的政治、军事、经济和文化中心，是以人口的变动异常剧烈。相应地，绥德、米脂一带的土地经营规模也出现较为强烈的变化趋势。在这种因素的影响下，当地民众很难选择其他维持生计的手段，一旦条件适宜，他们多会选择固有的生产模式来维持生计。以至民国时期，在绥德、米脂一带的人口出现激增的情况下，只有接近清涧和河畔的绥德县"尚存少量荒地，故耕牛较多，羊群较大；绥德北部及米脂，因无荒地，所以农家多饲驴而不饲牛，羊群之经营，每群亦不过二、三十头。北部饲牛者，多为拥有八十垧上下的农户。因耕牛较耕驴力量大，耕得深，可耕地八十垧左右。耕牛多购自清涧，不作驮运、拉磨等使用。因饲养稀少，且多为公牛，间有母牛亦因附近不易找到种牛配种，故繁殖甚少"[2]。而延安北部其余各县牧业生产多呈现与此相类似的特点[3]。

---

[1] 光绪《保安志略》之《物宜篇·畜牧》，《中国地方志集成·陕西府县志辑》，南京：凤凰出版社，2007 年影印本，第 196 页下。

[2] 柴树藩、于光远、彭平：《绥德、米脂土地问题初步研究》，北京：人民出版社，1979年，第 6 页。

[3] 民国《安塞县志》卷六《风俗志》之《习尚》，《中国地方志集成·陕西府县志辑》，南京：凤凰出版社，2007 年影印本，第 226 页上；光绪《靖边县志》卷四《文艺志》之《劝民八条》，《中国地方志集成·陕西府县志辑》，南京：凤凰出版社，2007 年影印本，第 358 页下。

陕北黄土高原沟壑区和土石质山区林草植被分布相对较多，尚有稀疏梢林，多残存于破碎塬区。该区土地多为农业生产用地，牧业用地相对较少。如洛川县，该县因地势"东北高，西南低，河流皆自东而西流入洛，故东境牧草丰盛，水源不缺，可终年放牧，牧地多分布于此。牧草以白草为多，冰草、星星草次之"[1]，"至如畜产之属，于古所出为多，近则其利希矣，鸟兽草木滋生皆不甚蕃"[2]。清代陕西巡抚毕沅在《陕省农田水利牧畜疏》中也认为"省北延安、榆林二府以绥德、鄜州兹者，地土依然，水草犹在，倘能经畜得宜，安知今不如古"[3]。至民国时期，该地"大量之牧畜业尚待提倡耳"[4]。其中，可供牧养的场所较为分散，"信义乡、仙姑镇南二里有荒山，在县城东四十里，前曾耕耘，后因匪扰，居民逃去，地距村远，故久荒置。山上白草甚盛，其地约十顷，可放牛二千头，羊八百，山下为仙姑河，故不乏水源也。忠孝乡距县城西南四十里之山沟，有水源，白草亦多，牧期四月至十月，可容牛羊三千，亦于羊最宜"。而饲养方式中，牛为半饲法。"大抵每村雇一放牛者，称牧人，其雇资，每牛每年麦一斗，膳食则一牛轮吃一天。晨间即赶至沟内放牧，早饭后时，备午饭所用之口粮携去，至晚饭时始归。麦忙、秋忙及雨雪天，则饲于舍内"。马、驴、骡则皆舍饲，"多喂麦草加以麸皮，间用豆类或玉麦等"。山羊、绵羊则终年放牧，"每群数约四十至八

---

① 民国《洛川县志》卷八《地政农业志》之《畜牧·牧地利用》，《中国地方志集成·陕西府县志辑》，南京：凤凰出版社，2007年影印本，第159-160页。

② 嘉庆《洛川县志》卷一三《物产》，《中国地方志集成·陕西府县志辑》，南京：凤凰出版社，2007年影印本，第435页上。

③（清）毕沅：《陕省农田水利牧畜疏》（乾隆四十七年，1782年），（清）贺长龄、魏源等编：《清经世文编》卷三六，中华书局，1992年，第98-100页。

④ 民国《洛川县志》卷八《地政农业志》之《畜牧·牧地利用》，《中国地方志集成·陕西府县志辑》，南京：凤凰出版社，2007年影印本，第159-160页。

十头，鲜达百头以上者，雨雪天则以干草或树叶饲于舍内；每群有牧羊人一人或二人，多带犬以防野兽之侵害。猪则放牧于村内，饲以饭后之残食。鸡、鸭、鹅皆在屋内外自由寻食，数多，方另给饲料"[①]。其牲畜种类、数量及其价值如表 1-4 所示。

表 1-4　洛川县民国三十一年（1942 年）牲畜统计

种类	头数	元/头	平均价值总计	种类	头数	元/头	平均价值总计
牛	5 084	400～2 000	5 200 800	狗	20 210	100～400	5 052 500
马	399	1 000～3 000	196 000	猫	9 920	15～60	372 000
骡	333	1 000～5 000	999 000	鸡	3 560	10～20	71 200
绵羊	2 796	500～1 500	2 796 000	鸭	41 912	10～20	626 680
山羊	19 371	40～120	1 549 680	鹅	288	15～30	6 740
猪	4 908	30～75	257 670	合计	108 781		17 128 270

资料来源：民国《洛川县志》卷八《地政农业志》之《畜牧·牧地利用》。

与陕北长城沿线区域相比，陕北黄土高原沟壑区的牲畜数量的确存有一定差距，且牲畜种类偏重家禽、役畜，羊只数量尚不及定边县数额的一半。此外，该地兽疫流行，如牛的疾病，便有牛瘟、黄病、黏眼、急性胀气、走血等之多，防治乏术，致农家视为畏途[②]。

陕北黄土高原沟壑区除洛川塬外，宜川塬"幅员辽阔，牧地宽敞，虽县北多平原，人口较密，水草较缺，而西南两部，山谷纵横，

---

① 民国《洛川县志》卷八《地政农业志》之《畜牧·牧地利用》，《中国地方志集成·陕西府县志辑》，南京：凤凰出版社，2007 年影印本，第 159-160 页。

② 民国《中部县志》卷六《地政农业志》，《中国地方志集成·陕西府县志辑》，南京：凤凰出版社，2007 年影印本，第 197 页。

水草均便，极宜畜牧，惟过去地方不靖，居民亦鲜注意"[1]。至民国二十八年（1939 年）后，地方政府在该区"西北乡筹办公营农场，兼办畜牧事业"，获得一定实效。

三、制度、政策的影响

制度、政策是国家政权在特定时期里为实现一定目标而采取或规定的行为准则，它是国家发展社会、经济、文化等诸方面意志的体现，同时也是社会中存在的某种问题的具体表征，对它们进行深入研究，是认识某种事物发展过程的重要途径之一。长期以来，学术界对历史时期西部地区人类活动与环境的相互关系进行了较多的研究，但这些研究多关注于人口、农业等方面，而很少关注制度和政策层面。实际上，制度和政策是对诸人文要素起制约作用的最重要的人文要素，它对生态环境的影响也是非常重要的。而"将人类社会经济行为背后的、制约和支配着人类种种行为的制度和政策因素，视作可能起着主要作用的人文社会动因，并将其作为重点研究对象加以分析和解剖，是一种可望产生出色研究成果的技术路线"[2]。就本书而言，如何分析和界定土地利用政策对地理环境的影响，是查明历史时期土地利用和环境变化之间关系的重要方面。

陕北黄土高原沟壑区所在州县在明清鼎革之际，由于长年的自然灾害和战乱因素，人口数量呈递减的趋势。顺治十年至十二年（1653—1655 年），兴屯垦殖政策在陕北南部的推行使得该区域的社

---

① 民国《宜川县志》卷八《地政农业志》之《畜牧》，《中国地方志集成·陕西府县志辑》，南京：凤凰出版社，2007 年影印本，第 154 页。
② 侯甬坚：《环境营造：中国历史上人类活动对全球变化的贡献》，《中国历史地理论丛》2004 年第 4 辑。

会经济状况更为混乱，人口数量降至谷底，该项政策的负面影响直至康熙七年（1668年）前后才得到基本遏制。但即使是到康熙七年（1668年）前后，区域内市井萧条，社会经济状况一时之间仍难以恢复。随着清政府"盛世滋生人丁，永不加赋"和"摊丁入亩"等政策的颁行，该区人口数量才开始呈现明显的增长趋势。社会经济状况也逐步恢复，此时期的土地垦殖率也呈逐次递升的趋势。至咸丰年间，由于太平天国运动的影响，西北地区成为大量战区民众重点移民的区域，陕北黄土高原沟壑区人口规模仍然保持较高水平。伴随着人口数量的逐次递增，人地矛盾日益凸显。同治年间以至光绪初年，该区域屡遭战乱和自然灾害的影响，其人口数量大幅下降，土地的利用率也呈明显下降趋势。其后，虽经外来移民的大量移垦，地方社会经济状况有所改善，但是直到民国三十年（1941年）前后，该区域的人口数量才与乾隆二十年（1755年）前后持衡。

陕北黄土丘陵沟壑区所在州县，如绥德直隶州、榆林府等地自明代洪武、成化年间便先后设有绥德卫、榆林卫等军事防御体系[①]，以防御蒙古的入侵。上述区域在明末清初之际，由于长期的自然灾害和战乱因素，人口数量呈骤减的趋势，土地荒芜状况呈骤增趋势，虽经清政府的多方筹措，颁行招抚法令，但是人口数额始终处于低迷状态。顺治末年，清政府为了加快恢复和发展社会经济，鼓励垦荒，除了制定垦荒兴屯之令外，还利用明代遗留下的卫所体系，推动军屯事宜的迅速展开，为地方经济的恢复提供了必要的保障。康熙年间以降，军屯卫所内部的"民化"、辖地的"行政化"进程加快，绥德卫因其所在区域人口相对稠密、州县行政机构密集，故在裁撤

---

① 雍正《陕西通志》卷三五《兵防》，陕西师范大学图书馆古籍部藏，未刊印。

之后，将辖地并入附近州县。而榆林卫所在区域原来未设州县，且
辖区较大，故在雍正八年（1730 年）十一月由卫所改设为榆林府，
同时把定边、怀远二堡改为该府属县①。伴随着绥德卫、榆林卫作为
一种地理单位归并入州县，陕北地区卫所与州县互相并立的双轨制
行政机构得以简化。此后，随着国家政策的调整，当地社会日趋稳
定，绥德、榆林等地的人口数量也有一定增长，社会经济状况逐
步恢复，此时期的土地垦殖率也呈逐次递升的趋势。至道光三年
（1823 年），绥德直隶州人口数量达到 331 300 余口的规模②。而榆林
府从乾隆四十年（1775 年）到道光十九年（1839 年）的 65 年间，
户口数字也出现稳步上升趋势，户数增加了 21 360 户，口数增加了
近 20 万③。至咸丰年间，由于太平天国运动的影响，西北地区成为
大量战区民众重点移民的区域，绥德、榆林一带的人口规模仍然
保持较高水平。伴随着人口数量的逐次递增，人地矛盾日益凸显。
同治年间以至光绪初年，绥德、榆林等地屡遭战乱和自然灾害的
影响，人口数量大幅度下降，土地的利用率也呈明显下降趋势。其
后，经过战乱后地方政府的多方筹措，外逃民众多回至原籍，另有
大量外来移民的垦殖，地方社会经济状况有所改善，至光绪二十八

---

① 怀远县，雍正"八年（1730 年），裁沿边卫堡，以怀、波、响、威、清五堡置怀远县，
隶榆林府，废波罗州同威武巡检。"（民国《横山县志》卷二《纪事志》，《中国地方志集
成·陕西府县志辑》，南京：凤凰出版社，2007 年影印本，第 310 页）民国三年（1914
年）一月更名横山县。定边县，顺治初年，定边设"定边所守御千总，雍正初年改为县
丞，雍正九年（1731 年）改设知县"（嘉庆《定边县志》卷七《官师志》之《设官》，《中
国地方志集成·陕西府县志辑》，南京：凤凰出版社，2007 年影印本，第 55 页），乾隆元
年（1736 年）二月初七（1736）往属延安府。
② 道光《秦疆治略》之《绥德直隶州》，《中国地方志丛书·华北地方·陕西省》，台北：
成文出版社有限公司，1970 年，第 167-168 页。
③ 道光《榆林府志》卷二二《食志》，《中国地方志集成·陕西府县志辑》，南京：凤凰
出版社，2007年影印本，第346页。

年（1902 年），该地"民、屯户口居然与乾隆间等"①。而这一点和陕北黄土高原沟壑区相比变幅之大值得深究。人口变动的骤增骤减，固然反映了战乱的频仍、自然灾害的肆虐，进而导致了土地利用强度和广度在时段上的明显差异，但更重要的则是突出了该地严峻的土地生态承载能力问题。而生态承载能力的高低则主要通过该区域民众的土地利用和土地利用过程中所引发的环境问题来体现。

综上所述，通过对黄土高原沟壑区和丘陵沟壑区侵蚀环境的复原和对比不难发现，虽然这两个区域的自然环境存有一定差异，但总体而言，气候状况、土地覆被状况和现在相比存有不同，但在区域内部差异层面上和现在相比，存有很大的相似性；地貌状况在自然侵蚀和人为加速侵蚀的双重作用下变化尤为突出。在人文环境中，清以降人类活动相对明代以前较为活跃，人口迁徙和聚落变迁随着社会经济的此起彼伏而呈现明显变化趋势；传统土地利用方式受地貌条件复杂、土质疏松、多季节性暴雨和地表植被相对稀少等自然条件的限制存有显著的区域差异。不过，在区域内部，土地利用方式并未因经验的积累而发生明显的改变，也没有引入任何新农业要素。通过长期的经验，他们熟悉了自己所依靠的生产要素，而且正是在这种意义上，传统的土地利用方式得以固化和延续。因此，从一定程度上来看，土地利用方式对土壤侵蚀的影响具有相对稳定的持续性，而土地利用的力度对土壤侵蚀的影响则具有变幅较大的可逆性。此外，以土地利用的政策和历史时期的典型事例为考察对象，能够间接分析政策和重大事件影响下的人口变动和土地利用变化，进而可以推断政策、事件和环境变化的关系。

---

① 光绪《绥德州志》卷三《民赋志》之《户口》，《中国地方志集成·陕西府县志辑》，南京：凤凰出版社，2007 年影印本，第 359 页上。

第二章 兴屯垦殖政策和陕北黄土高原的自然环境

　　政策是国家政权在特定时期内为实现一定目标而采取或规定的行为准则，它是国家发展社会、经济、文化等诸方面意志的体现，同时也是社会中存在的某种问题的具体表征。作为土地利用变化的当然组成部分，一项土地利用政策往往牵涉许多经济领域，并有可能影响整个社会经济的发展状况，进而对环境变化发生作用。这样一来，如何分析和界定土地利用政策因素对地理环境的影响成为本章讨论的重点。

　　美籍华人历史学家何炳棣在1959年出版的著作中曾对清代黄土高原的折亩现象做了专门论述："在17世纪50年代，一些陕北中部的官员在登记新垦地亩数时企图不按传统办法打折扣。当地的习惯和百姓的反抗强烈，以至到60年代，不仅对原来耕地按长期实行的宽大比率折算，新垦地也照此办理。在整个陕北地区折算的比率从三四亩至八九亩合一纳税亩不等。"[①]这段文字是对成书于民国三十

---

① [美]何炳棣：《明初以降人口及其相关问题（1368—1953）》，葛剑雄译，北京：生活·读书·新知三联书店，2000年，第123-124页。

三年（1944 年）的《中部县志》相关记载的准确把握，反映了在明清鼎革之际，兴屯道、厅在陕北黄土高原推行中央政府颁布的具有临时性的垦殖政策中所发生的史实。同时它还集中地突出了从明代"一条鞭法"向清代"摊丁入地"的过渡期间清政府在施政方针上的变动，从而为清代"摊丁入地"的出现和推行提供了必要的借鉴。

第一节　兴屯垦殖政策的兴废

一、历史背景

明末清初之际，陕北黄土高原自然灾害肆虐，战乱频仍，许多地区"民化青磷，田鞠茂草，盖无处不有荒田，无户不有绝丁也"①。人口的明显减少，土地的大量荒芜，势必给刚入主中原的清政府带来至少三个急需解决的问题。其一，"地荒民逃，赋税不充"。顺治九年（1652 年）曾有为政者统计，直隶和各省钱粮因为土地荒芜而造成的缺额有 400 余万两，占了当时总收入的四分之一左右②。而实际的财政开支则因清廷剿杀南明的战争还在急速增长。虽然当时清政府的赋税收入还包括盐课、榷关等项目，但最主要的是地丁税，特别是出自土地的田赋，即所谓"人丁地土乃财赋根本"③，"无地

---

① 《孟乔芳揭帖》，顺治七年（1650 年）八月初一日，故宫博物院藏。
② 《皇朝经世文编》卷二九，（清）张玉书：《顺治间钱粮数目》，清道光本。
③ 《清世祖实录》卷八七，顺治十一年（1654 年）十一月丙辰，北京：中华书局，1985年，第 685 页下。

则无民，无民则无赋，惟正供有亏，根本之伤"[1]。其二，"饥民逃兵，啸聚为乱"。大量民众为避战乱，被迫离开原籍，成为流民。而这些流民迫于生计，又无法从事正常的农业生产，不得不铤而走险，以武力而谋生存。如李自成起义军虽然被清军"次第歼灭"，但南北山谷间仍有小股武装力量"不时窃发"，"皆由逃亡所结聚也"[2]。其三，"吏治未兴，垦政难行"。清政府为尽快摆脱社会经济问题的困境，对招徕流民垦复荒地特别重视。但是当时的垦荒多因战乱未息，吏治尚未步入正轨，而收效甚微。

顺治元年（1644 年），清政府便针对招徕流民垦复荒地等问题做了安排，即"定垦荒兴屯之令：凡州县无主荒地，分给流民及官兵屯种。如力不能垦，官给牛具籽种，或量假屯资"[3]。然而时隔数年，仍无明显的成效。在这种情形下，加上赋税缺额、军费超支和流民滋扰等不稳定因素的存在，促使清政府必须采取特殊的措施来应对特定时期迫在眉睫的社会经济问题，因此，清政府决定另设一套屯政系统以专责成，这就是兴屯垦殖政策的颁行。而与该项政策并行的兴屯道、厅也逐次设立，顺治"十年（1653 年），覆准：直省设开屯道、厅等官，专管兴屯事宜，督垦荒田"[4]，以图尽快地摆脱日益加深的社会经济危机。

---

① （清）卫周胤：《请陈治平三大税》，《皇清奏议》卷二，清光绪内府藏本。
② （清）孟乔芳：《孟忠毅公奏议》卷下《题为微臣目击荒粮之紧不能不支，恳祈圣恩速赐除豁以全孑遗事》，东洋文库藏清刻本。
③ 嘉庆《大清会典事例》卷一四一《户部》之《田赋·开垦》，光绪二十五年（1899 年）石印本。
④ 康熙《大清会典》卷二〇《户部》之《田土一·开垦》，康熙二十九年（1690 年）内府刻本。

二、兴屯道、厅在陕北地区的设置及其初期施政效果

兴屯垦殖政策具有其自身的特殊性，它集中地体现了明清鼎革之际的多种社会和经济矛盾，更是当时社会问题的焦点。这样的政策在实施之初便会存有争议，且在实施过程中多有弊端，因而该项政策从顺治十年（1653 年）初步实施到顺治十二年（1655 年）终止仅有三年的时间，且在官修的史书中仅有简略记述，甚至多有回避。然而，兴屯垦殖政策能够在短期内保证军费开支、促进农业生产、保证政府用度，因此，该项政策的施行对于清初社会经济的稳定起到了重要的作用。

在兴屯道、厅设置之前，也就是顺治九年（1652 年），清政府内部便就屯田问题展开了讨论。同年八月，礼科给事中刘余谟上书言事，他认为，"国家财赋大半尽用于兵"，财政入不敷出，亏空额竟达七十八万五千余两，因此应该把"流民"中不能"收归营伍"的老弱和原来在军队中"不堪操练讲武"的余丁组织起来，进行屯田。刘氏认为，在此情况下，"舍屯田而外，别无奇策"[1]。而刚平息四川战乱的陕西三边总督孟乔芳，在攻克四川时，倍感陕西民众在军需物资转运的艰难。因此，他提出"惟屯田可足食、强兵，而弭盗、安民"的意见[2]。同年十月，内三院大学士范文程、洪承畴、宁完我、陈之遴也相继提出在湖广、江西、河南、山东、陕西五省举办屯田，并提出了具体的四点方案以解决"赋亏饷绌"等实际问

---

[1] 《皇朝经世文编》卷三四《户政九》。
[2] （清）朱彝尊：《曝书亭集》卷七〇《碑二》之《太保孟忠毅公神道碑铭》，光绪寒梅馆精写刻本。

题①。从上述为政者的建言中不难看到，清政府设置兴屯道、厅的着眼点大致有二，其一是"增赋裕饷"，其二是"弭盗安民"。尽管政策本身尚不完善，但是在这双重目的的作用下，清政府在全国范围开始逐次设置兴屯道、厅，而战乱刚刚弥平的北方诸省则成为此次垦务的重点。

陕北地区自明末清初以来，自然灾害和战乱频繁不断。李自成、张献忠等农民军和明、清官兵在这里进行了长达数十年的征战。此外，伴随着清政府在四川战事的不断深入，战争所需的军事物资多仰赖陕西供给。这样一来，陕西民众的负担得以加重，以致"已安之民，旷日费时，师老财匮，此坐而致困之道也"②。大量民众流离失所，整个陕北地区，自宜君、洛川直至榆林、神木等地呈现出一派萧条景色，一时之间，难以恢复如初。这就促使当时统筹川陕军务粮饷的陕西三边总督孟乔芳将垦种荒旷、就地自谋饷粮视作解决问题的关键，甚至将之提高到关系川陕大局的战略位置上来考虑。因此，当中央政府提出在北方各省设置兴屯道、厅之时，孟乔芳便积极配合中央政府的安排，在延安、庆阳、平凉、固原、西安、凤翔等处设置兴屯道、厅③，并安排得力官员白士麟具体负责延安兴屯事宜，高应选负责中部、宜君两县的兴屯事宜④，以图尽快摆脱"户口消耗，荆棘弥望"⑤的困境。不过，孟乔芳恢复屯田制度后，士卒多不愿耕作，稍加逼迫，便威胁要发动兵变。结果，只得招徕当地

---

① 《钦定八旗通志》卷一八九《人物志六十九》之《大臣传五十五·汉军镶黄旗一·范文程》，台北：学生书局，1968年影印本。

② （清）张邦伸：《锦里新编》卷一《李国英传》，嘉庆刻本。

③ 《碑传集》卷五《孟乔芳碑铭》，光绪刻本。

④ 康熙《中部县志》之《地亩》，陕西师范大学图书馆古籍部藏，未刊印。

⑤ （清）朱彝尊：《曝书亭集》卷七〇《碑二》之《太保孟忠毅公神道碑铭》，光绪寒梅馆精写刻本。

民众为屯田佃户①。

陕西兴屯事宜在全面展开的初期，确实收到一定的实效，即收得"兵屯粮米二万六千（石）有奇，民屯岁收粮米一万六千（石）有奇"②。究其原因，大致有二，其一，清政府规定凡田地"无主者，即为官屯。其有主而抛弃者，多方招徕过期不至，乃为官屯"③。而原来散布在各省的明朝王府庄田凡属"旧荒之田"，也要"奉部文令归兴屯"④，这样一来，大量的土地，尤其是长期被明代王室宗亲占有的肥沃土地确实在很大程度上起到了吸引民众前往垦种的效果。其二，"凡土著、流户愿来耕者，均给以地粮，助牛种，官分子粒三分之一，三年后为永业，编行保甲，使守望相助"⑤。虽然与"劝垦"诏令相比，农民在耕种土地时要在第二年就缴纳籽粒，且"屯租数倍民粮"⑥，但由于政府提供必要的耕牛、农具和种子等生产资料，且在三年之后，农民除了所耕垦的土地归自身所有外，还可以"编行保甲"，回归地方政府正常缴纳赋税的系统中，因此，"远近饥民闻风踵至"，这就成为兴屯道、厅设置初期取得明显成效的原因所在。但是，兴屯道、厅设置的初衷是为了解决政府财政收支问题，达到"增赋裕饷"和"弭盗安民"的目的。因此，该项政策在实施过程中也出现了一些较为严重的问题。

---

① [美]魏斐德：《洪业——清朝开国史》，陈苏镇、薄小莹等译，南京：江苏人民出版社，2003 年，第 777 页。
② 《碑传集》卷五《孟乔芳碑铭》。
③ 《钦定八旗通志》卷一八九《人物志六十九》之《大臣传五十五·汉军镶黄旗一·范文程》。
④ 故宫博物院明清档案部编：《清代档案史料丛编》（第 1 辑），《祖泽远题请征辽饷明示以便遵行本》，顺治十一年（1654 年）六月二十九日，北京：中华书局，1978 年，第 156 页。
⑤ 《钦定八旗通志》卷一八九《人物志六十九》之《大臣传五十五·汉军镶黄旗一·范文程》。
⑥ 康熙《大清会典》卷二四《户部八》之《赋役一》。

以陕北黄土高原沟壑区为例，该区域位处黄土高原腹地，"山川硗瘠，地寒霜早，独有秋收"①，在明代万历年间所定的《赋役全书》中便"皆以折正起科，或八、九、十亩出一亩之赋，或三、五亩出一亩之赋"②。然而，顺治十年（1653 年），白士麟、高应选到任后，为了尽快完成岁额，"专以清丈为事，及令民间自行开首，即将官尺二百四十步计亩报粮"③，以至"昔之五、六亩而折一者，各亩其亩矣；五、六亩而辨一亩之赋者，各赋其赋矣"④，这就使得原本因土地瘠薄而需要折亩的土地按照内地正常的地亩起科，一旦民众被招徕垦种，他们所缴纳的赋税和内地屯田相比，就不是简单的"屯租数倍民粮"⑤了，而是十几倍，如表 2-1 所示。

表2-1　清代顺治年间陕北部分州县兴屯道、厅兴废前后地亩比较　　单位：亩

县份	鄜州	宜川	洛川	总计
原额地	228 770	262 525.98	399 926.455	891 222.435
免荒地	166 503.38	240 470.98	325 010.41	731 984.77
原额地/免荒地	1.374	1.092	1.231	1.218
折亩率	6.5∶1	4∶1	8.445∶1	—

① 雍正《陕西通志》卷八六《艺文二》之《奏疏》，（清）陈炉：《秦地折正宜复旧额疏》，陕西师范大学图书馆古籍部藏，未刊印。
② 乾隆《延长县志》卷一〇《艺文志》之《条议》，（清）许瑶：《长民疾苦五条》，《中国地方志集成·陕西府县志辑》，南京：凤凰出版社，2007 年影印本，第 161 页下-164 页上。
③ 雍正《陕西通志》卷八六《艺文二》之《奏疏》，（清）许瑶：《延民疾苦议五条》，陕西师范大学图书馆古籍部藏，未刊印。
④ 道光《鄜州志》卷五《艺文部》之《议》，鲍开茂：《折亩议》，《中国地方志集成·陕西府县志辑》，南京：凤凰出版社，2007 年影印本，第 324 页下-325 页上。
⑤ 康熙《大清会典》卷二四《户部八》之《赋役一》。

县份		鄜州	宜川	洛川	总计
兴屯地（顺治十年至顺治十三年，1653—1656 年）	亩数	36 500	56 042.77	107 394.053	199 936.823
	实熟地（1）	98 766.62	78 097.77	182 310.10	359 174.49
	亩数/实熟地（1）	36.96%	71.76%	58.91%	—
折亩后兴屯地（康熙七年，即 1668 年后）	亩数	5 615.38	14 010.69	12 716.88	32 342.95
	实熟地（2）	67 882	36 065.69	87632.93	191 580.62
	亩数/实熟地（2）	8.27%	38.85%	14.51%	—

注：① 实熟地（1）=原额土地−免荒地+兴屯地（顺治十年至顺治十三年），实熟地（2）=原额土地−免荒地+折亩后兴屯地（康熙七年，即 1668 年后）；

② 折亩后兴屯地（康熙七年后）=兴屯地（顺治十年至顺治十三年）/折亩率。

资料来源：雍正《陕西通志》卷二四《贡赋一》之《延安府属》、《鄜州属》；道光《重修鄜州志》之《重修鄜州志序》；乾隆《宜川县志》卷三《田赋》之《地粮》；民国《宜川县志》卷八《地政农业志》，田锡爵《折正地亩记》；嘉庆《洛川县志》卷九《地丁》；民国《洛川县志》卷八《地政农业志》之《土地整理沿革》。

    表 2-1 所列的鄜州、宜川县和洛川县三地皆为驻兵之地，且鄜州、洛川县地处关中通向陕北的咽喉之地[①]，而宜川县地近黄河，被视为"冲地"[②]。三地在地理位置上便于陆驮、水运，可以尽快地将军需物资，尤其是粮草转运至战乱吃紧的地方[③]。此外，上述三地在清初统计民田时，因自然灾害和战乱因素而出现的荒地竟分别占到了 72.78%、91.60% 和 81.27%。抛荒率如此之高，数额差距如此悬殊，反映了民众生活的疾苦，同时也给清政府提出了严峻的民生问题，这就需要"非休息生聚，费国家数十年培养之力，必不能复元气而

① 嘉庆《洛川县志》卷四《关梁》，《中国地方志集成·陕西府县志辑》，南京：凤凰出版社，2007 年影印本，第 386 页下-389 页。

② 乾隆《宜川县志》卷一《方舆》之《里甲》，《中国地方志集成·陕西府县志辑》，南京：凤凰出版社，2007 年影印本，第 226 页。

③《碑传集》卷四《范文程传》。

措安全"①，因此清政府开始在上述三地推行兴屯垦殖政策，希冀通过政府的强制手段，"增赋裕饷"而"弭盗安民"。但是，白士麟、高应选等兴屯官员为了达到中央政府的考成，违背了清政府推行兴屯垦殖政策的初衷，大兴丈量，"是一亩而五倍其亩，一赋而五倍其赋"，"民宁堪此"②。这样的田地自然很难招徕当地居民前来垦种③，即使是招徕的流民也往往是当年垦荒，来年就被迫逃亡，造成"耕者复荒"的严重局面④。

此外，兴屯官员为了谋取尽快升迁，肆意"捏报虚册"。一方面，他们"以法勒其邻农"，把周围的其他农民都逼认为屯垦农民，而这些农民又无法缴纳赋税，是以"纯朴者鬻卖男女以偿，其奸猾者，非携家远徙则铤而走险耳！每见开征之期，父子蹙额，夫妻愁难，相率捐亲戚、弃坟墓者，累若丧家之狗、失巢之鸟"⑤。同时，兴屯官员还虚报垦熟的屯地数字。如高应选先是"立屯二年，迄无成功，虚报垦熟田一千六百亩"，随后"追勒两县（中部、宜君）分任，以实虚报之数，谬以宜君三交、彭村地四千八百亩强入中部"⑥，而地方官员因隶属关系，而束手无策⑦，以致兴屯垦殖政策废除之后，多数屯田在未经折亩的情况下便强入地方民田。如表 2-1 所示，上述

---

① 雍正《陕西通志》卷八六《艺文二》之《奏疏》，（清）杨素蕴：《延属丁徭疏》，陕西师范大学图书馆古籍部藏，未刊印。

② 雍正《陕西通志》卷八六《艺文二》之《奏疏》，（清）陈炉：《秦地折正宜复旧额疏》，陕西师范大学图书馆古籍部藏，未刊印。

③ 康熙《中部县志》之《地亩》，陕西师范大学图书馆古籍部藏，未刊印。

④（清）余缙：《大观堂文集》首卷，康熙三十八年（1699年）刻本。

⑤ 雍正《陕西通志》卷八六《艺文二》之《奏疏》，（清）杨素蕴：《延属丁徭疏》，陕西师范大学图书馆古籍部藏，未刊印。

⑥ 康熙《中部县志》之《地亩》，陕西师范大学图书馆古籍部藏，未刊印。

⑦《钦定八旗通志》卷一八九《人物志六十九》之《大臣传五十五·汉军镶黄旗一·范文程》。

三地，少者如鄜州，兴屯地亩数为 36 500 亩，占到未折亩前实熟地的 36.96%；多者如宜川，兴屯地亩数为 56 042.77 亩，竟占到了未折亩前实熟地的 71.76%。兴屯田亩的强行摊入，"致茕茕孑遗，一亩赔数亩之税，相率弃乡背井，甲断户空，县纲几绝"[①]。有的官员"具疏上告"，却屡屡遭到驳斥[②]；有的官员因"畏考成而严比，民苦，剜肉以医疮"[③]；有的官员为应付考成，不得不"变产捐赔"[④]；甚至上级政府为了达到赋税征收的目的而"扣各州县官役俸食"[⑤]。可以说，兴屯道、厅虽然在顺治十二年（1655 年）因"以费多无出"而将屯田亩数"议归本地起科"，但是，新的规定非但没有收到安民的效果，反而使得地方政府难以维持基本的行政事务。

三、兴屯道、厅的废除及其原因分析

不同历史时期的社会制度和施政措施之间有其继承性或变革性，因此不同时期的人类行为背后，就有各种制度和政策因素在起作用[⑥]。当制度、政策符合历史发展的需要时，它就会被中央政府视为解决社会经济矛盾的途径。一旦制度、政策阻碍了社会的进步，

---

① 民国《宜川县志》卷八《地政农业志》，田锡爵：《折正地亩记》，《中国地方志集成·陕西府县志辑》，南京：凤凰出版社，2007 年影印本，第 139-140 页。
② 民国《宜川县志》卷八《地政农业志》，田锡爵：《折正地亩记》，《中国地方志集成·陕西府县志辑》，南京：凤凰出版社，2007 年影印本，第 139-140 页。
③ 雍正《陕西通志》卷八六《艺文二》之《奏疏》，（清）贾汉复：《秦地折正宜仍旧额疏》，陕西师范大学图书馆古籍部藏，未刊印。
④ 雍正《陕西通志》卷八六《艺文二》之《奏疏》，（清）贾汉复：《秦地折正宜仍旧额疏》，陕西师范大学图书馆古籍部藏，未刊印。
⑤ 雍正《陕西通志》卷八六《艺文二》之《奏疏》，（清）贾汉复：《秦地折正宜仍旧额疏》，陕西师范大学图书馆古籍部藏，未刊印。
⑥ 侯甬坚：《环境营造：中国历史上人类活动对全球变化的贡献》，《中国历史地理论丛》2004 年第 4 辑。

甚至使得社会经济陷入更为异常的混乱之中，那么，它也就会退出历史的舞台。顺治十二年（1655 年），清政府在上下"皆告苦告弊"的情况下，决定撤销兴屯道、厅的建置。次年（1656 年），清政府又规定将屯地划入民地，由地方政府统一管理，"课额租赋，照民地例起科"①。这样一来，前后推行了三年的兴屯垦殖政策便退出了历史的舞台。但是，该项政策的负面影响直至康熙年间才逐步消弭。

　　总的来说，兴屯垦殖政策的失败在于其本身的缺陷。虽然该项政策的出台是为了达到"增赋裕饷"和"弭盗安民"的目的，但是清政府更多的是把解决迫在眉睫的军事需要放在了首位。只有当"增赋裕饷"的目的达到了，才会进而"弭盗安民"。因此，尽管这项政策的实施能够在短时间内暂时保证军事战争的给养，但是它的负面影响也是显而易见的，即迫使民众逃散，土地荒芜，社会不稳定因素增强，因此，它的夭折实际上是必然的。

　　据民国《宜川县志》载，地方官员为了谋求陕北地方的长治久安，多向中央政府"具疏上告"，试图纠正兴屯垦殖政策的负面影响，但中央政府鉴于当时南方战乱尚未平息，财政收支尚处于捉襟见肘的状态，因此对于地方官员的反映屡屡予以驳斥。顺治十六年（1659 年），陕西左布政使陈炉作《秦地折正宜复旧额疏》，"具疏入告，部驳以无案可稽"②。随后，巡抚延绥都御史张中第将宜川县令范式金所拓印的学宫后碑折亩之说"具题，又以请奏太迟，干部驳"。康熙四年（1665 年），兵部尚书衔领陕西巡抚贾汉复作《秦地折正宜仍旧额疏》"复纛请部，仍以与全书数不合驳回"。此后，又经过"再三

---

① 康熙《大清会典》卷二四《户部八》之《赋役一》。
② 雍正《陕西通志》卷八六《艺文二》之《奏疏》，（清）陈炉：《秦地折正宜复旧额疏》，陕西师范大学图书馆古籍部藏，未刊印。

请命"，中央政府方才"委廉干官逐一丈量"。经踏勘后，造册取结，并于康熙七年（1668 年）十一月上报，"于是未折正者准予折正，未豁除者准予豁除，而捏报之害稍苏"[①]。

虽然兴屯垦殖政策在地方官员的努力下，弊政得以暂时消弭，而且从表 2-1 中可以看到，由于对兴屯地亩实行了折亩，各地的纳税亩数大为缩减，其中，鄜州折亩后的兴屯田占到折亩后实熟地的 8.27%，洛川县为 14.12%，即使是兴屯田数较多的宜川县，也不过占到了 38.85%。但是，由于兴屯垦殖政策是在明末清初自然灾害和战乱频繁不断的情况下执行的，因此，它的负面影响颇深，可以从顺治初年至雍正十三年（1735 年）前后有关陕北中部各县的纳税人丁数额的相关记载中得窥一斑，如表 2-2 所示。

表 2-2　雍正《陕西通志》载鄜州直隶州属各县民丁　　　　单位：丁

县份	原额民丁	实在丁（除优免并匠价外）	编审出丁	永不加赋丁	实有丁	实有丁/原额民丁
鄜州	7 363	4 470	2		4 472	60.74%
洛川县	4 950	1 640	2	23	1 619	32.71%
中部县	12 436	8 663		17	8 646	69.52%
宜君县	5 086	2 720		14	2 706	53.20%
鄜州属	29 835	17 493	4	6	17 491	58.63%

资料来源：雍正《陕西通志》卷二四《贡赋一》之《鄜州属》。

成书于雍正十三年（1735 年）的《陕西通志》详细记载了陕西各府、州、县的"丁数"，其记载远比康熙《陕西通志》详细。该志

[①] 民国《宜川县志》卷八《地政农业志》之《土地整理》，《中国地方志集成·陕西府县志辑》，南京：凤凰出版社，2007 年影印本，第 137-139 页。

不仅详记各府、州、县的"原额民丁""实在丁"及屯丁数，还新加了"永不加赋丁"一项。这里所记载的"丁数"虽然不能视为人口数，但是将上述地方的"原额民丁"和"实在丁"进行比较，亦能得出自清初以至雍正十三年（1735年）的九十余年间，纳税丁的数额始终处于低迷状态，更有甚者，有的县份在雍正年间所统计的"实有丁"仅占到了"原额民丁"的32.71%。这虽然与明末清初的自然灾害、战乱有关，但是兴屯垦政策中的一些弊政也是促成这种现象进一步加深的重要原因。伴随着康熙七年（1668年）的重新折亩[①]和雍正五年（1727年）的减免丁银等施政方针的颁行[②]，陕北各县社会经济的复苏和发展到乾隆中期以后开始陆续有明显的起色[③]。

第二节　兴屯垦殖政策对自然环境的影响

在人地关系系统中，"人"是最为活跃的、主动性很强、居于能动主导性地位的一方，但"地"（自然资源与环境）也并不总是处于被动地位，而是在很大程度上影响、制约乃至"决定"着人类活动的方式及其结果。就土地利用政策而言，政策制定得完善与否直接影响到经济社会中民众的土地利用行为，而民众应对本身不仅能够反映土地利用政策得当与否，而且更多地体现在对环境的影响上。如前所述，明清鼎革之际，清政府为了解决日益恶化的社会经济问

---

① 《钦定大清会典则例》卷三五《户部》之《田赋二》，四库全书本。
② 雍正《陕西通志》卷八三《德音第一》，陕西师范大学图书馆古籍部藏，未刊印。
③ 嘉庆《洛川县志》卷九《地丁》，《中国地方志集成·陕西府县志辑》，南京：凤凰出版社，2007年影印本，第412页；嘉庆《续修中部县志》卷二《户口》，《中国地方志集成·陕西府县志辑》，南京：凤凰出版社，2007年影印本，第34页；道光《鄜州志》卷二《建置部》之《地丁》，《中国地方志集成·陕西府县志辑》，南京：凤凰出版社，2007年影印本，第263页下-264页。

题，开始推行兴屯垦殖政策，但由于政策本身的不完善性和执行者自身的问题，该项政策不仅对陕北地区的社会人文环境造成了极大的负面影响，而且对当地的自然环境，尤其是土壤侵蚀的加剧具有不可低估的深远意义。

一、自然环境的特殊性

陕北黄土高原自然环境本身十分特殊。

就土壤性状而言，该区的黄土通气状况良好，透水性较强，矿物养分丰富，具有良好的耕性和较长的适耕期，对农业生产极为有利。但同时，这里的土壤蓄水、保墒能力较差，且由于地表所附着的植被稀少，大量适耕土地易被冲刷殆尽，以致"其民穷于耕耨，地则崖凹、石坡、沙砾相错，为积阴之处，虽大稔之岁，仅可一收，故其民又穷于收获"[①]，因此，"土脉硗薄，……与腹里地方大不相同"[②]。

就降水情况而言，陕北黄土高原沟壑区地处季风气候带，"各季节降雨之多寡，全视风向：当夏季风（东南风）盛行之际，则雨量增加；而冬季风（西北风）暴发之时，则雨量大减，计全年总雨量约在五百公厘左右。但历年变差甚大，旱年则低于此，涝年过之。春秋二季为季候风更迭时期，于是形成所谓'不连续面'，而致多雨；秋季雨量且远较春季为多，降雨时期亦较长，甚至霖雨延绵可达二十余日。夏季雨量丰沛，且多雷雨，俗名白雨；同时因对流旺盛、

---

① 道光《鄜州志》卷五《艺文部》之《议》，（清）许瑶：《折亩议》，《中国地方志集成·陕西府县志辑》，南京：凤凰出版社，2007 年影印本，第 161 页下-164 页上。
② 雍正《陕西通志》卷八六《艺文二》之《奏疏》，（清）贾汉复：《秦地折正宜仍旧额疏》，陕西师范大学图书馆古籍部藏，未刊印。

与地形之关系，每易降雹。至冬季则受西伯利亚高气压之影响，空气颇呈干燥，虽有雪雨，但雨量甚微"[①]。以洛川县降雨情况为例，民国二十九年（1940 年）九月，"洛川降雨达一月之久，全月雨量约二百公厘左右，实为本县近五年来降水量之最高纪录"[②]。历年雨量变差之大，可见一斑。一旦发生强降雨，蓄水能力较差而透水性较强的土壤"则浊浪冲激，随地成沟壑，苗之根抵露，加以烈风，胥仆偃于泥淤中，而田近河畔者，随波而去，势则然也。兼以山谷阴僻，阴阳衍伏，夏秋之交，每遭冰雹，不但青苗成白地，而所伤牲畜亦不忍数计矣"[③]。

就地貌条件而言，大多民众"因川地窄少，种稼多在山原"[④]，而"山原"地形起伏和缓，一般在 7 度以内。沟谷边缘与塬面地形转折十分明显。在"山原"的坡面上，降雨时形成较薄的片状水流，进而聚成细小的纹沟侵蚀土层，经过耕犁就立即消失。但当出现强降雨时，坡面水流增大，侵蚀呈大致平行的细沟，横剖面呈宽浅的"V"形，沟坡与黄土地面有明显的转折。除此之外，伴随着自然条件的演变和人类扰动能力的变化，这里的黄土地貌还会出现切沟、冲沟，甚至陷穴等情况。为了使人类能够长期在陕北黄土高原繁衍生息，就需要当地民众对地表的扰动具有可持续性，保证人为因素在可持续发展的状态下发挥作用。

---

① 民国《洛川县志》卷三《气候志》之《气化·雨量》，《中国地方志集成·陕西府县志辑》，南京：凤凰出版社，2007 年影印本，第 79 页。
② 民国《洛川县志》卷三《气候志》之《气化·雨量》，《中国地方志集成·陕西府县志辑》，南京：凤凰出版社，2007 年影印本，第 79 页。
③ 雍正《安定县志》之《艺文》，（清）王鸿荐：《续土田说》，陕西师范大学图书馆古籍部藏，未刊印。
④ 乾隆《延长县志》卷一《方舆志》之《气候》，《中国地方志集成·陕西府县志辑》，南京：凤凰出版社，2007 年影印本，第 96 页下-97 页上。

二、政策影响下的民众应对

兴屯垦殖政策中的一些弊政迫使被招徕的农民大量逃亡，使得"耕者复荒"，更促使被勒令垦荒的土著居民"或父子偕奔，或兄弟离散，甚有全家全户扶老携幼弃乡背井者"[①]，沦为新的流民。这些民众中虽有部分远离"近官民田"[②]，继续从事农业生产，但更多的民众为了维持生计而出现了分流。有的"啸聚为乱"，成为地方上的不稳定因素；有的离开耕作的土地奔赴陕北长城以外的蒙古草原进行新的垦殖[③]；有的躲至洛川县境西侧的黄龙山区进行开荒垦种[④]。

留守在原有土地上的民众所垦种的土地多属"崖前侧畔"，农民生产积极性不高，一味开垦而不惜地力，以致"屡垦屡荒"，从而导致"山经践踏"，则会导致表层土体发生碎裂，形成碎土和岩屑，"遇大雨，浊浪下冲，亦为居民患"[⑤]。

远赴陕北长城外草原的民众则多以"雁行人"的身份承租蒙古贵族的土地而从事农业生产，以维持生计。由于自身"朝不保夕"的心理因素，他们有的在同一地方长期佃种，有的则为获取更多的收益而不停地改变佃种地点，以谋求更多的收益，而这种生产方式

---

① 雍正《陕西通志》卷八六《艺文二》之《奏疏》，（清）贾汉复：《秦地折正宜仍旧额疏》，陕西师范大学图书馆古籍部藏，未刊印。
②《皇朝经世文编》卷事宜《治体五》之《治法上》，（清）魏禧：《论治四则》。
③ 王晗：《"界"的动与静：清至民国时期蒙陕边界的形成过程研究》，《历史地理》第25辑，上海：上海人民出版社，2011年，第149-163页。
④ 嘉庆《洛川县志》卷二〇《艺文志》之《拾遗》，《中国地方志集成·陕西府县志辑》，南京：凤凰出版社，2007年影印本，第526页下-527页。
⑤ 雍正《安定县志》之《山川》，陕西师范大学图书馆古籍部藏，未刊印。

对自然环境颇为不利。

进入黄龙山区的民众多利用政府规定的久荒"三年起科"、新荒"次年起科"①的漏洞，开始除林开荒。由于山地广阔，且暂无赋税压力，这就为粗放的广种薄收提供了客观条件，以致在这种掠夺式垦种的情形下，该处荒地经三数年的垦种后，便会出现地力渐竭的情形，以致"种者无收，而垦者复荒"，这就导致势必出现"招垦则甚易，科粮赋则最难"的局面②。同时，黄龙山区位居陕北高原南缘，常年受大陆性季风气候的影响，故年内降水量变率较大。当夏季风盛行之际，则雨量增加，而冬季风暴发之时，则雨量大减，计全年总雨量在 300～500 毫米，但历年变差甚大，旱年则低于此，涝年过之。春秋二季为季候风更迭时期，于是形成所谓"不连续面"，而致多雨；秋季雨量且远较春季为多，降雨时期亦较长，甚至霖雨延绵可达二十余日③。此外，黄龙山区大部为梢林覆盖的土石山地，与洛川县相接的地区多为黄土梁塬，地形破碎。当民众弃之不耕时，土地表层裸露，常会出现坡面流水侵蚀，且随着坡面的增长，强降雨所形成的水流挟带的泥沙量也随之增多，最终造成一旦出现强降雨，许多垦地则会出现"水崩沙压""浊浪冲激，随地成沟壑"的情况，从而带来较为严重的水土流失。

---

① 康熙《大清会典》卷二〇《户部四》之《田土一·开垦》。
② 嘉庆《洛川县志》卷二〇《艺文志》之《拾遗》，《中国地方志集成·陕西府县志辑》，南京：凤凰出版社，2007 年影印本，第 526 页下-527 页。
③ 民国《洛川县志》卷三《气候志》之《气化·雨量》《中国地方志集成·陕西府县志辑》，南京：凤凰出版社，2007 年影印本，第 79 页。

第三节　基本认识和初步结论

制度、政策与权力的结合对区域以及全球环境变化的影响具有根本性的驱动作用。在人地关系中，制度、政策作为一种解决问题的途径，具有牵一发而动全身的深远意义。深入人类行为背后的相关制度和政策中，去细致考察社会内部各种政策的运行机制以及如何形成可作用于人的利益驱动规定及其调节手段，也就可以完整而准确地揭示人类行为如何作用于环境的问题。就本书来说，对土地利用政策本身的分析和探讨，则更加有利于探究人类行为对环境施加影响的具体途径和可能达到的程度。

顺治年间所实行的兴屯垦殖政策是在社会经济矛盾日益突出的情况下出台的，它的实施虽然在短时期内保证了前方的军事需要，但是它很难达到更深层次的目的，即促民"休养生息""使民以时""弭盗安民"。由于该项政策对陕北地区社会经济影响深远，虽然仅实行了三年便被废除，但是由于兴屯官员在政策实施过程中先是"以清丈为事""不行折亩""捏报虚册"以副考成。继而在政策废止后，将兴屯地亩未经折亩而"强入地亩"，这就迫使地方政府官员或"具疏上告"，或"畏考成而严比"，或"变产捐赔，以副考成"。同时，作为中央政府鉴于当时南方战乱尚未平息，财政收支尚处于捉襟见肘的状态，以致对地方官员多次"具书上告"多予以驳斥。至康熙七年（1668 年）前后，尽管社会政治环境趋于稳定，但兴屯垦殖政策的负面影响依然存在。由此可知，兴屯垦殖政策在陕北地区的实施虽然在一定程度上起到"增赋裕饷"的作用，不过从长远角度来看，尽管陕北地区的社会经济伴随着全国社会经济的恢复和发展而有所改观，但是该区社会经济的发展始终落后于其他区域，遂为该区域形成"积贫积弱"之势埋下了伏笔。而且在此期间，当地民众或"鬻卖男女"，或"携家远徙"，或"啸聚为乱"。多数民众无所适从，视垦荒为畏途，以致使得垦荒政策的推行和实施效果大打折扣。更有甚者，许多流民迫于生计，充分利用政策本身的漏洞，在黄龙山区等尚未大规模开发的地方从事无序的生产，从而引发土壤侵蚀等自然灾害频仍度提高。

第三章 黄土高原沟壑区人口变动、土地垦殖和土壤侵蚀关系研究

——以洛川塬为例

陕北黄土高原沟壑区包括洛川塬、宜川破碎塬和黄龙山西侧山前梁塬三个地貌类型，区域内有地势最低平的沟间地，基岩古地形为一山间剥蚀盆地，四周基岩出露，黄土塬是在盆地的基础上在以堆积作用为主的过程中得以形成的。其中，塬构成本区的地貌主体，平梁是塬被沟谷切割发育而成的，塬、梁的倾斜度很小，地势相对平坦。但沟谷的下蚀、侧蚀和溯源侵蚀处于加速发展阶段。此外，由于河谷侵蚀强烈，地下水位普遍下降，水源相对缺乏。

本章所涉及的研究区域为广义上的洛川塬，主要包括洛河中游的富县、洛川、黄陵和宜君地区，是陕北保存较好的黄土塬之一。它北起崂山，南至"北山"，东起黄龙山，西至子午岭。区域内较大的黄土塬有永乡塬（狭义洛川塬）、交道塬、旧县塬、老庙塬。这些塬地宽数千米至二三千米，塬面在视野范围内变化不大，有1～2度的坡度，在较广阔的视野范围内即可看出其向主谷逐渐倾斜，塬边坡度增至10度左右，呈缓坡梯状结构。同时，该区域长年受温带半湿润大陆性季风气候的影响，冬季寒冷干燥，夏季炎热多雨，季节

性的暴雨扰动大量土体,面蚀、细沟、浅沟和切沟侵蚀同时存在。其中,因暴雨径流而产生的塬边切沟往往带来溯源侵蚀加快,其与汇注的冲沟相互配合,呈叠置的上下平列状不断侵蚀塬地。此外,崩塌、滑坡、泻溜普遍发育,横剖面作"V"形。黄土塬的坡面冲刷和沟谷侵蚀成逐步加深的趋势,塬面随沟壑密度和地面坡度的增大而不断缩小。

　　洛川塬地处由关中通向陕北的缓冲区域,在历史时期曾经处于中国北部农牧分界的边缘地带,唐宋以后成为固定的农业区,是陕北黄土高原重要的产粮区。洛川塬地貌类型如图 3-1 所示。

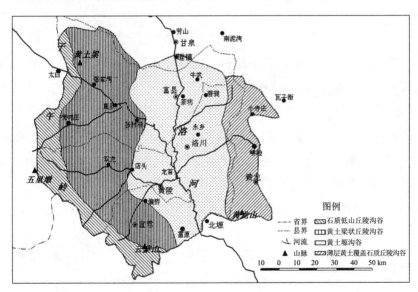

图 3-1　洛川塬地貌类型

　　明末清初之际,该区自然灾害肆虐,战乱频仍,李自成、张献忠农民军和明、清官兵在这里进行了长达数十年的征战。长年的不稳定因素使得"此方之民，半死于锋镝，半死于饥馑，今日存者，实百分之一，皆出万死而就一生者也。是以原野萧条，室庐荒废，自宜君至延绥，南北千里，内有经行数日不见烟火者，惟满目蓬蒿，与虎狼而已"①。

第一节　典型事件分析

一、兴屯垦殖政策的兴废

顺治初期，清政府为了尽快地弭平南方战乱，减少财政支出，安定地方民政，先后出台了招徕流民从事复垦的政策。首先，清政府将明代加派的辽饷、新饷、练饷等苛捐杂税"悉行蠲免"②，并对饱受战乱洗礼的地方采取减免征收赋税的政策③。同时，清政府还有针对性地豁免了大量陕西荒地和死伤逃亡人丁。笔者曾就洛川塬所在的鄜州直隶州进行统计，该州在明代的原额纳税人丁为 29 835 丁，清代初年的实有纳税人丁为 17 491 丁，所豁免的死伤逃亡丁占到了总数的 41.37%④。上述政策的实行，一方面，有助于安定民众、减

---

① 雍正《陕西通志》卷八六《艺文二》之《奏疏》，（清）杨素蕴：《延属丁徭疏》，陕西师范大学图书馆古籍部藏，未刊印。
② 据《清代档案史料丛编》所辑史料来看，清顺治末年曾因军费开支过大而恢复征派练饷，后经陕西巡抚张珤、延绥巡抚张中第等人的恳请，又得以豁免。详细内容见故宫博物院明清档案部编《清代档案史料丛编》（第四辑）之《陕西巡抚张珤题陕省州县远近不一练饷如限难完事本》、《延绥巡抚张中第题靖边练饷银两改派本色事本》和《陕西巡抚张珤题请免陕省饷或于明年按粮石摊派事本》。
③ 雍正《陕西通志》卷八三《德音一》，陕西师范大学图书馆古籍部藏，未刊印。
④ 王晗、张小永：《清初兴屯垦殖政策的兴废与陕北自然环境》，《开发研究》2009 年第 4 期。

少流亡的作用；另一方面，为其他各项政策的实施铺平了道路，促使稽留在黄龙山以避战乱的流民回归乡里、垦复荒芜的土地。

据史料载，清政府早在入关之时，即顺治元年（1644 年）便制定了垦荒兴屯的政令，即"凡州县无主荒地，分给流民及官兵屯种。如力不能垦，官给牛具籽种，或量假屯资"[①]。但由于战乱未息，明末苛捐及荒亡地丁未予豁除，因此出现"虽有官兵而难以开荒屯田，虽有流民而不敢复业耕垦"的状况。顺治十年（1653 年），伴随着豁免荒地和死伤逃亡人丁等政令的实施，清政府经过再三商讨，由范文程、洪承畴等人拟定并开始在北方诸省设置兴屯道、厅，推行兴屯垦殖政策[②]。该项政策对参与政策实施的兴屯官员的人事管理、职责范围以及屯地和屯丁等问题进行了较为严格的规定[③]。可以说，该项政策在实施初期的确起到了保证军费开支、促进农业生产、增加政府收入的作用。

然而这项政策在实施过程中多有弊政，如当时延安府的兴屯官员未能从陕北的自然条件出发，在丈量地亩之时，未沿用明代旧例进行折亩，以至于"是一亩而五倍其亩，一赋而五倍其赋"[④]。这样的田地自然很难招徕当地的居民前来垦种[⑤]，即使是招徕的流民也往往是当年垦荒，来年就被迫逃亡，造成"耕者复荒"的严重局面[⑥]。顺治十二年（1655 年），兴屯道、厅虽然在陕北诸府、州、县相继撤

---

① 嘉庆《大清会典事例》卷一四一《户部》之《田赋·开垦》。
② 《钦定八旗通志》卷一八九《人物志六十九》之《大臣传五十五·汉军镶黄旗一·范文程》，台北：学生书局，1968 年影印本。
③ 《碑传集》卷四《范文程传》，光绪刻本。
④ 雍正《陕西通志》卷八六《艺文二》之《奏疏》，（清）陈炉：《秦地折正宜复旧额疏》，陕西师范大学图书馆古籍部藏，未刊印。
⑤ 康熙《中部县志》之《地亩》，陕西师范大学图书馆古籍部藏，未刊印。
⑥ （清）余缙：《大观堂文集》首卷，济南：齐鲁书社，1996 年。

销，但兴屯官员将兴屯所得的土地在未折亩的情形下强入地方的田
赋系统，从而带来较为深远的负面影响①。据史料载，许多民众因无
法缴纳赋税，是以"纯朴者鬻卖男女以偿，其奸猾者，非携家远徙
则铤而走险耳！每见开征之期，父子蹙额，夫妻愁难，相率捐亲戚、
弃坟墓者，累若丧家之狗、失巢之鸟"②。这就导致了大量民众被迫
离开宜于垦殖的塬地，前往他处寻找可以栖息的处所。据地方政府
在顺治十七年（1660 年）前后的统计数据表明，当时"除逃亡、优
免而行差者"外，实际在册人口约为 788 户，1 644 口③。笔者认为，
顺治末年实际在册的人口数失实，文献中所载 1644 口实际应为纳税
人丁数，这一点可以从康熙五十年（1711 年）统计的纳税人丁资料
得到印证。以户均人口 5 口推算，顺治末年的人口数量在 3 940 口左
右，这一数字不能视为当时洛川县的实有人口数量。这主要是因为
兴屯垦殖政策的负面影响依然存在，大量民众尚处于脱离原籍的状
态。经研究发现，这些民众中虽有部分远离"近官民田"④，继续从
事农业生产，但更多的民众为了维持生计而出现了分流。流向大致
分为三类：有的"啸聚为乱"，成为地方上的不稳定因素；有的离开
耕作的土地奔赴陕北长城以外的蒙古草原进行新的垦殖⑤；有的躲至
洛川县境东侧的黄龙山区进行开荒垦种⑥。

---

① 王晗、张小永：《清初兴屯垦殖政策的兴废与陕北自然环境》，《开发研究》2009 年第 4 期。
② 雍正《陕西通志》卷八六《艺文二》之《奏疏》，（清）杨素蕴：《延属丁徭疏》，陕西
师范大学图书馆古籍部藏，未刊印。
③ 嘉庆《洛川县志》卷九《民数》，《中国地方志集成·陕西府县志辑》，南京：凤凰出
版社，2007 年影印本，第 414 页上-416 页上。
④《皇朝经世文编》卷一一《治体五》之《治法上》，（清）魏禧：《论治四则》。
⑤ 王晗：《"界"的动与静：清至民国时期蒙陕边界的形成过程研究》，《历史地理》（第
25 辑），上海：上海人民出版社，2011 年，第 149-163 页。
⑥ 嘉庆《洛川县志》卷二〇《艺文志》之《拾遗》，《中国地方志集成·陕西府县志辑》，
南京：凤凰出版社，2007 年影印本，第 526 页下-527 页。

康熙七年（1668 年）十一月，中央政府"奉准照依古额八亩四分四厘五毫折正一亩，折正地一百二十七顷十六亩八分八厘，除溢额虚地九百四厘六顷七十七亩一分七厘三毫，实熟地八百七十六顷三十二亩九分二厘五毫"[①]。兴屯垦殖政策弊端的逐步消弭，有利于外逃的民众回归原籍，从事复垦。

那么终康熙之世，洛川塬的土地垦殖情况是怎样的？因土地垦殖而引发的土壤侵蚀又会呈现出怎样的发展趋势？桑广书等学者认为此时期的人类活动对自然环境的影响较弱，沟谷发育速度、土壤侵蚀强度的变化主要是由于自然条件的变化所致[②]。换言之，在此阶段，人为加速侵蚀并未对土壤侵蚀产生较为明显的影响。上述学者的依据是 1994 年洛川县志编纂委员会编辑的《洛川县志》转载嘉庆《洛川县志》所统计的民户数[③]，即认为明代万历二十三年（1596 年）至清康熙五十年（1711 年）洛川县人口仅为 1 642～4 460 人。这一研究误将康熙五十年（1711 年）的纳税人丁数等同于当时的人口数字来进行考察，势必影响到相关研究的结论。通过对史料的整理，笔者发现自康熙五十年至道光三年（1711—1823 年）的 110 余年时间里，该研究区并未发生较为严重的自然灾害和战乱，故而，笔者试以嘉庆八年（1803 年）和道光三年（1823 年）较为可靠的人口数据为基准，可得，嘉庆八年至道光三年（1803—1823 年）的年均人口增长率为 2.6‰。以此数据上溯至康熙五十年（1711 年），估算所

---

① 嘉庆《洛川县志》卷九《地丁》，《中国地方志集成·陕西府县志辑》，南京：凤凰出版社，2007 年影印本，第 412 页。

② 桑广书、甘枝茂、岳大鹏：《元代以来黄土塬区沟谷发育与土壤侵蚀》，《干旱区地理》2003 年第 4 期。

③ 嘉庆《洛川县志》卷九《民数》，《中国地方志集成·陕西府县志辑》，南京：凤凰出版社，2007 年影印本，第 414 页上-416 页上。

得当时的人口数约为 47 400 口。可见，从兴屯垦殖政策的负面影响逐渐消弭至康熙五十年（1711 年）的近三十年时间里，洛川县城及其周边塬区有较多的人口在此繁衍生息。

笔者认为，在战乱和自然灾害频仍时期，人类活动，尤其是土地利用力度和广度并不一定弱于社会稳定时期，甚至在某些阶段还可能表现格外强烈。如在兴屯垦殖政策的恶劣影响下，留守在原有土地上的民众远离"近官民田"，继续从事农业生产，但是他们所垦种的土地多属"崖前侧畔"，农民生产积极性不高，一味开垦而不惜地力，以致"屡垦屡荒"，从而导致"山经践踏"，表层土体发生碎裂，形成碎土和岩屑，"遇大雨，浊浪下冲，亦为居民患"①。可以说，在此阶段，传统的农业用地往往被废弃，而不宜于农业生产的土地反而出现了垦殖情况。这实际上加大了土地的利用强度，破坏了自然环境，甚而在局部地区加速了土壤侵蚀的程度。

二、"摊丁入亩"政策的推行

如前文所述，顺治初年，清政府在将明代加派的辽饷、新饷、练饷等苛捐杂税"悉行蠲免"的同时，有针对性地豁免了大量的死伤逃亡人丁。其中，延安府属所在州县共免逃亡丁等 12 344 丁，占到了原额人丁的 42.37%②。从政府的层面而言，这项政策的颁布对招徕流民恢复生产，重建稳定的社会秩序十分有利。但是，由于顺治年间，政府财政常常入不敷出。如曾有人统计，顺治九年（1652

---

① 雍正《安定县志》之《山川》，陕西师范大学图书馆古籍部藏，未刊印。
② 王晗、张小永：《清初兴屯垦殖政策的兴废与陕北自然环境》，《开发研究》2009 年第 4 期。

年），直隶和各省钱粮因为土地荒芜而造成的缺额有 400 余万两，占了当时总收入的四分之一左右①，而实际的财政开支，由于南方的战争还在急速增长。因此，这种豁免常常要受到限制，甚至遭到驳斥。地方官员为了向中央政府缴足田赋丁银，唯有多派多征。反映在丁银征收中，通常的做法是将逃亡故绝的人丁额银摊派到现存人丁的身上，从而造成每丁所承受的负担加重②。而这种情形在陕北黄土高原所属州县显得尤为突出。

延安府在明代"全盛之时"，丁徭"已重于天下，然众擎易举，丁多徭均，自足供一县之用"③。后因明清鼎革之际自然灾害和战乱的影响，"人民逃死，存者止十分之二"，虽由政府豁免后，按实在人丁进行征收赋税④。但政务混乱，"提册、催号、差役"等杂项开支并未豁减，"一县经费所需，尚未能尽减于昔日也"，因此，地方官员在实际的执行过程中，仍按原额编征⑤。编审之际，"按册则丁多，阅人则丁寡"，"生者代死者兴差，存者替亡者肩役"，于是"人无固志，逋逃愈多"。这样一来，包赔人丁则会更加严重，遂形成恶性循环⑥，其包赔人丁情况如表 3-1 所示。

---

① 《皇朝经世文编》卷二九，（清）张玉书：《顺治间钱粮数目》。
② 郭松义：《论"摊丁入地"》，《清史论丛》（第三辑），北京：中华书局，1982 年，第 1-60 页。
③ 雍正《陕西通志》卷八六《艺文二》之《奏疏》，（清）许瑶：《延民疾苦议五条》，陕西师范大学图书馆古籍部藏，未刊印。
④ 道光《重修鄜州志》卷二《建置部》之《地丁》，《中国地方志集成·陕西府县志辑》，南京：凤凰出版社，2007 年影印本，第 259 页下-260 页。
⑤ 雍正《陕西通志》卷八六《艺文二》之《奏疏》，（清）杨素蕴：《延属丁徭疏》，陕西师范大学图书馆古籍部藏，未刊印。
⑥ 雍正《陕西通志》卷八六《艺文二》之《奏疏》，（清）许瑶：《延民疾苦议五条》，陕西师范大学图书馆古籍部藏，未刊印。

表 3-1　明清时期鄜州纳税丁口

县别	明弘治年额		清顺治年额		包赔人丁
	里数	丁口（纳税）	里数	丁口（纳税）	
鄜州	52	7 363	16	4 470	2 893
洛川县	29	4 950	9	1 642	3 308
中部县	24	8 663	7	1 279	7 384
宜君县	38	5 086	1	2 720	2 366
总计	143	26 062	33	10 111	15 951

资料来源：弘治《延安府志》卷五《鄜州》，卷六《洛川县》《中部县》《宜君县》；道光《重修鄜州志》之《吴明捷序》；嘉庆《洛川县志》卷三《疆域》；康熙《中部县志》之《疆域》；雍正《宜君县志》之《户口》；雍正《陕西通志》卷八六《艺文二》之《奏疏》，（清）许瑶：《延民疾苦议五条》。

　　由表 3-1 可得，鄜州及其下属州县在顺治年间实在人丁共有 10 111 丁，其原额人丁为 26 062 丁，所包赔的人丁是实在人丁的 1.58 倍。其中，包赔比例最大的中部县，竟达到了 5.77 倍，"故每丁每岁有费至三两者，有费四两者，较之一钱二分之额，征其相去宁止倍蓰"。而洛川塬所属区域"土地寒薄，收获有限，数年来，金生粟死，成米数石，仅能易银一两，且人复皆赋资"。此外，该地民众"不善治生，商贾又别无舟车经营运用之方，株守本业，积蓄几何即罄"，虽"上户之产尚不足供终岁三丁之费，而况鹄面鸠形、啼饥号寒者乎"[1]！是以当地民众被迫"流转离从，客死他乡，此既兴去之思，徒彼宁怀还之望，所以现丁亦变为逃丁，而逃丁永不能后复为现丁者"[2]。

----

① 雍正《陕西通志》卷八六《艺文二》之《奏疏》，（清）杨素蕴：《延属丁徭疏》，陕西师范大学图书馆古籍部藏，未刊印。
② 雍正《陕西通志》卷八六《艺文二》之《奏疏》，（清）许瑶：《延民疾苦议五条》，陕西师范大学图书馆古籍部藏，未刊印。

　　这种情况并未因为兴屯垦殖政策的废除而立即有所好转。以中部县为例，该县在顺治初年，所存户口仅及明代户数的十分之一。康熙二年（1663年），中部县根据简明赋役全书将田赋、户口重新登记在册，由于编审不实，故实在人丁登记为8 663丁，而至康熙三十年（1691年），县令李暄针对时弊，重新编审人丁，经"再四劝谕，止实在人丁一千六百八十四丁"①。此外，就嘉庆《洛川县志》所记载的史料来看，上述情形直到雍正年间实施摊丁入亩之时仍未有明显改观②。

　　雍正初年，经户部议准，延安府所属十七州县的丁银"概从下则"征收，"以二钱为率，岁减旧额一万二千八百九十两"③。但因问题没有根本解决，所以丁银的矛盾依然存在。其后伴随着全国范围"摊丁入亩"政策的推行，陕西省于雍正五年（1727年）正式推行该项政策。其举措是按全省通融计算，"照全省额载人丁共若干名，每年应输之丁银若干两，通算约计，每一丁应摊丁银若干，然后将州县之额载田地，亦通算每年应输粮银若干应载一丁。如此均摊既定，则查各州县原额田地银粮若干，即可定应载丁若干、应征丁银若干矣"④。当时，陕西全省行差人丁二百六十二万四千五百四十八丁，除匠价银外，共征丁银三十万一千八百七两零⑤。雍正五年（1727年），清政府又特许减免该省民丁银七万八千五十一两零，摊入地粮

---

① 康熙《中部县志》之《贡赋》，陕西师范大学图书馆古籍部藏，未刊印。
② 嘉庆《洛川县志》卷九《民数》，《中国地方志集成·陕西府县志辑》，南京：凤凰出版社，2007年影印本，第414页上-416页上。
③《清世宗实录》卷四二，雍正四年（1726年）三月己酉，北京：中华书局，1985年，第621页下。
④ 乾隆《直隶商州志》卷六《田赋志》，《中国地方志集成·陕西府县志辑》，南京：凤凰出版社，2007年影印本，第96页下。
⑤ 雍正《陕西民赋役全书》之《陕西省总》，陕西师范大学图书馆古籍部藏，未刊印。

后，约计每地赋银一两，摊入丁银一钱五分三厘零，闰年再加四厘，合银一钱五分七厘零①。原本丁银偏重的延安府属州县所缴纳的丁银额得到进一步减轻②。其中，减摊数额较多的州县为安定县减银九百七十九两，宜川县减银一千九百一两零③，中部县减银一千四百四十六两零④。

这样一来，自清顺治年间以来存在于陕北黄土高原的"折亩不行，丁银过重"现象在此得以基本解决。这一方面体现了经过顺治、康熙、雍正三朝的努力，中央政府根据实际存在的情况所制定的政策得到广泛的实施和深入的贯彻。而另一方面，"摊丁入亩"政策在陕北地区的推行进一步减轻了民众的负担，"民间无包赔之苦"，从而促使陕北地区尤其是饱经战乱和自然灾害洗礼的洛川塬地区能够尽快地恢复生产，促进当地社会经济的发展。

伴随着"摊丁入亩"政策推行的不断深化，"携家远徙"的逃亡民户开始回归故里，"挈妻子颁白而归者，踵相接。井邑、村落烟火渐稠，而鸡犬、桑麻保聚日繁"⑤。陕北社会经济状况日渐恢复，人口日众，如表 3-2 所示。

---

① 嘉庆《大清会典事例》卷一三三《户部》之《户口·丁银摊征》。
② 雍正《陕西通志》卷八六《艺文二》之《奏疏》，（清）岳钟琪：《请减丁银疏》，陕西师范大学图书馆古籍部藏，未刊印。
③ 嘉庆《延安府志》卷一《恩泽记》，《中国地方志集成·陕西府县志辑》，南京：凤凰出版社，2007 年影印本，第 10 页上。
④ 嘉庆《中部县志》卷二《赋役》，《中国地方志集成·陕西府县志辑》，南京：凤凰出版社，2007 年影印本，第 31 页上。
⑤ 雍正《陕西通志》卷八六《艺文二》之《奏疏》，（清）许瑶：《延民疾苦议五条》，陕西师范大学图书馆古籍部藏，未刊印。

表 3-2　顺治十七年至道光三年（1660—1823 年）洛川县人口

年代	户	口	年增人口	年增长率/‰	备注
顺治十七年（1660 年）	788	1 644 丁约 3 940 口			
康熙五十年（1711 年）		1 642 丁			
雍正四年（1726 年）		1 619 丁			
乾隆元年（1736 年）		1 620 丁			
乾隆六年（1741 年）		1 632 丁31 090 口	335	8.5（以顺治十七年，即 1660 年为准）	是年奉准部咨于辛酉编审后，将各府州县人丁按户清查黄册
乾隆十六年（1751 年）		33 672 口	258	8.3	取自黄册
乾隆十九年（1754 年）		33 471 口	−101	−2.0	取自黄册
乾隆二十一年（1756 年）		33 876 口	203	6.05	取自黄册
乾隆五十一年（1786 年）	18 605	90 293 口	1 881	55.5	取自保甲册，流寓 3 口、客商、兵丁、军流、雇工、僧道一例编入
嘉庆八年（1803 年）		93 964 口	216	2.26	取自黄册，另保甲册载19 233 户，93 964 口
道光三年（1823 年）		98 400 口	222	2.6	

注：嘉庆《洛川县志》中所统计民户的年份较多，本文选取较为典型的时期作表。

资料来源：嘉庆《洛川县志》卷九《民数》；道光《秦疆治略》之《洛川县》。

从表 3-2 可得，清代顺、康、雍三朝的户口统计仅仅统计"人丁"，这种"人丁"数字是通过人丁编审制度而统计出来的。而这一编审制度基本上继承了明代末年的人丁编审制度[①]。嘉庆《洛川县志》载顺治十七年（1660 年）的户口数字为 788 户，按乾隆五十一年（1786年）计算所得户均人口约 5 口计，可得出该年的口数应在 3 940 口左右[②]。可以说，此时的人口数字之所以仅为 3 940 口左右，与明清鼎革之际的战乱、自然灾害密切相关。康熙五十一年（1712 年），中央政府一面提出"盛世滋丁，永不加赋"，一面沿用旧有的编审制度来调查实有的人口数额。不过在"编审时，吏胥按户索其饮食简笔之费，百姓又恐差徭之及身也，于是并户减口，专为一切侥幸。平时按籍而常见其少；不幸天灾流行，朝廷有大恩恤，计口给发，则其数又骤见其增。于是编审、赈恤二册自相矛盾，虽有才能，亦无所措其手足"[③]。如此一来，编审人口之时，民众不但隐匿人丁数目，而且还有"并户减口"以避免吏胥的需索与差徭的及身。乾隆五年（1740 年），户部针对其中所存在的弊端，进行奏报，"每岁造报民数，若俱编审之法，未免烦扰。直省各州县设立保甲门牌，土著口数一并造报。番疆苗皆不入编审者不在此例"[④]，乾隆帝从之。于是，乾隆六年（1741 年）清政府利用保甲编查户口，将老弱男女都编入户

---

① 《钦定大清会典事例》卷一五七《户部》之《户口编审》，光绪二十五年（1899 年）石印本。

② 嘉庆《洛川县志》卷九《民数》所记录的顺治十七年（1660 年）户口数为"户七百八十八，口一千六百四十四口，除逃亡优免而行差者"。笔者对此时期的人口数字持怀疑态度，疑为纳税丁数，故按每户五口计算，得出顺治十七年（1660 年）前后洛川县人口数约为 3 940 口。（《中国地方志集成·陕西府县志辑》，南京：凤凰出版社，2007 年影印本，第 414 页上-416 页上）

③ 罗尔纲：《太平天国革命前的人口压迫问题》，国立中央研究院社会研究所：《中国社会经济史集刊》，上海：商务印书馆，1949 年，第 20-80 页。

④ 光绪《大清会典事例》卷一五七《户部》之《户口》。

籍。所以乾隆六年（1741 年）第一次保甲编查，人口骤增，此时洛川县的统计数字为"大小男妇"达到了 31 090 口。

可以说，乾隆六年（1741 年）以后的人口统计数字从总体上看较为准确，但仍存有一定问题。那是因为乾隆初年，保甲制实行未久，制度尚不完善，利用保甲所统计的人口数字仍存有一定的误差。这样一来，乾隆六年（1741 年）所编查的"大小男妇"数额有可能存在较多的偏离，而且是低于真实水平[①]。因此，至乾隆二十二年（1757 年），清政府以保甲旧制还欠周密为由，复更定保甲之法。而新保甲册的编造，分循、环二册，交互循、环对照。其编审顺序，初由州县官交付循环册及门牌法定纸张与保长，保长交于牌长，牌长散户填注，并作牌册呈报于甲长，甲长合十牌之册作循、环二册报保长，保长据之而达于县，由县对照后，循册存县，而环册及门牌则加印发回，环册由甲长保管，门牌则悬各户门首，倘遇户口变易，甲长据牌长的报告而填注涂改于门牌环册，然后按期（三、六、九、十二的初一日）由保长送县携还循册，再遇变易，手续亦相同。如是每三月稽查户口保甲册，使两册循环改注，至数年后字体磨灭，难于辨识，始重新编制。各州县则根据此项保甲册每年造具人口清册，呈送按察使司。该使司仍移行道府抽查，加以稽核，始达于户部[②]。这一制度的推行加强了清查户口的力度，确实收到明显的成效，乾隆、嘉庆、道光三朝也都基本上沿用该项政策来造报户口。

就全国而言，乾隆三十九年（1774 年）统计数字为 221 027 224 口，而乾隆四十年（1775 年）则猛增至 264 561 355 口。一年之间猛增 4 353.4 万，增长率达 19.7%，这种陡增显然是由于加强清查力度的

---

① 骆毅：《清朝人口数字的再估算》，《经济科学》1998 年第 6 期。
② 乾隆《大清会典》卷九《户部》，乾隆年间刊本。

结果。所以乾隆四十年（1775 年）人口统计数字是有清一代质量最高的一年①。洛川县的人口统计也是如此，笔者从表 3-2 中可得，乾隆二十一年（1756 年）的人口统计数字为"大小男妇" 33 876 口，而至乾隆五十一年（1786 年）时的人口统计数字则为"大小男妇" 90 293 口，其年平均增长率高达 55.5‰。此一阶段的人口数字已经超过了明代全盛时的人口②。如此高的增长率背后便体现了乾隆二十二年（1757 年）重定保甲制度的推行力度之强。就现有资料来看，洛川县在乾隆二十一年至乾隆五十一年（1756—1786 年）期间的高增长率除却自然增长、保甲制度的严格执行外，同时也应包括当时大量外流人口回归本籍重新从事农业生产的因素③。乾隆五十一年（1786 年）之后，洛川县的人口多以年平均增长率 2.26‰～2.6‰ 的速度增长，至道光三年（1823 年），其人口总数达到了 98 400 口④，这也是见于清代文献记载中洛川县人口最多的时期。在此阶段，洛川塬所在区域的人口数额达到了 272 400 余口⑤，不过，这一人口数字和《嘉庆一统志》的记载存有较大的出入⑥。

---

① 罗尔纲：《太平天国革命前的人口压迫问题》，国立中央研究院社会研究所：《中国社会经济史集刊》，上海：商务印书馆，1949 年，第 20-80 页。
② 明《全陕政要》卷二，嘉靖年间刻本。
③ 王晗、张小永：《清初兴屯垦殖政策的兴废与陕北自然环境》，《开发研究》2009 年第 4 期。
④ 道光《秦疆治略》之《洛川县》，《中国地方志丛书·华北地方·陕西省》，台北：成文出版社有限公司，1970 年，第 161 页。
⑤ 道光《秦疆治略》之《鄜州》，《中国地方志丛书·华北地方·陕西省》，台北：成文出版社有限公司，1970 年，第 159-160 页。
⑥ 嘉庆《重修一统志》卷二四九《鄜州直隶州》之《户口》，四部丛刊续编本。道光《秦疆治略》之《鄜州直隶州》与嘉庆《重修大清一统志》相比，所载人口数量少了 41 440 口左右。而自嘉庆二十五年（1820 年）至道光三年（1823 年）之间仅有三年的时间，洛川塬所在区域并未发生明显的自然灾害和战乱，也未见政府组织的大规模移民行为。经查验洛川塬所在区域各州县的人口数据，发现，在此阶段，除宜君县缺少相应资料显示外，鄜州、洛川县的人口年均增长率分别为 3.6‰和 2.1‰，而中部县的年平均增长率为 11.6‰，这一数据似存有问题。《中国人口史》（第五卷·清时期）认为嘉庆《重修大清一统志》所载口数偏高，《秦疆治略》的记载应是正确的。笔者对该书观点虽不完全赞同，但赞成选取《秦疆治略》的相关数据更为可信。

人口数量的大幅增多，许多外流人口也逐渐回归原籍，这就为发展当地农业生产，促进社会的进一步稳定提供了必要的条件，土地开垦也有所扩展。如前文所述，康熙五十年（1711年）时虽有1642纳税人丁，但人口数已接近五万口。该时期距康熙初年的兴屯垦殖政策结束已经有四十余年，人口恢复至47 400口左右应为合理情形。这样一来，人均占有耕地约为1.85纳税亩/口，实际占有量为15.6亩/口①，可以说这一时期的人地关系尚属宽和。不过，此后日益增多的人口便可能会给本就贫瘠的土地带来较重的压力，如至道光三年（1823年），洛川县的册载人口达到了98 400口左右，人均实际占有耕地约有7.75亩/口，尚不及康熙五十年（1711年）前后的一半。

这样一来，地方政府采取相应的措施进行应对，其具体的应对措施有三。第一，鼓励民众对"山坡沟侧不成片段之地"进行垦殖。清政府规定，对畸零之地"五亩以下免其升科，五亩以上以二三亩折算一亩输粮"②。凡有可以垦种者，陆续垦种。第二，对现有的土地进行重新丈量。据史料载，道光年间，洛川县和中部县先后"以田赋紊乱，粮额无定"为名，"举办地亩清丈，逐丘丈量，编辑成册"③。第三，鼓励民众前往黄龙山区从事垦殖。黄龙山位于洛川塬东南，其"迤东神道岭，系山、鄜、平、庆孔道，南通澄、白、韩、合等

---

① 嘉庆《洛川县志》卷九《地丁》载，康熙七年（1668年）十一月，"内奉准照依古额八亩四分四厘五毫折正一亩"（《中国地方志集成·陕西府县志辑》，南京：凤凰出版社，2007年影印本，第412页）。

② 《陕甘总督尹继善（乾隆十四年）十月初一日（11月10日）奏》，中国科学院地理科学与资源研究所、中国第一历史档案馆：《清代奏折汇编——农业·环境》，北京：商务印书馆，2005年，第537页。

③ 民国《洛川县志》卷八《地政农业志》之《土地整理沿革》，《中国地方志集成·陕西府县志辑》，南京：凤凰出版社，2007年影印本，第143页；民国《中部县志》卷六《地政农业志》之《土地整理（城关）》，《中国地方志集成·陕西府县志辑》，南京：凤凰出版社，2007年影印本，第198-199页。

处，北通鄜州、宜、洛等处，四达之通衢"[①]，且位于陕北黄土高原南缘，气候条件较好，林草植被覆盖使得山坡地土地肥力较强，易于垦殖。乾隆三十二年（1767 年），当时陕西布政使程焘上奏，"洛川县由凤栖过仙姑河二十里，即入大山，山南北约经百里，东西距亦相埒，宜君、中部、韩城、澄城、白水诸邑，皆环其外，山中有泉，土性饶沃，方圆百里之内，不下数千顷，洛川小邑，民力未能垦种。现饬该县于附近农民，广为招募，有认垦者，划明界址，给以执照，以杜私垦之弊，于成熟后，咨报定则。得旨：嘉奖"[②]。这里所指的大山即为黄龙山区。由文献可得，日益增强的人口压力促使清政府开始鼓励民众对山地进行开垦，甚至为了保证民众的山地开发，还对山林中可能威胁民众生命安全的兽类进行捕杀，以致黄龙山区的大型兽类逐渐绝迹[③]。同时，地方政府为了扩大土地垦种面积，提高粮食产量，曾试图对流经洛川塬的河流进行利用，但成效不大[④]。此外，除了地方政府有组织的政策安排，地方民众也多开始寻求谋生的方法。陕甘总督尹继善在乾隆十四年（1749 年）的奏议中称："陕省沿边之榆、延、绥、鄜四府州属山多田少，民人向赴口外鄂尔多斯地方租种夷地，以资食用"[⑤]。可见，在乾隆初年，人地

---

① 乾隆《澄城县志》卷一七《艺文》，《中国地方志集成·陕西府县志辑》，南京：凤凰出版社，2007 年影印本，第 185 页。

② 陈振汉、熊正文等编：《清实录经济史资料》（第二分册），北京：北京大学出版社，1989 年，第 207 页。

③ 民国《洛川县志》卷一一《吏治志》之《历代职官·县职官谱·洛川知县石养源政略》，《中国地方志集成·陕西府县志辑》，南京：凤凰出版社，2007 年影印本，第 209-211 页。

④ 雍正《陕西通志》卷一三《山川六》；雍正《陕西通志》卷四〇《水利二》；嘉庆《洛川县志》卷四《山川》，《中国地方志集成·陕西府县志辑》，南京：凤凰出版社，2007 年影印本，第 381 页上。

⑤ 《陕甘总督尹继善（乾隆十四年）十月初一日（11 月 10 日）奏》，中国科学院地理科学与资源研究所、中国第一历史档案馆：《清代奏折汇编——农业·环境》，北京：商务印书馆，2005 年，第 537 页。

矛盾的日益加深促使民众自发地向黄土—沙漠边界带等周边人地矛盾尚不严重的地区迁移。不过，大量进入黄龙山区从事垦殖的民众所开发的土地并未列入洛川县的赋税体系，经统计，嘉庆十一年（1806 年）前后，洛川县共有实熟地 90 329.153 亩[①]。这一数字与康熙七年（1668 年）相比，在一百三十余年间仅增加 2 696.228 亩。显然，这一数字没有将黄龙山的已垦土地计算在内，由此，笔者可以推算得出，进入黄龙山从事垦殖的民众也应该没有纳入洛川县的人口统计之中。

三、同治年间战乱影响下的洛川塬

咸丰年间，江南、华中及华北各地因太平军、捻军与清军的激烈角逐，人口规模先后呈逐渐下降的趋势。与此相反，西北地区则因远离战场，大量战区人口迁入，人口规模仍呈上升趋势。曾有学者统计，咸丰六年（1856 年），陕西、甘肃、新疆人口总数约为 3 749 万，达到了清代西北人口发展的顶峰[②]。外来人口的增多，一方面带来了异于当地的生产技术；另一方面，也使得西北地区本就贫瘠的土地的人口承载力进一步加重，进而促使土客民之间、民族之间的矛盾凸显出来。

同治元年（1862 年）初，蓝大顺率川滇农民军由川入陕，攻占洋县，威胁关中。同年四月，扶王陈得才率太平军入陕。与此同时，

---

① 嘉庆《洛川县志》卷九《地丁》载，康熙七年（1668 年）以后，清丈自首并节年开垦折正地 246.799 亩，乾隆三十二年（1767 年），移建城垣，豁免折正地 18.68 亩，乾隆四十二年（1777 年）开垦折正地共地 2468.11 亩（《中国地方志集成·陕西府县志辑》，南京：凤凰出版社，2007 年影印本，第 412 页）。
② 侯春燕：《近代西北地区回民起义前后的人口变迁》，《中国地方志》2005 年第 2 期。

陕西回族民众在关中东部的华阴因"圣山砍竹"事件而引发暴动。此后，同治五年（1866年），西捻军张宗禹等率军相继入陕，与回民军联合，自此形成了"捻自南而北，千有余里，回自西而东，亦千有余里"①的局面，这一发展态势对陕西地方政府造成严重威胁。为了镇压这些农民军，清政府先后调集重兵进行剿杀。而陕西洛川塬地区地理位置特殊，其"东枕黄龙，因山作障；西襟洛水，临谷为堑；实长、咸之锁钥，鄜、绥之咽喉"②，这一地区也是陕西回族较为集中分布的地区，因此，这里成了回汉冲突、战斗频次最多的区域之一。

据史料载，同治五年（1866年）七月，西捻军从蒲城北走白水，向中部、洛川进军。十月，西捻军攻掠洛川，"自化石、槐柏诸镇攻破杨舒寨，杀伤数十人，男女老少扑沟死者二百余人"。同治六年（1867年）二月，西捻军"复至黄连等镇，掳财物牲畜。四月，至兴平镇，纵火焚屋。时东山十余里悉其营寨，攻劫多死伤，惟县城以东、西、南三面据深沟之险，寇至，断其桥，但守北路，而城内防务亦严，故得保全"③。时隔不久，即同治七年（1868年）二月十八日，又有回民军进攻洛川，此时，"总兵周绍濂接洛川县知县周贵祥禀报，另有大股回匪窜扰县西二十里之马家河一带，梗塞前敌各营运道，请拨兵助剿"。周绍濂利用洛川、中部两县的险要地形重创回民军，以至"毙贼不下五六百人，坠崖死者无算，追剿二

---

① 《左文襄公奏稿》卷二三，收入《左宗棠全集》（第6册），上海：上海书店，1986年。
② 民国《洛川县志》卷五《山水志》，《中国地方志集成·陕西府县志辑》，南京：凤凰出版社，2007年影印本，第95页。
③ 民国《洛川县志》卷一五《军警志》之《匪患》，《中国地方志集成·陕西府县志辑》，南京：凤凰出版社，2007年影印本，第317页。

十余里"①。由上述文献可知，洛川县城由于地势险要，易守难攻，得以在战乱中保全。而洛川县治下各乡镇在战乱中则遭受不同程度的破坏，大量居民逃徙死伤。此外，陕北南部地区由战前回民较为集中的区域在战后已成"茫茫大地，皆无吾教人之足迹矣"②。

　　总的来看，同治年间发生在陕西的战乱，使得关中、陕北地区人口锐减，土地大面积荒芜，"北山延、榆、绥、鄜及泾、渭两河间惨被骚扰，穷黎亦孑然无归。兵燹之余，荒寒饥累之状为各省所无"③。这样一来，战后的招抚流亡、恢复生产成了急需解决的首要问题。因此，地方大吏建议，"请收招土匪，绥辑饥黎，先后动用帑项为数颇巨，历时颇久，而安插降众，抚绥难民，亦具有经化次第，洵兵荒后一大事矣"④。为了从速整治，地方官员先是"恳饬绥远城将军于边外代筹粮食"，并借用"江南解到刘松山军饷五万两，以二万两解交金顺，以三万两解交成定康，作为赈抚安插之费"。这一举措暂时可以保证"无数残黎得沐皇仁，稍延残喘"，暂解燃眉之急。但是由于"此时距秋成之期甚远，安辑之后，尚需为筹口食、筹牛种、耕具，俾其各安耕凿，永为良民"，因此"犹待饷项有出，始能通融挹注，得旨已饬户部拨给部帑十万两，解赴归绥，着定安于此项银两到后，派委妥员分赴各牛犋，定购粮石，解交金顺大营，转发成定康，以备赈抚安插之用第，恐归绥各属一时未能得如许之粮，并

---

① 民国《中部县志》卷一《建置志》之《行政区划·附城堡》，《中国地方志集成·陕西府县志辑》，南京：凤凰出版社，2007年影印本，第150页。
② 马光启：《陕西回教概况》，马长寿：《同治年间陕西回民起义历史调查记录》，西安：陕西人民出版社，1993年，第214页。
③《续修陕西省志稿》卷一二七《荒政一》之《赈恤》，陕西师范大学图书馆古籍部藏，未刊印。
④《续修陕西省志稿》卷一二七《荒政一》之《赈恤》，陕西师范大学图书馆古籍部藏，未刊印。

着定安设法采买，解往毋令缺乏"①。可以说，地方官在战后努力保证当地民众的基本生活，并积极促进社会经济的恢复。但是由于此次战乱波及范围较广和影响程度较深，从而使得陕北社会经济一时之间难以恢复如初。

同治八年（1869 年）陕西境内的战事结束后，左宗棠又将战争推进到甘肃、新疆境内，直到光绪三年（1877 年）才告于结束。在此期间，陕西又成为提供军用物资的前沿，而饱受战乱影响的陕西民众更加贫困，他们恢复生产、促进社会经济恢复的能力大为削弱，继而自身抵抗自然灾害的能力也大为下降。

四、光绪"丁戊奇荒"与洛川塬

光绪初年，在北中国的直隶、山东、河南、山西、陕西五省发生了罕见的特大旱灾，此次旱灾普遍起于光绪二年（1876 年），止于光绪五年（1879 年），以光绪三、四年（1877、1878 年）最为严重。在陕西，自光绪二年（1876 年）立夏之后，数月干旱无雨，致使秋季颗粒无收，"粮价腾涌，饥民嗷嗷待哺"，"渭北各州县苦旱尤甚，树皮草根掘食殆尽，卖妻鬻子时有所闻"②。光绪三年（1877 年），夏粮只收一成，到六、七月间更出现了"赤野千里，几不知禾稼为何物"的情况③。秋季无收，继而出现"饿殍枕藉"的惨状。此时的陕北地区"……北山旱灾以榆林之怀远、葭州、府谷，绥德之米脂、

---

① 《续修陕西省志稿》卷一二七《荒政一》之《赈恤》，陕西师范大学图书馆古籍部藏，未刊印。
② 《续修陕西省志稿》卷一二七《荒政一》之《赈恤》，陕西师范大学图书馆古籍部藏，未刊印。
③ 《秦饥》《申报》（上海版）第 1670 号，光绪三年八月二十七日（1877 年 10 月 3 日）。

清涧、吴堡为重。神木、靖边本望有秋，又为严霜所侵。次则延安所属，又次则鄜州，既无存粮，又鲜富户粮，此凶灾情殊可悯已"[①]。

　　陕北南部地区虽然灾情相对北部诸州县较轻，但是该地区因同治年间遭受战乱影响甚巨，因此民众抵御自然灾害的能力大为下降。早在同治七年（1868 年）、十二年（1873 年），洛川等陕北南部各州县先后受水灾、旱灾等自然灾害的影响[②]，以致光绪元年（1875 年）三月，"巡抚邵亨豫奏查明被灾各州县民欠地丁钱粮，请分别豁缓。奉准陕西洛川等县民欠同治十二年（1873 年）地丁正耗银两，着缓至光绪元年（1875 年）麦后带征"[③]。时隔不久，光绪二年（1876 年），中部县旱象已生，并出现局部危害，因而中部县该年的赋额得以豁免[④]。光绪三年（1877 年），"雨泽稀少，禾苗枯萎，平原之地与南北山相同"，自此，旱灾开始大范围蔓延开来，由是人口损失相当严重。据《黄龙县志》所辑的《荒乱碑》载，黄龙县（时属洛川县）在光绪三年（1877 年）"三月二十日落雨七分，以至四年（1878 年）三月十四日落雨，犁一年之处，数千余里，以至升米银三钱，斗糠数百，有父子相食，夫妻相食，伤心惨目，以至于此，十分之人，仅留二三"[⑤]。许多民众迫于生计，逃荒在外，如中部县，该县"自

①《续修陕西省志稿》卷一二七《荒政一》之《赈恤》，陕西师范大学图书馆古籍部藏，未刊印。

② 民国《洛川县志》卷一三《社会志》之《社会救济·灾荒赈济》，《中国地方志集成·陕西府县志辑》，南京：凤凰出版社，2007 年影印本，第 254 页；民国《中部县志》卷九《社会志》。

③ 民国《洛川县志》卷一三《社会志》之《社会救济·灾荒赈济》，《中国地方志集成·陕西府县志辑》，南京：凤凰出版社，2007 年影印本，第 254 页。

④ 民国《中部县志》卷九《社会志》之《社会救济·灾荒赈济》，《中国地方志集成·陕西府县志辑》，南京：凤凰出版社，2007 年影印本，第 236 页。

⑤《荒乱碑》，见于黄龙县地方志编纂委员会编《黄龙县志》，西安：陕西人民出版社，1995 年，第 6 页。

同治兵荒以来，户口寥落，荡析离居，至光绪庚子大裖以后，烟户奇零，土旷人稀，难计休养之期"[①]。另有部分民众以白马滩神彭口塔村冀锁子为首，屯聚于五角山以谋生路[②]。

清政府面对上述情形，首先由地方政府筹措，暂时维持民众的基本生计[③]，而后由中央政府统一部署，拨以粮食、银两以作赈济之用[④]。鄜州、洛川、中部、宜君等陕北南部州县具体的赈济过程不得而知。不过，笔者可以将与上述各州县自然环境相近州县的文献进行对比、分析来佐证。地处黄龙山区东侧的韩城县在光绪三年（1877年）的自然灾害中，民众生计也难以为继。该县知县沈心阳在县属仓房无粮无银可筹的情况下，先是组织地方富户捐银捐粮，以确保民众的基本生计。而后"上省求粮赈济宽"，随后按照中央政府的统一调度，安排县境内的赈济。沈心阳先将赈济粮食分配给各里长，由各里长散发，每人每日分配三两粮食，一直散发到光绪四年（1878年）六月。在此期间，"粮豆散过四万石，留人不足十之三"。由于光绪四年（1878年）三月出现降雨过程，沈心阳配发籽种，组织农夫恢复生产，当年便获得了较好的收成，"绿豆糜子收成繁，一时更比一时贱，一斗只卖八百钱"[⑤]。在此期间，洛川、中部等州县的外逃民众也开始重建家园，清政府遂豁免了洛川等州县所欠光绪三年至九年（1877—1883年）的额赋和地丁、粮草等项供赋[⑥]。据事后清

① 民国《中部县乡土志》之《户口》，陕西师范大学图书馆古籍部藏，未刊印。
②《荒岁歌》，山西稷邑宁月拴刻，陕西省博物馆藏。
③《荒岁歌》，山西稷邑宁月拴刻，陕西省博物馆藏。
④《续修陕西省志稿》卷一二七《荒政一》之《赈恤》，陕西师范大学图书馆古籍部藏，未刊印。
⑤《荒岁歌》，山西稷邑宁月拴刻，陕西省博物馆藏。
⑥ 民国《洛川县志》卷一三《社会志》之《社会救济·灾荒赈济》，《中国地方志集成·陕西府县志辑》，南京：凤凰出版社，2007年影印本，第254页。

政府统计，陕西全省的赈济过程自光绪三年（1877 年）九月初一日起，至光绪四年（1878 年）六月底停赈止，"各属赈过极次贫民男女大小 314 万口有奇，共用银 230 余万两，用粮 110 余万石"[①]。可以说，清政府在赈济过程中由中央政府统一部署，分由各级地方政府予以赈济，可谓取得了一定的成效。不过从侧面来看，光绪初年的"丁戊奇荒"对洛川塬所在区域的人口影响很大，在各种自然灾害的侵袭下，洛川塬所在区域的人口规模受到了显著影响。此外，也有不少民众流往外地，从而脱离政府的户籍控制，以致灾后几十年，许多地方仍然一派荒凉，"有些县份的若干乡村，只有一户至二十户人家"[②]。

　　同治年间的战乱和光绪初年的自然灾害使得陕北南部地区大量居民逃离避祸，土地荒芜，这在客观上为吸收大量外来人口从事土地垦殖提供了条件。陕北南部地区招纳客民的总量不得而知，仅有部分文献对区域内部外来人口的来源有所记录。中部县多"四川、湖北"来的灾民；洛川，"间有蜀、鄂及商州一带客民"；鄜州，"客籍多川、楚、鲁、豫"[③]。由此可知，外省民众主要来自四川、湖北、山东、河南等，而本省则主要是来自商州等地。这些客民经由关中而至洛川塬后多从事土地开垦，他们"与本地居民亦相友助，尚无畛域之见"[④]。经过短期的垦殖，客民多适应了当地的环境，并选择

---

① 《续修陕西省志稿》卷一二七《荒政一》之《赈恤·陕赈竣事情形及赈款数目垦免造具细册》。
② 李文治：《中国近代农业史资料》（第 1 辑），上海：生活·读书·新知三联书店，1957年，第 649 页。
③ 饶智元编：《陕西宪政调查局法制科第一股第一次报告书》之《民情类》（中部），第16 页；洛川，第 16 页；鄜州，第 15 页，稿本，南京图书馆藏。
④ 饶智元编：《陕西宪政调查局法制科第一股第一次报告书》之《民情类》（中部），第16 页，稿本，南京图书馆藏。

定居于此，他们还会招纳原籍亲属前来耕垦①。这样一来，人口数量得以逐步回升，陕北南部各州县的社会经济状况也开始有所好转。

总的来看，自咸丰末年至光绪"丁戊奇荒"期间，无论是人口数量，还是土地垦殖情况，皆呈现暴涨暴落的情形。仍以道光三年（1823 年）的人口数字和嘉庆八年至道光三年（1803—1823 年）的年人均增长率为基准，推算可得，咸丰末年的人口数额当在 100 100 口左右。至于在战乱和自然灾害后的人口数量则仅能依据民国二十二年至民国二十八年（1931—1939 年）的人口数量进行上溯，经计算得出，在此期间的人口增长率为 25.9‰。这一增长率显然有些过高，很难加以使用。现采取《中国人口史·清时期》中针对该地区的人口增长率进行上溯，依据该书中的人口增长率 12‰估算，"丁戊奇荒"后的洛川人口在 46 000 口左右。如此可以估算出洛川县在战争和自然灾害中人口损失比例占到了 54%，而此时土地大量的抛荒，以道光三年（1823 年）的人均占有量来统计，当时尚未抛荒的耕地应该低于 356 500 亩，即低于 42 200 纳税亩。

至辛亥革命后，国民政府"定地方行政组织为两级制，县皆直隶于省，施设道尹，区划略同于清"②。民国十七年（1928 年），国民政府复罢之，民国二十四年（1935 年），又重新划分辖区，设行政督察专员且兼保安司令。洛川塬所属区域大致在行政督察第三区内，该区辖有甘泉、鄜、宜川、洛川、中部、宜君等六县，专员公署驻洛川。民国二十九年（1940 年），甘泉、鄜县县长奉令撤退，省政府

---

① 民国《洛川县志》卷二二《氏族志》之《氏族来源》，余正东：《枣刺沟游记》，《中国地方志集成·陕西府县志辑》，南京：凤凰出版社，2007 年影印本，第 483-484 页。
② 民国《洛川县志》之《黎锦熙序》，《中国地方志集成·陕西府县志辑》，南京：凤凰出版社，2007 年影印本，第 7 页。

以同官县、黄龙设治局划入，则仍为五县一局[①]。在此期间，人口数量虽呈恢复趋势，但与清代中期相比，仍存有明显差距。如中部县，该县直至民国三十年（1941年）前后，人口为25 261人[②]，仅为道光三年（1823年）人口鼎盛时期的67.36%[③]。而洛川塬所在区域的大量荒芜田地，尤其是黄龙山区也于民国二十一年（1932年）前后由国民政府倡导下得以移民垦殖，发展生产[④]。

通过对上述不同时期典型事件的分析，笔者可以有效地复原洛川县自明代末年至清代末年人口和耕地的增长率。据统计，该县万历二十年（1592年）统计户口，得1 460户，4 460口；顺治初年的户数为788户，约折3 940口；康熙五十年（1711年）的人口数为47 400口[⑤]；道光三年（1823年）的人口数为98 400余口，至清末则为64 760余口[⑥]。因此，该县的人口增长率分别为–2.3‰、212.1‰、

---

① 民国《洛川县志》之《黎锦熙序》，《中国地方志集成·陕西府县志辑》，南京：凤凰出版社，2007年影印本，第7页。

② 民国《中部县志》卷五《户口志》之《户口消长述略》，《中国地方志集成·陕西府县志辑》，南京：凤凰出版社，2007年影印本，第170-171页。

③ 道光《秦疆治略》之《中部县》，《中国地方志丛书·华北地方·陕西省》，台北：成文出版社有限公司，1970年，第163-164页。

④ 《陕西省政府训令》第2516号、第4827号、第2619号、第3075号、第8736号，案卷号341、439，陕西省档案馆藏；李象九：《论开垦黄龙山》，中国人民政治协商会议、陕西省黄龙县委员会文史资料研究委员会：《黄龙文史资料》（第一辑），内部资料，1986年印刷。

⑤ 据嘉庆《洛川县志》卷九《民数》载，乾隆六年（1741年）的人口数为31 090口，这一人口数字低于估算所得的康熙五十年（1771年）人口数，其原因应在于大量隐匿人口的存在。（《中国地方志集成·陕西府县志辑》，南京：凤凰出版社，2007年影印本，第414页上-416页上）

⑥ 嘉庆《洛川县志》卷九《民数》，《中国地方志集成·陕西府县志辑》，南京：凤凰出版社，2007年影印本，第414页上-416页上；道光《秦疆治略》之《洛川县》《中国地方志丛书·华北地方·陕西省》，台北：成文出版社有限公司，1970年，第161页；民国《洛川县志》卷六《人口志》，《中国地方志集成·陕西府县志辑》，南京：凤凰出版社，2007年影印本，第112页。

10.8‰和–3.9‰[①]。而洛川县原额耕地约有 399 926 纳税亩，顺治十七年（1660 年），实熟地为 74 916 纳税亩，康熙五十年（1711 年）前后为 87 633 纳税亩，道光三年（1823 年）的耕地总数已达到 90 329 纳税亩，至清末则为 42 200 纳税亩，其年垦殖增长率分别为–16.3‰、3.26‰、0.28‰和–9.52‰。现将其土地垦殖和人口增长情况作图 3-2。

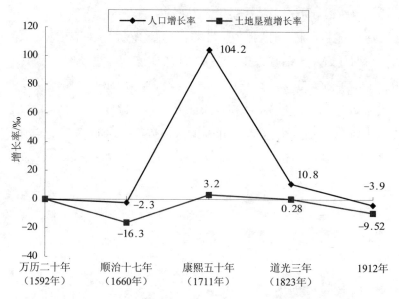

图 3-2   明万历年间至清宣统年间人口增长率和土地垦殖增长率统计

图 3-2 表示，明末至清末民初的三百余年中，洛川县耕地数额随着人口数量的变化而呈现出较为显著的差异，即耕地数额和人口数额之间成正相关关系。不过，具体到某些特定时期，则呈现较为复杂的变化趋势。可以发现，万历年间的人口数字和耕地数额之间

① 1938 年，洛川县东境划归黄龙山垦区，土地和人口相应减少，且无确切数据，故此时期不列入比较范围。

存有一定的矛盾之处，即此时期册载耕地的人均承载量相当之高。经查证，万历年间的人口数字和嘉靖年间的人口数字相差近五倍，时间上相差 50 年左右，而在此期间，并未发生较大规模的战乱和较为严重的自然灾害。究其原因，当地民众为了逃避官府赋役，常常以小户依附于大户之下，隐匿人口；同时，当地"百姓群然视迁窜为长策，弃田园为乐事矣"，以至"里甲空虚，钱粮逋负"①。自清初至康熙末年，洛川县人口增长率有明显的提升，这主要是由于清代初年的统计数据来自当时的册载人口，而这一人口数字和实际的人口数量有较大的出入，依据嘉庆八年至道光三年（1803—1823 年）的人口数字上溯。从土地垦殖情况来看，康熙五十年（1711 年）后的土地开垦始终保持增长状态，这显然与当时社会经济的逐步恢复和发展存有直接关联。此前，由于塬面宜垦土地因人口增长幅度相对较缓，尚处于撂荒状态，故而此时期的开荒扩种多集中在塬面。不过，自康熙五十年（1711 年）至道光年间，土地垦殖率因前期增长后的基数较大，因此，其增长率有所下降；而人口增长率虽因推算中的问题呈现出下降趋势，但实际上人口仍保持较快的增长幅度。至道光三年（1823 年）前后，二者增长幅度相近。道光年间以后，尤其是同治、光绪年间频仍的战乱和自然灾害使得人口大量逃亡，土地也因此荒芜，虽然战乱和自然灾害之后，人口和土地的数量都有所回升，但是与道光年间相比，仍存在明显的差距，以致出现负增长的情形。

通过对上述内容的分析，应该看到在研究区社会状况处于饱和、塬面的生态承载能力达到一定限度时，土地的开垦方向开始转移到

---

① 嘉庆《洛川县志》卷一九《艺文》之《杂著》，（明）陈惟芝：《清丈田亩记》，《中国地方志集成·陕西府县志辑》，南京：凤凰出版社，2007 年影印本，第 502 页上-503 页。

坡度较陡的山地、坡地。这与社会经济处于动荡时期颇为相似，在发生战乱或自然灾害的情况下，塬面的大量土地处于弃耕、抛荒的状态，而逃亡在外的民众则会利用所躲避的山地进行简单的、粗放的农事活动。而且在战乱和自然灾害频仍时期，人类活动，尤其是土地利用力度和广度并不一定弱于社会稳定时期，甚至在某些阶段还可能表现得格外强烈。而这一点却是史料记载中有所缺失的地方，也为笔者工作的进一步深入带来不少困难。

第二节　土地垦殖和人为加速侵蚀

洛川塬在历史时期，尤其是人类活动频仍的清至民国时期，人类从事农牧业生产过程中的毁林毁草耕垦行为进一步促成了土壤侵蚀的发育。清前期，伴随着政局的逐步稳定，社会经济得以恢复和发展，人口与聚落日益增多，耕垦的地区由塬面向丘陵山区扩展，坡度越来越陡。坡耕地侵蚀已影响到沟谷侵蚀，并激发重力侵蚀，进而导致了侵蚀加剧与生态退化的恶性循环。

一、自然灾害的影响

清代中前期，尤其是乾嘉时期，洛川塬达到了清代人口密度、土地利用程度相对较高的时期[①]，该地区自然环境伴随着人口的增长、土地利用强度的增加而发生变化。这种变化表现为地理环境系统的自我调节能力减弱，生态承载能力下降，自然生态平衡失调，

---

① 嘉庆《洛川县志》卷九《民数》，《中国地方志集成·陕西府县志辑》，南京：凤凰出版社，2007 年影印本，第 414 页上-416 页上。

继而引发自然灾害的加剧。17—19世纪洛川县、中部县自然灾害情况如表3-3所示。

表3-3　17—19世纪洛川县、中部县自然灾害统计

时期	万历	天启	崇祯	顺治	康熙	雍正	乾隆	嘉庆	道光	咸丰	同治	光绪
旱灾	5	0	5	0	2	1	7	4	1	1	1	6
水灾	1	1	1	1	1	0	4	1	1	0	1	1
雹灾	0	0	0	0	2	1	3	4	0	0	0	1
总计	6	1	6	1	5	2	14	9	2	1	2	8

注：上限为万历二十九年（1601年），下限为光绪二十六年（1900年）。
资料来源：嘉庆《洛川县志》卷一《祥异》；民国《洛川县志》卷一三《社会志》之《社会救济》之《灾荒赈济》；嘉庆《续修中部县志》卷二《灾异》；民国《中部县志》卷九《社会志》之《社会救济》。

　　由表3-3可得，17至19世纪，洛川、中部两县见于文献记载的旱灾28次，平均每五十年4.67次；水灾13次，平均每五十年2.17次；雹灾11次，平均每五十年1.83次。其中，清乾隆、嘉庆两朝旱灾、水灾、雹灾分别达到了三百年间发生自然灾害频度的39.3%、38.5%和63.6%。乾隆、嘉庆两朝自然灾害出现的高频率与此时的社会经济高度发展密切相关。据前文所述，至道光三年（1823年），洛川塬所在区域的在册人口数量增至272 400口[①]。与前期相比，呈明显增长趋势，社会经济状况得以长足发展，此时期的土地垦殖率也呈逐次递升的趋势。许多不易开发的土地也陆续成为当地民众耕垦的对象，自然环境也相应地受到影响，因此这一时期有关自然灾害的记录也是较多的。

　　清代后期，尤其是同治年间以降，在长期的战乱影响下，大量

① 嘉庆《重修大清一统志》卷二四九《鄜州直隶州》之《户口》。

民众脱离原籍，土地荒芜，土地利用的方式发生变化。许多植被经常被避乱的民众作为取食和柴薪之用，自然环境的自我恢复能力进一步减弱，以至光绪年间，见于文献的自然灾害记录虽然只有 8 次，相对乾嘉时期为少，但它们波及范围之广，负面影响程度之深，可谓乾嘉时期洛川塬不合理土地利用的集中表现①。

自然灾害的加剧，虽然在一定程度上减少了民众对土地的扰动。但同时也加剧了洛川塬自然生态平衡的失调，并进而影响到人为加速侵蚀。目前，关于直接记述洛川塬人为加速侵蚀的历史文献相对较少，但在与之相近的区域仍可找到相关的佐证。据雍正《安定县志》载，作为子午岭的余脉——凤翼山脉，其"自西南子午谷来，蜿蜒数百里"，该山"旧多榆树，葱郁可观，年荒，人削树皮食，木尽槁；萌蘗生，又尽于樵牧，重违山性矣"。时间一长，"山经践踏，土不坚，遇大雨，浊浪下冲，亦为居民患，山下土为人所挖，取日用恒于斯"②。可见，由于民众在灾荒之年对自然植被的破坏以及自然植被恢复初期的过樵、过牧，并未减轻土地自身的承载压力，在局部地区还对于加深土壤的侵蚀力度具有深远意义。据 1953 年黄河水利委员会水土保持查勘报告指出，在黄土区域，植被密度为 50%～70%时，土壤侵蚀就很轻微；为 70%～90%时，则基本停止③。而雍正《安定县志》的例子有力地说明了人类经济活动破坏植被、破坏土壤、剥夺土壤的庇护、降低土壤的抗蚀力和渗透性，进而加速了侵蚀力度，使矛盾的两方面发生了转化，使人类活动在性质上变为有害的，同时进入一个新的环境变化阶段。

---

① 秦燕：《近代陕北地区人口特点初探》，《西北工业大学学报（社会科学版）》2001 年第 1 期。
② 雍正《安定县志》之《山川》，陕西师范大学图书馆古籍部藏，未刊印。
③ 黄秉维：《关于西北黄土高原土壤侵蚀因素的问题》，《科学通报》1954 年 6 月号。

此外，由于人口数量的增加，民众住宅场所的扩大成为必然趋势。据现代科学调查，每增加 8 口人就增加 1 孔窑洞，每修 1 孔窑洞便会流失 373 立方米土[①]。笔者在 2007 年 3 月前往洛川县南郊谷咀村实地调查时，通过实地丈量得出，每孔窑洞动土 312 立方米，弃入沟道内约占 2/5，即近 122 立方米，加上劈窑面弃土约 13 立方米，合计 135 立方米[②]。而窑洞一般多选择在地势比较低，坡度比较缓，用水、生活都比较方便的地方，所以住宅面积的扩大，也导致了土地可利用面积的缩小，人类赖以生存的空间日渐狭窄。对此，当地并没有特别好的改良方法，"惟官兹土者申明厉禁"，使"庶于风气有裨益，士民永赖之"[③]。

二、开荒扩种与坡耕地土壤侵蚀

开荒扩种和植被破坏是一个过程的两个方面，开荒面积的增加与人口增长趋势有共轭性。开荒的地形部位和区域分异随自然和社会经济条件的变化而有所不同。

1．开荒扩种加速侵蚀与人口增长的时间变化

清代陕北洛川塬开荒扩种的地区，以洛川县较为典型。洛川县在兴屯垦殖政策废除、"摊丁入亩"政策颁行之后，人口数量得以逐步增多，许多外流人口也逐渐回至原籍。这就为当地农业生产的发展，社会经济的繁荣提供了必要的条件，但同时日益增多的人口也给土地带来了较重的承载压力。

---

① 李荣生、庞远玉：《安塞县人类社会经济活动对环境影响初探》，左大康主编：《黄河流域环境演变与水沙运行规律研究文集》（第一集），北京：地质出版社，1991 年，第 74-82 页。
② 王晗：《谷咀村实地调查》，《洛川县调查日记》，2007 年 4 月。
③ 雍正《安定县志》之《山川》，陕西师范大学图书馆古籍部藏，未刊印。

在土地垦殖的过程中，民众的开荒季节都集中在夏收以后的秋闲时间，且开荒地多为深翻。由于洛川塬位处季风气候区，"秋季雨量且远较春季为多，降雨时期亦较长，甚至霖雨延绵可达二十余日"，这一时段与民众的开荒季节相重合，在降雨强度小的情况下，因为土壤的透水性得以增加，对减少水土流失反而是有利的；如果降雨强度过大，由于松动的土壤抵抗冲蚀能力减小，因之而出现的土壤侵蚀情况便比未松动时有所加重。据现代科学研究，秋季连阴雨造成塬面的土壤侵蚀模数可高达每年每平方千米 2 万～5 万吨[①]。在历史时期，多表现为"浊浪冲激，随地成沟壑"的状况[②]。

2. 开荒扩种和人为加速侵蚀的空间分布特征

在陕北黄土塬区，开荒扩种的地形部位一般由塬面发展到缓坡，进而到陡坡，由梁峁坡地发展到谷坡。在林区的开垦，先由边缘开始，再逐渐向林区腹部发展。洛川县境东部黄龙山区的垦殖过程即是较为显著的例证。

黄龙山区位于洛川县境内东南，其"迤东神道岭，系山、鄜、平、庆孔道，南通澄、白、韩、合等处，北通鄜州、宜、洛等处，四达之通衢"[③]，且位于陕北黄土高原南缘，气候条件较好，林草植被覆盖使得山坡地土地肥力较强，易于垦殖。乾隆三十二年（1767年），当时的陕西布政使程焘便提出鼓励民众开发黄龙山区的建议[④]。

---

① 唐克丽、陈永宗等：《黄土高原地区土壤侵蚀区域特征及其治理途径》，北京：中国科学技术出版社，1990 年；王斌科、唐克丽：《黄土高原开荒扩种时间变化的研究》，《水土保持通报》1992 年第 2 期。

② 民国《洛川县志》卷三《气候志》之《气化·雨量》，《中国地方志集成·陕西府县志辑》，南京：凤凰出版社，2007 年影印本，第 79 页。

③ 乾隆《澄城县志》卷一七《艺文》，《中国地方志集成·陕西府县志辑》，南京：凤凰出版社，2007 年影印本，第 185 页。

④ 陈振汉、熊正文等编：《清实录经济史资料》（第二分册），北京：北京大学出版社，1989 年，第 207 页。

在政府推行久荒之地"三年起科"、新荒之地"次年起科"①的相关政令后，大量民众开始进入黄龙山区从事生产，这一点可以从现代地名的缘起中找到佐证②。

由于山地广阔，且暂无赋税压力，这就为粗放的广种薄收生产方式提供了客观条件，在这种掠夺式垦种的情形下，该处荒地经数年的垦种后，便会出现地力渐竭的情形，以致"种者无收，而垦者复荒"，导致"招垦则甚易，科粮赋则最难"局面的出现③。而另一方面，黄龙山区居陕北高原南缘，常年受大陆性季风气候的影响，故年内降水量变率较大。当夏季风盛行之际，则雨量增加，而冬季风暴发之时，则雨量大减，计全年总雨量为300～500毫米，但历年变差甚大，旱年则低于此，涝年过之。春秋二季为季候风更迭时期，于是形成所谓"不连续面"，而致多雨④。此外，黄龙山区大部为梢林覆盖的土石山地，与洛川县相接的地区多为黄土梁塬，地形破碎。而清代中期以降，民众开荒扩种以梁峁坡面为主，坡度以缓坡为主，当弃之不耕时，土地表层裸露，常会出现坡面流水侵蚀，且随着坡面的增长，强降雨所形成的水流挟带的泥沙量也随之增多，最终造成一旦出现强降雨，许多垦地则会出现"水崩沙压"，"浊浪冲激，随地成沟壑"的情况，从而带来较为严重的局部土壤侵蚀现象。

据现代科学研究，陕北洛川黄土塬由于本身沉积物质、内部组构、堆积形态及自然地理位置的特殊性，黄土塬谷坡扩展侵蚀呈谷

---

① 康熙《大清会典》卷二〇《户部四》之《田土一·开垦》。

② 《无量山祖师碑记》，黄龙县地方志编纂委员会编《黄龙县志》，西安：陕西人民出版社，1995年。

③ 嘉庆《洛川县志》卷二〇《艺文志》之《拾遗》，《中国地方志集成·陕西府县志辑》，南京：凤凰出版社，2007年影印本，第526页下-527页。

④ 民国《洛川县志》卷三《气候志》之《气化·雨量》，《中国地方志集成·陕西府县志辑》，南京：凤凰出版社，2007年影印本，第79页。

坡陡倾鱼鳞式发展，即主要侧蚀力不是沟谷中的水流侧蚀，而是两侧次级水流与黄土崩滑作用；河谷在由小到大的加宽过程中，不同时期的谷坡以高角度陡倾为特点，并非出现戴维斯模式中的逐渐夷平过程假说；黄土塬谷坡的扩展方式以鱼鳞状黄土崩滑为特征，平面后退线轨迹以鱼鳞式蚕食黄土塬，而不是 W.彭克模式中的平行后退假说[①]。

三、林地开垦与人为加速侵蚀

自然生态平衡下的自然侵蚀，其侵蚀强度随同气候演变而发生相应的变化，这是地质时期相对漫长的过程。因人为活动破坏植被而进行的不合理开垦，可在 1 年，甚至数月、数日内激发加速侵蚀，其侵蚀速率为自然侵蚀的数十倍，甚至百倍、千倍以上[②]。

清代洛川塬的林地多为天然林，如洛川县在明末清初之际，自然环境相对良好，其"居万山中，多丛林，当是时，即穷谷、深岩、鸟穴、兽籔之幽"[③]。至清中期，天然林多分布于东南部黄龙山区的丘陵地，该地林木葱郁，"明季伏莽丛兴"。其中，黄龙山区支脉烂柯山便重林广布[④]，寿峰寺一带"松木数千百株，近旁者不敢砍伐，远在山坡者亦皆葱茏可悦"，"东乡山内白城桥寺，地幽远，有松千

---

① 郭力宇、甘枝茂、苏惠敏：《陕北洛川塬黄土崩滑及谷坡扩展模式》，《山地学报》2002 年第 1 期。
② 唐克丽等编著：《中国水土保持》，北京：科学出版社，2004 年。
③ 嘉庆《洛川县志》卷一九《艺文》之《杂著》，（清）王建屏：《陈侯去思记》，《中国地方志集成·陕西府县志辑》，南京：凤凰出版社，2007 年影印本，第 504 页下-506 页上。
④ 嘉庆《洛川县志》卷一九《艺文》之《杂著》，（清）王建屏：《陈侯去思记》，《中国地方志集成·陕西府县志辑》，南京：凤凰出版社，2007 年影印本，第 504 页下-506 页上。

余"①。而人工栽种树木则零散地分布在房前屋后及城池的周围，还有大堤的护堤林等。当地文献多有"河中之水浅且清，弱柳柔桑两岸生"②，"垣前有小桑树"③这样的记载。其中，树种主要为果树、杨树、柳树、桑树等。至民国时期，开始出现人工林，但"惟所植之树，多偏于公路道旁，经营管理，每感不便；且因灌溉艰难，气候旱燥，成活不多"④。

　　林地的使用大致可以分为建筑用材和薪材两类，就建筑用材而言，民居、城池、衙署、桥梁、寺庙祠堂等建筑所用木材皆需仰给于附近的林地，如康熙年间，鄜州修复州城用料"其石计二千四百丈，其木椿计二万本"⑤。就薪材而言，至民国时期，"因人民无自动植树之习惯，故不但建筑与制造用具材料缺乏，即燃料一项，倘黄龙禁伐，亦供不应求矣"⑥。据杨红娟调查，在改革开放以前，大部分农民取暖做饭多依靠从天然林中采取其中的树枝作为薪材，如在 20 世纪六七十年代，由于"以粮为纲"的政策，大量树林被砍伐，薪材只有去折灌木甚至是"搂草"，因此连草地也逐渐荒芜⑦。可见，清代以降的数百年间，薪材伐取对山林植被的破坏是显著的。当然，

① 嘉庆《洛川县志》卷四《山川》，《中国地方志集成·陕西府县志辑》，南京：凤凰出版社，2007 年影印本，第 381-383 页。
② 嘉庆《洛川县志》卷一九《艺文》之《杂著》，（清）王建屏：《陈侯去思记》，《中国地方志集成·陕西府县志辑》，南京：凤凰出版社，2007 年影印本，第 504 页下-506 页上。
③ 嘉庆《洛川县志》卷一七《人物》之《列女》，《中国地方志集成·陕西府县志辑》，南京：凤凰出版社，2007 年影印本，第 475-489 页。
④ 民国《洛川县志》卷八《地政农业志》之《土地利用·林地利用》，《中国地方志集成·陕西府县志辑》，南京：凤凰出版社，2007 年影印本，第 154-155 页。
⑤ 康熙《鄜州志》卷三《艺文》，陕西师范大学图书馆古籍部藏，未刊印。
⑥ 民国《洛川县志》卷八《地政农业志》之《土地利用·林地利用》，《中国地方志集成·陕西府县志辑》，南京：凤凰出版社，2007 年影印本，第 154-155 页。
⑦ 杨红娟：《清代陕北黄土高原南部土地利用变化与环境效应——以洛川县为例》，硕士学位论文，陕西师范大学，2001 年。

这种破坏相对于大规模的毁林开荒来说，还是相对容易恢复的。清代中期，毁林开荒对林地的破坏更为严重。如在乾嘉时即有"黄龙山，明季伏莽丛兴，近年山木开辟一空"①之说。当然，文献中所言"黄龙山"是狭义上的黄龙山，而并非指整个黄龙山区。

20 世纪 90 年代以来,中国科学院西北水土保持研究所就毁林开荒所造成的人为加速侵蚀这一关键性环节作了大量细致的工作。他们选择了咸丰年间因战乱、民族纠纷因素而遗弃的富县任家林场作为研究试验场。

该试验场位于洛河的三级支流瓦窑沟小流域，地理位置北纬36°05′，东经 109°11′，地貌类型属梁状黄土丘陵沟壑，年均气温 9摄氏度，年降水量576.7 毫米，7、8、9 三个月降雨占全年降水的 60%以上。区内林木郁闭度 0.7 以上。该试验场始建于 1989 年,场内布设了以自然坡面为基础的大型径流观测试验场，截至 1998 年，已有10 年长期观测的径流泥沙资料②。研究认为，富县一带现存的梢林景观为咸丰五年（1855 年）因民众逃亡，田地荒芜，经 100 余年的植被自然恢复达到了现在的面貌，这代表了现代生物气候条件下的自然生态景观。根据区内残留窑洞统计，可以推算出同治年间的人口密度曾达 21.7~25.3 人/平方千米。又据坡面残留的地埂、浅沟分布密度，推算出当时开垦的上限坡度已超过 25 度，垦殖率约为 25%，原始土壤剖面已被侵蚀。经过 100 余年的自然过程，由黄土性母质发育成幼年森林草原型土壤。除土壤上部发育有厚约 30 厘米的有机

① 嘉庆《洛川县志》卷四《山川》,《中国地方志集成·陕西府县志辑》，南京：凤凰出版社，2007 年影印本，第 381-383 页。
② 唐克丽、郑粉莉、张科利:《子午岭林区土壤侵蚀与生态环境关系的研究内容和方法》，《中国科学院西北水土保持研究所集刊》（第 17 集），西安：陕西科学技术出版社，1993年，第 3-11 页。

质层外，化学风化弱，无明显的淋溶层和淀积层①。目前，虽然没有在相关的历史文献中搜集到同治年间以后有关任家林场的人类活动记录，但是同治年间战乱和光绪年间灾荒之后，大量外来移民逐渐进住陕北南部地区，其中，鄜州"客籍多川、楚、鲁、豫"②。此外，因战乱和灾害因素逃难在外的本籍民众也逐渐回到原籍从事农业生产③。任家林场因地处洛河瓦窑沟小流域，势必成为民众争相垦殖的地区。因此，该林场在同治年间之后应该受到人为的扰动。

相关研究认为④，经 100 余年植被自然恢复后的林地侵蚀，代表了该地区无人类活动干扰的自然生态平衡下的自然侵蚀。林木砍伐后或被开垦为农地，或开垦后休闲裸露，在同样地形降雨情况下，即形成加速侵蚀，其侵蚀速率为自然侵蚀的数百倍或数千倍。目前，历史文献中虽未载有与现代研究直接相关的数据，但可从方志撰修者的定性描述中获取相近的结论。仍以黄龙山区为例，该地在清政府的政令推行下得以逐步开发，许多民众纷纷相伴入山。至清中晚期，黄龙山区的森林面积呈逐渐缩小的趋势。寿峰寺一带林区"为刁民窥伺私行剪伐"，神道岭也是"宵小无潜踪之地"⑤。砖庙梁关帝庙有碑文载，乾隆二十九年（1765 年），砖庙梁一带开山到顶⑥。

① 唐克丽、张科利、郑粉莉：《子午岭林区自然侵蚀与人为加速侵蚀剖析》，《中国科学院西北水土保持研究所集刊》（第 17 集），西安：陕西科学技术出版社，1993 年，第 17-28 页。
② 饶智元编：《陕西宪政调查局法制科第一股第一次报告书》之《民情类》，中部，第 16 页；洛川，第 16 页；鄜州，第 15 页，稿本，南京图书馆藏。
③ 民国《续修陕西省志稿》卷九《建置四》，陕西师范大学图书馆古籍部藏，未刊印。
④ 唐克丽、张科利、郑粉莉：《子午岭林区自然侵蚀与人为加速侵蚀剖析》，《中国科学院西北水土保持研究所集刊》（第 17 集），西安：陕西科学技术出版社，1993 年，第 17-28 页。
⑤ 嘉庆《洛川县志》卷四《山川》，《中国地方志集成·陕西府县志辑》，南京：凤凰出版社，2007 年影印本，第 381-383 页。
⑥ 杨红娟、侯甬坚：《清代黄龙山区垦殖的政策效应》，《中国历史地理论丛》2005 年第1 辑。

此外，现今黄龙山区各林场林地内的旧窑、屋基遗迹，以及碾盘、石磨、碌碡随处可见，梯田地埂遗迹比比皆是，庙碑、墓志多为清代所立[1]。从此可看出，清代黄龙山区的森林受到一定程度的破坏，很多林地被农地代替。据现代自然科学研究，林地开垦为农地，经连续10年的观测[2]，开垦地的加速侵蚀远远超过林地的自然侵蚀。

第三节　基本认识和初步结论

侵蚀环境中的人类活动所引发的人为加速侵蚀，其强度受生产方式（包括生产工具）和人口及其素质的影响。在长期以农为主、土地利用方式尚不合理、生产工具落后和人口素质不高的情况下，人口便成了人为影响侵蚀程度的主要因素，这也是研究者首先关注的内容。围绕人口问题，侵蚀环境中，以人口的变动为研究主线，通过探讨人口和土地垦殖（数量和强度）的变化，从中分析二者和人为加速侵蚀变化的关系则成为本章研究的重点[3]。

洛川塬所在区域人口数量的变动和土地垦殖情况的变化在不同时期呈现出明显的差异，即清代前期人口、土地垦殖得以初步恢复和发展；清代中期人口逐步增加，土地垦殖力度逐渐增强，垦殖范围随之扩大；清代后期战乱、自然灾害因素带来人口减少、土地荒芜及灾后重建；民国时期人口与土地垦殖状况的进一步发展。人口的增多，意味着人口密度的增大和人均占有土地的降低。自康熙五

---

① 王元林：《泾洛流域自然环境变迁研究》，北京：中华书局，2005年11月。
② 查小春、唐克丽：《黄土丘陵开垦地土壤侵蚀强度时间变化研究》，《水土保持通报》2000年第2期。
③ 左大康、叶青超：《黄河流域环境演变与水沙运行规律研究》，《中国科学基金》1991年第1期。

十年至道光三年（1711—1823 年），人均占有实际耕地从 15.6 亩/口降至 7.75 亩/口，而土地利用方式的固化和延续推动洛川塬民众的耕垦区域开始由塬面向丘陵山区扩展，坡度越来越陡。此外，耕垦区域的转移和耕作部位的变化带来了两方面的影响，一方面，无地、少地民众从塬面上的迁出，缓解了洛川塬的人口压力，但对"崖前侧畔"的畸零土地进行开垦，则导致"山经践踏"，表层土体发生碎裂，形成碎土和岩屑，引发坡耕地侵蚀，进而影响到沟谷侵蚀，并激发重力侵蚀。另一方面，民众在心理上形成一种思维定式，即塬面人口压力达到一定限度、土地难以维持生计时，民众便会有一部分从原居地迁到人地矛盾相对缓和的地方，如黄龙山区。这样一来，塬面的人均实际占有耕地数量当可以保持在 7.75 亩/口左右，而"相对过剩"的人口便会相应分流。

分流的过程大致可以分为社会经济状况趋于饱和与处于紊乱两个时期，以黄龙山区为例，大量的民众要么在地方政府的鼓励下前往开发山地，要么为了躲避战乱和自然灾害而逃亡至远离塬地的山地谋求生计。在这一过程中，黄龙山区的区位优势促使它成了洛川塬居民移民垦殖的首选之地。在开发过程中，很多林地被农地代替。一旦林地开垦为农地，不宜开垦的土地在开发后，加速侵蚀远超过林地的自然侵蚀。当研究区的社会经济状况处于稳定发展期间，许多民众自然会选择较易开发的塬地从事复垦和拓垦，在此期间，坡度较陡的山地、坡地则离开人们的视野，退居其次。

通过对研究区域的细致考察，笔者认为，在清至民国时期，洛川塬及其周边地区存有土壤侵蚀问题，而且呈现为人为加速侵蚀和自然侵蚀交相混合的共同作用。针对人口变动和土地垦殖过程的关系，本章进行了量化分析，不过这里所做的工作主要是针对社会变革中的常态发展而言，而对于社会动荡时期，因史料记载中的缺失和目前研究能力的限制，很难对此时期的山地利用情况进行量化解析。不过，笔者有一种认识，即在战乱和自然灾害频仍时期，人类活动，尤其是土地利用的力度和广度并不一定弱于社会稳定时期，甚至在某些阶段还可能表现得格外强烈。

总之，通过对洛川塬人口变动、土地利用和土壤侵蚀的综合分析，笔者认为，研究区内的耕地数额随着不同时期人口数量的变化而呈现出较为显著的差异，即耕地数额和人口数额之间成正相关关系。不过，具体到某些特定时期，则呈现出较为复杂的变化趋势。此外，笔者认为，清至民国时期，洛川塬及其周边环境伴随着人口的增长、土地利用强度的增加而逐步恶化。这种恶化实际上是地理环境系统自我调节能力的减弱，自然生态平衡的失调，继而引发自然灾害的加剧。而由于民众在灾荒之年对自然植被的破坏以及自然植被恢复初期的过樵、过牧，并未减轻土地自身的承载压力，甚至在局部地区还对于加深土壤的侵蚀力度具有深远意义。

第四章 黄土残塬沟壑区土地垦殖及其对土壤侵蚀的影响

——以宜川县为例

陕北黄土残塬沟壑区属黄土高原沟壑区的一种地貌类型，也可视为由黄土高原沟壑区向丘陵沟壑区的一种过渡地貌类型。从现代地理学的角度来看，宜川县所在区域内塬面微倾，向云岩河和仕望河方向呈梯状下降，沟壑切割强烈，塬面支离破碎；西南黄土梁状丘陵，植被生长良好，现代侵蚀轻微；而东临黄河的沿岸地区，峡谷深邃，黄土呈片状分布于基岩丘陵间，植被缺乏，耕地不多；云岩河与仕望河所在水系的上游平直开阔，有两级低阶地；此外，由于沟谷深切，地下水埋深在 70～90 米。通过对上述地貌类型的分析，不难看出，宜川县所在区域属典型的黄土残塬沟壑区。本章即以宜川县为代表，研究黄土残塬沟壑区历史时期人口变动和土地利用情况，进而探讨黄土残塬沟壑区人为影响下的土地利用和土壤侵蚀的关系。

清代至民国初年，宜川县的政区面积比今天要大一些，由于当时黄龙山区尚未出现独立的县级行政区域，因此该区域的部分地区由宜川县管辖。该县地理位置十分重要，志称"东据黄河，南扼孟门，峻岭广阜，名胜要区"①，如图 4-1 所示。

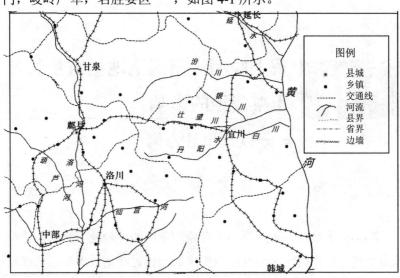

图 4-1　民国二十三年（1934 年）中华民国新地图之宜川县

资料来源：丁文江、翁文灏、曾世英编，《中华民国新地图》，上海申报馆出版，1934 年。

　　宜川县在历史时期的地貌类型较为复杂，"境内万山集沓，绝少平原"②，民谚有"宜川十里九崾峣，一里没崾峣，还是个大圪湾"③之说。独特的地理条件使得处于暖温带的宜川县区域性气候突出。西南部山林地带湿润温凉，东部黄河沿岸干燥炎热，差距明显。

---

① 乾隆《宜川县志》卷一《方舆志》之《疆域附形胜》，《中国地方志集成·陕西府县志辑》，南京：凤凰出版社，2007 年影印本，第 219 页下-220 页上。
② 道光《秦疆治略》之《宜川县》，《中国地方志丛书·华北地方·陕西省》，台北：成文出版社有限公司，1970 年，第 149-150 页。
③ 民国《宜川县志》卷二四《方言谣韵志》，《中国地方志集成·陕西府县志辑》，南京：凤凰出版社，2007 年影印本，第 469 页-498 页。

第一节　历史地貌的解读与土地状况的复原

宜川县地貌条件复杂，"属万山层叠，地尽坡洼，平衍盖不及十之三"[①]，境内包括县川河以北和云岩河流域的黄土残塬区、西南部的梁状丘陵土石山区和东部黄河沿岸的峡谷基岩残丘区。其中，较大的塬有高柏塬、牛家佃塬、阁楼塬、降头塬等，较大的河川有仕望川、大南川、小南川、西川、交里川、云岩川、鹿川、白水川、猴儿川等九道，各河川上、中游河道开阔平直，下游河道狭窄曲折。尤以仕望川为典型，该河发源于黄龙山北麓，从河源至丹州镇流向南北，此段河谷宽至 160～300 米，河道比降 7.1‰；至秋林后折向东流，注入黄河，此段河谷一般宽 20～40 米，河床比降达 11.74‰[②]。

整体而言，宜川县的地势由西北向东南倾斜，形成南、西、北高而东部低的簸箕状地形，塬面破碎、沟壑纵横、川塬相间、梁峁遍布。当地居民在从事农牧生产过程中，往往根据生活环境的特点对自身所在的居所进行命名，其中以村庄的命名为典型，如表 4-1 所示。

[①] 乾隆《宜川县志》卷三《田赋》之《地粮》，《中国地方志集成·陕西府县志辑》，南京：凤凰出版社，2007 年影印本，第 249 页。
[②] 陕西师范大学地理系《延安地区地理志》编写组：《陕西省延安地区地理志》，西安：陕西人民出版社，1983 年，第 85 页。

表 4-1　民国时期宜川县以地形命名的村庄统计

名称	数额	含义	名称	数额	含义
塬	58	面积较大的平地	崖	10	山的断壁或陡峻的河岸
圪	14	山之低下处	圪崂	6	山之凹部
坪	17	在塬上或山顶上面积较小的平地	圪塔（塔）	10	较高的台地或丘陵
圪台	6	比"塔"较小的高台地或小土丘	梁	5	无突起，呈条状的山岗
滩	7	河流中面积较大，河水流势较缓，沙石堆积成岸的地方	嘴（咀）	6	梁延伸出来的边缘部分，形状似咀突出
崾崄（崄）	12	两山包中间的马鞍型结合部，背山面水之村舍	湾	22	山、河、川等转弯处，川道较宽
坡	13	山或塬周围地势倾斜的地方	沟	31	两山之间的凹部，有水
畔	6	窑洞、院落顶部之处	渠（曲）	14	无水之沟
山岭	51	独立的山头或山脉	洞	3	两山之间的水沟
峁	9	顶部浑圆，斜坡较陡的丘陵	岔	4	两山之分处也
河	24	常流水，比较大的水系	窑窠（磕）	29	以土窑聚居的小村庄
掌	2	四周陡峻的小平地	总计	359	

注：民国《宜川县志》（成书于民国十三年，1944 年）中在民国《宜川县续志》（成书于民国十七年，1928 年）的基础上对当时的村庄进行统计，并增补了民国《宜川县续志》中所未列入的废弃村庄数额。此外，上述统计数字包括陕甘宁边区统辖的原宜川县所属村庄。

资料来源：民国《宜川县志》卷一《疆域建置志》之《各乡沿革及所属堡村谱》。

　　表 4-1 统计了民国时期宜川县实有村庄 687 处，其中以地貌状况命名的村庄 359 处，占当时该县村庄数的 52.3%。此一时期，宜

川县地方政府虽然按照中央政府的统一安排对乡镇一级的单位进行了重组和更换名称，但并未对清末以来的村级单位进行明显的名称更改，因此，上述村庄可以视为考察清代中后期以来村庄名称的参照①。据 2000 年由宜川县地方志编纂委员会编纂的《宜川县志》统计，截至 1993 年，该县有 608 个自然村和 309 个废村。在 309 个废村中，除少量村庄因清末战乱、自然灾害而废弃外，多数废村的废弃原因主要是因交通不便而出现的村庄合并②。

在这 359 处村庄中，以"塬"命名的村庄有 58 处。中山乡为 20 处，丹阳乡为 12 处，康平乡 13 处，富云乡和永安乡各为 6 处，河清乡为 1 处，白水乡、平安乡、平乐乡无③。中山乡所属地域为今县境的西南部，主要包括今英旺镇南部、丹州镇南部、鹿川西部等，这里主要是梁状丘陵土石山区，植被良好，森林广布，且耕地与人口比重较大④。因而，这里的村庄除以"塬"命名较多外，还多有以"掌""坪""台"等命名的村庄，这些村庄地势较缓，土壤加速侵蚀相对较弱。丹阳、康平、富云、永安 4 乡则位于县川河以北和云岩河流域，区域内塬面被深沟所切，高低不平，地块较为零星，为典型的黄土残塬地区，是以在这四个乡中多有以地势较陡的"沟""湾""渠""窑窠"命名的村庄。其余各乡除河清乡有一处村庄以"塬"命名外，白水乡、平安乡、平乐乡皆无以"塬"命名的村庄。河清、白水、平安和永乐四乡多位于今鹿川、寿峰、集义、壶口等乡镇东

---

① 民国《宜川县志》卷一《疆域建置志》之《疆域现势·各乡沿革及所属堡村谱》，《中国地方志集成·陕西府县志辑》，南京：凤凰出版社，2007 年影印本，第 43-56 页。
② 宜川县志编纂委员会编：《宜川县志》，西安：陕西人民出版社，2000 年。
③ 民国《宜川县志》卷一《疆域建置志》之《疆域现势·各乡沿革及所属堡村谱》，《中国地方志集成·陕西府县志辑》，南京：凤凰出版社，2007 年影印本，第 43-56 页。
④ 民国《宜川县志》卷八《地政农业志》之《土地利用》，《中国地方志集成·陕西府县志辑》，南京：凤凰出版社，2007 年影印本，第 152-153 页。

部，即分布在黄河沿岸，沟多且深，川面窄小，山多秃顶，沟谷山坡岩石外露，植被稀少，坡度多在 20 度以上。傍黄河一侧地势较陡，基岩峭壁光秃裸露，流水冲刷，剥蚀严重。上述四乡村庄多被当地民众以"山""岭""沟""圪塔""圪崂"等地貌名称命名，且其中以"山""岭"命名居多，几乎占到全县以此两种地貌命名村庄数的 60%以上。

清初，因战乱、自然灾害因素，这里人口明显减少，土地大量荒芜，民众多集中于北部黄土残塬区从事简单的农牧业活动以维持生计。伴随着社会经济的恢复，人民生活相对稳定，大量民众受原居地可耕土地数量的影响，开始向县境西南部的黄龙山区和南部的丘陵沟壑区转徙。

第二节　土地垦殖过程分析

依据宜川县文献中的相关记录，选取民众从事土地利用中的气候、人口、聚落以及土地垦殖方式等因素作为基本的考察对象，复原清至民国时期宜川县不同地貌情况影响下的土地垦殖过程。

一、区域气候的特殊性

宜川县地处陕北黄土高原的东南部，属暖温带半干旱大陆性季风气候区。气候状况相对陕北其他各县温暖，"然风高土燥，每交夏令最虑缺雨，偶得暴雨，又虑带雹，入秋亦惧早霜，若夏月霖雨应期，秋后天气和暖，则岁收丰稔，民间食用稍裕云"[1]。在这种较为

---

[1] 乾隆《宜川县志》卷一《方舆》之《星野附气候》，《中国地方志集成·陕西府县志辑》，南京：凤凰出版社，2007 年影印本，第 217 页。

明显的气候背景下，因县境"万山集沓，绝少平原"，区域性小气候较为突出。区域内风向、风速多变，"间有旋风及暴风"，"县东北邻近黄河一带之地较热，县城附近次之，西、南两川则较冷"[①]。

　　区域气候的特殊性首先体现在降水情况。宜川县的降水情况呈现季节分布不均和地区差异明显。民国《宜川县志》载，该县"春季恒少雨，即降亦微。夏季雨量即增，且多雷雨。尤以夏末秋初为最甚，故民间有'伏里瓦沟湿'之谚。秋季雨量不定，间或淫雨兼旬不休。且以地居西北，气温升降速，多对流雨，其来也骤，其降也猛，辄山洪暴发，冲毁田园，为害颇甚。至冬季则受西伯利亚高气压之影响，空气干燥，虽有时雪，仍感冬旱，影响生物之繁殖亦甚巨"[②]。现将民国三十一年至民国三十三年（1942—1944 年）宜川县雨量的统计数据列表分析，如表 4-2 所示。

表 4-2　宜川县民国三十一年至民国三十三年（1942—1944 年）雨量统计

单位：毫米

年份	1 月	2 月	3 月	4 月	5 月	6 月	7 月	8 月	9 月	10 月	11 月	12 月	全年	月均
1942		21.0	25.0	20.0	33.0	22.0	41.0	33.0	37.0	9.0	13.0	8.0	262.0	21.8
1943	4.0	21.0	21.0	20.0	25.0	37.0	30.0	28.0	41.0	21.0	14.0	12.0	274.0	22.8
1944	0.0	1.0	0.0	2.0	64.0	24.0	116.0	129.0	80.0	0.0	0.0	1.5	417.5	34.8
年均	1.3	14.3	15.3	14.0	40.7	27.7	62.3	63.3	52.7	10.0	9.0	7.2	317.8	26.5

资料来源：民国《宜川县志》卷三《气候志》之《气象·气化·雨量》；胡焕庸编：《黄河志》第一篇《气象》，黄河志编纂会编辑，国立编译馆出版，1936 年 10 月。

---

① 民国《宜川县志》卷三《气候志》之《气象·气温》，《中国地方志集成·陕西府县志辑》，南京：凤凰出版社，2007 年影印本，第 78 页。
② 民国《宜川县志》卷三《气候志》之《气象·气化·雨量》，《中国地方志集成·陕西府县志辑》，南京：凤凰出版社，2007 年影印本，第 79 页。

由于清代后期，宜川县气温转暖，民国以后，较前更暖①，故而降雨量受气候影响亦较为显著。表 4-2 可作为此转型期雨量年际变化的参照，来分析季节雨量的变化趋势。由表 4-2 雨量统计来看，7—9 月份为宜川县的主要降雨季节，占全年降水量的 37.1%～55.8%。这一统计数字略低于洛川县同一季度的降水量②。不过，由于宜川境内地貌状况差异较大，降水的空间分布不均衡，西南部林区雨量相对较多，中部地区和东部黄河沿岸呈依次递减趋势。

霜期的变化也在区域性气候的影响下，呈明显的由西北—东南渐增的规律性。由于宜川县"气候较寒与变动之速，霜雾时见，往往霜降以前，遍地敷白；春夏两季，亦时有浓雾弥漫，对面不见人"③。一般，晚霜 4 月上旬而止，但"间落黑霜"；早霜始于 10 月中旬，此时霜降过程多伴以冰雹，"小者如珠，大者如卵，伤田禾，损人畜，为害亦甚大"。西部林区（以英旺、交里两乡之上川尤为突出）霜期较长，危害性明显④。无霜期比平均数短 10～15 天，中北部川塬适中，黄河沿岸，特别是东南部的集义、寿峰、鹿川 3 乡镇的下川地区，霜期短，危害相对较小，一般比平均日期短 10 天左右。

降水量的季节变化、时空差异和霜期的地域分布规律性受到区域性小气候的明显影响，并直接影响到土地垦殖过程中人口和聚落的分布，进而对作物品种的分布和种植制度、生产方式发生作用。

---

① 民国《宜川续志》卷一《地理志》，陕西师范大学图书馆古籍部藏，未刊印。
② 民国《洛川县志》卷三《气候志》之《气化·雨量》《中国地方志集成·陕西府县志辑》，南京：凤凰出版社，2007 年影印本，第 79 页。
③ 民国《宜川县志》卷三《气候志》之《气象·气化·霜雾与冰雹》《中国地方志集成·陕西府县志辑》，南京：凤凰出版社，2007 年影印本，第 80 页。
④ 民国《宜川县志》卷三《气候志》之《气象·气化·霜雾与冰雹》《中国地方志集成·陕西府县志辑》，南京：凤凰出版社，2007 年影印本，第 80 页。

二、人口迁移和聚落变迁

人口迁移是人口在空间上的位置移动，它的变化可以导致人口布局的调整、人口密度的改变以及居民的人口构成。而聚落，尤其是农村聚落，它是在不同时代不同生产力水平下产生的，体现了人类生活、生产与周围环境的统一。此外，农村聚落作为人类居息和生产的场所，它的形式与规模，既要与周围的自然环境相适应，以有利于生产，方便于生活，又要受风俗文化等社会文化环境所影响，还要考虑生产环境[1]。当周围的自然、社会环境不适宜人类居住时，人们往往建新的聚落以维持生计。因此，人口迁移与聚落变迁密切相关。

明清鼎革之际，战乱频仍，自然灾害肆虐，宜川县民众大量逃亡。虽经地方官吏的多方筹措，招徕外逃民众，但人口数量增长不多，依然呈现"户口消耗，荆棘弥望"[2]的困境。顺治十年至顺治十三年（1653—1656 年）兴屯垦殖政策的实施、康熙五十九年至康熙六十年（1720—1721 年）的旱灾与瘟疫，使得宜川县陷入异常混乱之中[3]。以兴屯垦殖政策而言，因兴屯官员在政策推行过程中违反明代万历年间所颁《赋役全书》的折亩规定[4]，将原本因土地瘠薄而需要折亩的土地按照内地正常的地亩起科[5]，致使许多农民难以维持生计。

---

① 金其铭：《农村聚落地理》，北京：科学出版社，1988 年，第 67 页。
② （清）朱彝尊：《曝书亭集》卷七〇《碑二》之《太保孟忠毅公神道碑铭》。
③ 民国《宜川县志》卷一五《军警志》之《兵争匪祸外患略史》，《中国地方志集成·陕西府县志辑》，南京：凤凰出版社，2007 年影印本，第 306-307 页。
④ 乾隆《延长县志》卷一〇《艺文志》之《条议》，（清）许瑶：《长民疾苦五条》，《中国地方志集成·陕西府县志辑》，南京：凤凰出版社，2007 年影印本，第 161 页下-164 页上。
⑤ 道光《鄜州志》卷五《艺文部》之《议》，（清）鲍开茂：《折亩议》，《中国地方志集成·陕西府县志辑》，南京：凤凰出版社，2007 年影印本，第 324 页下-325 页上。

长期的不稳定因素使得宜川县人口明显下降，农牧业生产受到较大影响，民众生活处于贫困的境地，许多村庄遂成为废村、弃村。县域人口的大量流失，为地方政府的里甲统计和赋役征收带来了不少困难。至康熙中期，地方政府根据实有情况，将原有的四乡二十四里重新勘划，遂定为嘉城、康吉、汾丰、安岩四里[①]。里甲的重新勘定，不仅让地方官员掌握县域户籍的真实情况，同时也对县域人口分布、经济区域重新划分产生一定影响。如雍正《陕西通志》中所绘宜川县的北赤、云岩、秋林、汾川、马头关、茹平、孟尝、平路等八镇堡[②]皆在县川河以北地区。可见，宜川县人口、聚落分布和经济区域的重心直至雍正年间当在县川河以北地区。

伴随着雍正年间减免丁银等施政方针的颁行和乾隆初年社会状况的逐步稳定[③]，宜川县社会经济至乾隆中期有所恢复，人口数量有所回升，该县的里甲在康熙年间所列四里的基础上得以扩充，共设有十七里。但是此时期的人口总量一时难以恢复原额水平，"各里每多断甲绝户"[④]。如表 4-3 所示。

表 4-3 所列加阳、平佐二里的甲数缺失最多，且都有一甲附并于其他里，这一情况的出现与此二里处在交通要道有关，险要的地理位置势必遭受频繁的战乱洗礼，以致战后的恢复也相对较缓。河清里地处宜川县境东南，与韩城接壤，是以招募韩城及其周边地区的无地、少地民众前来耕垦。

---

① 乾隆《宜川县志》卷一《方舆》之《里甲》，《中国地方志集成·陕西府县志辑》，南京：凤凰出版社，2007 年影印本，第 226 页。
② 雍正《陕西通志》卷七《疆域》，陕西师范大学图书馆古籍部藏，未刊印。
③ 雍正《陕西通志》卷八三《德音第一》，陕西师范大学图书馆古籍部藏，未刊印。
④ 乾隆《宜川县志》卷一《方舆》之《里甲》，《中国地方志集成·陕西府县志辑》，南京：凤凰出版社，2007 年影印本，第 226 页。

表 4-3 乾隆年间宜川县部分里甲统计

里	范围	缺失	附并	招募
加阳里	自县东五里范家湾,至距城三十五里掌里止	一、三、五、六、八甲	十甲附并怀德里	
平佐里	自县北三十里平路堡东,至距城一百二十里小船窝止	二、四、五、六、九甲	七甲附并长乐里	
固城里	自县附郭数里南,至距城三十里郭家湾止	六甲		
安仁里	自县东北一百里树落村,至距城一百五十里贴村止	五甲		
云岩里	自县西北五十里高楼,至距城九十里泥湾止	四甲		
安富里	自县北四十里偷石村,至距城八十里北垀村止	八甲		
丰庆里	自县东北九十里北赤镇北,至距城一百三十里固州止	五、六、九甲		
白水里	自县东南三十里路道岭,至距城一百一十里马家山止	三、七、八、九甲		
河清里	自县南六十里羊落村,至距城一百里羊平止			十甲招募韩民耕地、输课

资料来源:乾隆《宜川县志》卷一《方舆》之《里甲》。

在乾隆年间所设的十七里中,有十一里分布于县川河以北的黄土残塬上,人口、聚落相对集中。该河以南只有六里,西川、南川、汪韩三里均包括其中,而上述三里由于地处黄龙山区,地广人稀,以至"西川、南川地粮分附各里,又汪韩里系卫地,新由肤施改隶宜川"[①],因此,县川河以南实际可维持一里贡赋者只有三里,这一

① 乾隆《宜川县志》卷一《方舆》之《里甲》,《中国地方志集成·陕西府县志辑》,南京:凤凰出版社,2007 年影印本,第 226 页。

现象与康熙年间基本相同。县境人口分布的不均衡性日益明显，并影响到区域社会经济的发展[①]。虽然这种不均衡性因同治年间的回捻起义和随后光绪年间的"丁戊奇荒"而出现暂时的变化[②]，但是直至清代末年，这种不均衡性依然在起着潜移默化的作用。如图4-2所示。

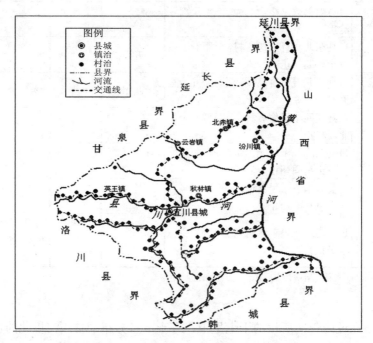

图4-2　光绪二十五年（1899年）宜川县舆图

资料来源：光绪《陕西全省舆地图》之《宜川县》。

[①] 张萍：《黄土高原塬梁区商业集镇的发展及地域结构分析——以清代宜川县为例》，《中国历史地理论丛》2003年第3辑。

[②] 民国《宜川县志》卷八《地政农业志》之《土地整理》，《中国地方志集成·陕西府县志辑》，南京：凤凰出版社，2007年影印本，第137-139页。

从图 4-2 中不难看出，宜川县主要村落的分布虽经同治战乱、光绪灾荒的影响有所变动，但是至光绪中后期，县川河以北的村落仍然较为集中，而且形成了以县川河为中心，向西、南沿二级支流和交通线逐步深入的趋势。笔者以为，这样的分布特点和当地民众的生活方式、生产技术、经济状况有关。就生产技术而言，当地民众的生产工具多为土犁、锄等传统的生产工具，且他们的生产技术多是撂荒制，因此，生产技术的滞后就要求民众在选址建村时，多选取靠近河道的地方来营建村庄。这样一来，当地居民便可以获取便利的灌溉用水和因定期河水泛滥而淤积的肥沃泥沙。此外，县川河以北地区多为黄土残塬地带，且"因剥蚀进行较缓，或因土质较坚，整个原野地形，犹能保存不坏，如自北赤镇直达云岩镇四十里间，尽皆肥沃平地，农事发达；旅行其间，俨若置身华北大平原之上焉"[①]。这就为宜川县的陆路交通提供了必要条件，据研究，至清中叶，宜川县基本上构成了以县城为中心，东连山西，西通洛川、鄜州，南接韩城、郃阳的交通网络，遂成为陕北地区与内地、邻省贸易的交通枢纽[②]。

不过这些聚落的规模及其密度一般较小。这主要是由于该区自然环境承载力较弱，经济相对后进，区域内地貌条件具有多样性及农牧业生产带有一定的限定因素。为适应环境及生产、生存的需要，宜川县多数聚落明显地呈现出小而散的特点，如表 4-4 所示。

① 民国《宜川县志》卷四《地形山水志》之《地形概述》，《中国地方志集成·陕西府县志辑》，南京：凤凰出版社，2007 年影印本，第 85-87 页。
② 张萍：《黄土高原塬梁区商业集镇的发展及地域结构分析——以清代宜川县为例》，《中国历史地理论丛》2003 年第 3 辑。

表4-4　民国十七年（1928年）宜川县户数、人口统计

乡别	里别	人口数	村庄		户		户/村
			村数	人/村	户数	人/户	
中山乡	城内三社、固城里、降仙里、西路里、南路里	6 243	117	53.4	1 255	4.97	10.7
丹阳、康平二乡	平佐里、加阳里、康太里	8 487	152	55.8	1 406	6.04	9.3
富云乡	安富里、云岩里、西回里	6 605	112	59.0	1 055	6.26	9.4
永安乡	安仁里、汾川里、丰庆里	7 641	61	125.3	1 309	5.84	21.5
白水乡	白水里	2 978	82	36.3	261	11.41	3.2
河清乡	河清里	4 837	58	83.4	933	5.18	16.1
平安乡	平安里	5 130	66	77.7	869	5.90	13.2
平乐乡	平乐里	2 035	39	52.2	431	4.72	11.1
合计		43 956	687	67.6	7 519	5.85	10.9

资料来源：民国《宜川县续志》卷一《地理志》。

　　道光三年（1823 年），宜川县人口统计数额为 79 100 余口，达到了清代该县人口总数的最高规模。至同治、光绪年间，"兵燹迭起，饥馑荐臻，琐尾流离"，户口损失较大。此后，由于自光绪后期至民国初年"数十年时和岁丰，人各安业"，人口数额有所回升[1]。至民国十七年（1928 年），宜川县县长高步范督察户口一次[2]。在这次统计中，县域内有大小村庄 687 处，7 519 户，43 956 口。这一数字基

① 民国《续修陕西通志稿》卷一九六《风俗二》，陕西师范大学图书馆古籍部藏，未刊印。
② 民国《宜川县志》卷六《人口志》之《户籍行政纪略》，《中国地方志集成·陕西府县志辑》，南京：凤凰出版社，2007 年影印本，第 124 页。

本呈现了清末民初无外因影响下的自然增长过程，其村庄分布亦是这方面的体现[①]。

从表 4-4 的统计数据总体来看，宜川县的人口、聚落分布特点仍是以县川河为界，该界以北的黄土残塬地带人口聚落相对密集，其人口数量占全县人口数的 69.6%，村庄数占全县村庄总量的 62.6%。但是从各里的人口分布、村均户数、村均人口和户均人口来看，则有较为细微的变化。位于县川河以北黄土残塬上的永安乡所属村庄数为 61 处，由于所属村庄拥有的可耕土地较多，生态承载力较强，因此，户均人口相对适中，人口密度较大，村均人口为 125.2 人。平安乡因地处交通要道，且近临雷多河，拥有较多的河流阶地，因此，该乡的人口、聚落分布较县川河以北其余各乡密集。而县川河以南地区，如中山乡聚落虽然较多，但人口总量偏低，且人口分布零散，户均人口不到 5 人，因此，直至民国初年，宜川县西南黄龙山区的土地扰动远较其余各处为轻。此外，由于县境内河流的上中游两岸川道宽阔，下游川道狭窄，因此也就可能影响到沿河村庄自身的规模。以位于鹿川河下游的白水乡为例，该乡共大小村庄 82 村，但其中多有"凡名崖、坡、岭、庄者，居民多系三家两户"[②]，因此，该乡村均户数最低，仅有 3 户左右。不过，该乡的户均人口偏高，竟至 11.41 口/户，这显然与该乡村落分布零散，户口零碎，统计相对困难有关。此外，河清乡因地连韩城，自乾隆年间以降便接纳韩城及其周边地区无地、少地民众前来开垦，因此，该乡人口

---

① 1934 年，虽然该年的人口统计数字达到了 50 416 口，但这一统计数字并未得到后世修志者的认同。1937 年以后，"抗战以来，晋侨蜂至，驻军云屯"，难民、灾民大量涌入该县从事垦殖活动，因此，1928 年的统计数字可作为评价清末民初时较为可靠的数字。
② 民国《宜川县志》卷六《人口志》之《户籍行政纪略》，《中国地方志集成·陕西府县志辑》，南京：凤凰出版社，2007 年影印本，第 124 页。

多为韩城的寄籍民众。

总的来说，表 4-4 所列村庄虽多，但是规模有限，即便是较大的村落，亦不过数十户[①]，且村庄分布异常分散，这一现象可在 1949 年以后所编辑的地名志中得到相似的结论[②]。

三、作物种类及收成

清代宜川县农业生产实行夏、秋两季作物制。据乾隆《宜川县志》载，主要的粮食作物中，谷类有麦（大麦、小麦）、春麦、荞麦、粟谷、粱谷、黍、稷（糜子）、豆、麻子、胡麻、青稞、稻，清代中后期又有玉米等高产作物引入。豆类有黑豆、豌豆、扁豆、黄豆、大豆、白小豆、红豆、绿豆、豇豆。蔬菜类有羊肚、猴头蘑菇、木耳、鹿肚、蕨菜、香丁、苦苣、香椿、山药、萝卜、白菜、茄子等。瓜类则为西瓜、王瓜、菜瓜、南瓜、甜瓜等。而经济作物则有棉花、烟叶等[③]。

上述农作物以大小麦、豌豆、玉米、糜谷、高粱、棉花为当地的主要作物。由于区域气候的特殊性和地貌条件的多样性，小麦、糜子、豌豆多分布于县境北部和东北部的黄土残塬上，玉米、高粱、糜谷多分布于县境西南的黄龙山区一带，而"县东南之康平、白水、河清等乡，沿黄河地区，气候较暖，土质砂砾，宜产棉花"[④]。由于

---

① 民国《宜川县志》卷六《人口志》之《动态分析》，《中国地方志集成·陕西府县志辑》，南京：凤凰出版社，2007 年影印本，第 115-117 页。
② 黄龙县地名委员会编：《陕西省黄龙县地名志》，内部资料，1983 年印刷。
③ 雍正《陕西通志》卷四三《物产一》之《货属》，陕西师范大学图书馆古籍部藏，未刊印。
④ 民国《宜川县志》卷八《地政农业志》之《土地利用》，《中国地方志集成·陕西府县志辑》，南京：凤凰出版社，2007 年影印本，第 147-152 页。

资料有限，笔者只能借助民国时期的文献来估量当时小麦、玉米等作物的亩产和种植面积的比重，如表 4-5 所示。

表 4-5 民国时期宜川县各种农作物种植及收获量统计

种类	亩产/市斗	种植面积比例/%	种类	亩产/市斗	种植面积比例/%
小麦	4	60	豆类	6	8
粟谷	7	5	高粱	5	2
糜子	8	4	荞麦	4.5	1
玉米	7.5	10	棉花	20～30 市斤	3
其他		7			

资料来源：民国《宜川县志》卷八《地政农业志》之《土地利用》；李国桢：《陕西植棉》，陕西省农业改进所，1947 年 3 月；李国桢：《陕西小麦》，陕西省农业改进所，1948 年 5 月。

说明：1 市斤=500 克。

从表 4-5 所统计的农作物实有面积比例来看，宜川县形成了以小麦种植为主，玉米、豆类种植为辅的多种农作物种植体系。对宜川县民来讲，"如遇丰稔，每亩平均收获三斗，即可自给"。相比之下，陕北其余各县粮食亩产量多有不如[1]，但是"一遇歉收，则须赖邻封运济"[2]。不过，由于宜川县"南接同属，东连晋省"，是联系山陕，纵贯关中与陕北的"冲地"[3]，因此，该县逐渐成为陕北区域和粮食输晋路线上的主要商品粮中转县域之一。

---

[1] 光绪《保安志略》之《物宜篇·种植》载，保安县丰稔之年的亩产多在 1 斗/亩～1.76 斗/亩（《中国地方志集成·陕西府县志辑》，南京：凤凰出版社，2007 年影印本，第 199 页上）；乾隆《延长县志》卷三《赋役志》之《杂课》载，延长县塬地的亩产亦在二斗内外（《中国地方志集成·陕西府县志辑》，南京：凤凰出版社，2007 年影印本，第 117 页）。

[2] 民国《宜川县志》卷八《地政农业志》之《土地利用》，《中国地方志集成·陕西府县志辑》，南京：凤凰出版社，2007 年影印本，第 147-152 页。

[3] 乾隆《宜川县志》卷一《方舆志》之《里甲》，《中国地方志集成·陕西府县志辑》，南京：凤凰出版社，2007 年影印本，第 225 页下-226 页。

四、土地垦殖方式分析

宜川县地处陕北黄土高原东南，地貌条件较为复杂。地方政府在统计田赋时，也对这一情况有所了解，并在折亩登记时予以关注。如乾隆《宜川县志》载，该县"属万山层叠，地尽坡洼，平衍盖不及十之三，土硗民瘠，旧例四五亩折内地一亩起科"[①]。民国三十三年（1944年）前后，经县志编修者调查，"宜川全县，水地约占十分之零点一，平地约占十分之二点五，坡洼地约占十分之七点四"[②]。是以宜川县虽有近 25%的耕地位于北部黄土残塬，但其主要的耕地部位仍为山坡、丘陵、河沟。这些地方由于长期的土壤侵蚀和沟壑梁峁地貌的发育，形成极为复杂的地貌类型，以至灌溉之利缺乏，加之地广人稀，"所有山地、坡地，向多荒芜"[③]。这样一来，在恶劣的自然条件和固有的技术观念影响下，一旦出现战乱和自然灾害，民众自身生计无着，对于技术的投入能力严重不足，这样的状况使得民众多选择"广种薄收"的粗放耕作方式以维持基本的生计。由于宜川县大部分土地贫瘠，民众进行复垦的过程中，生地垦荒变为熟地需要一定的时间，而且农作物产量很低，除了农业，并无其他手段增加收入[④]，可以养活的人口必然有限。所以当人口繁衍一旦超

[①] 乾隆《宜川县志》卷三《田赋》之《地粮》，《中国地方志集成·陕西府县志辑》，南京：凤凰出版社，2007年影印本，第249页。

[②] 民国《宜川县志》卷八《地政农业志》之《土地利用》，《中国地方志集成·陕西府县志辑》，南京：凤凰出版社，2007年影印本，第147-152页。

[③] 民国《宜川县志》卷八《地政农业志》之《土地整理》，《中国地方志集成·陕西府县志辑》，南京：凤凰出版社，2007年影印本，第137-139页。

[④] 乾隆《宜川县志》卷一《方舆》之《风俗》，《中国地方志集成·陕西府县志辑》，南京：凤凰出版社，2007年影印本，第230页下-232页上。

过自然资源所能够提供的限度时，必然会有更多的民众从原居地中分离出来，去寻找新的可利用资源[①]。

道光三年（1823年），宜川县人口总数达到了清代该县人口规模的顶峰。人口的日益增多使得原有的生态承载力难以正常的运转，这就需要重新审视和改进土地的利用方式。当时的土地利用方式有两种：一是扩大耕地面积，二是提高单位面积产量，这两种方式实际上是土地利用在广度的扩展和深度上的加强[②]。而"在小农经济条件下，一般说来，扩大耕地，尤其是垦复抛荒地或采用原始方法开垦处女地投资少、风险小，容易收效，而提高单位面积往往需要技术、资金或集体力量，不易收效。加上小农传统的保守思想，非亲眼所见显著效果，或出于天灾或在官府压力下无可奈何，绝不愿轻易改变耕作方法或采用新作物、新品种，所以在人口压力及土地矛盾不突出的时期或地区往往采取前者"[③]。而宜川县属于典型的暖温带半干旱大陆性季风气候区，"风高土燥，每交夏令最虑缺雨，偶得暴雨，又虑带雹，入秋亦惧早霜"。当发生强降雨时，先是若干先降落的雨滴因为体积大而来势猛烈，给表土施加压力使表土空隙填充而形成一层结皮，土壤的渗透力便随之减低，其后降落的雨滴因不易透入而变为自由水，由坡面流失。此外，如果降雨并非暴雨，降落的时间一旦过长，一部分土壤层为水分所饱和，吸收力减少，后来降落的雨亦成为自由水而流失[④]。除了降雨之外，冰雹、霜灾也会

---

① 秦燕、胡红安：《清代以来的陕北宗族与社会变迁》，西安：西北工业大学出版社，2004年，第47页。
② 朱国宏：《人地关系论——中国人口与土地关系问题的系统研究》，上海：复旦大学出版社，1996年，第99页。
③ 葛剑雄：《中国人口发展史》，福州：福建人民出版社，1991年，第59页。
④ 中国科学院黄河中游水土保持综合考察队：《黄河中游黄土高原地区的调查研究报告》第三号《黄河中游的农业》，北京：科学出版社，1959年。

对农作物造成不同程度上的损失。这样一来，"广种薄收"的粗放型生产方式遂成为当地民众扩大耕垦的普遍方式，以至"田家全恃天时，鲜施人力。翻耕布种，便属勤农。过此即坐待雨泽，不事壅耘。每有下种后，觅食他乡至收获始回者"[①]。

不过，在普遍施以"广种薄收"生产方式的同时，宜川县也存有一种趋近于精耕细作农业生产方式的技术形态，而这种技术形态亦有一个发展、演变的过程。一方面，地方政府通过"晓谕邑令，巡历乡村，随地讲解"的方式敦促民众学习先进的生产方式，以尽教化之能，而民众亦"渐习培粪、薅茶之法"[②]，尽可能地保持土壤肥力，增加作物产量。另一方面，则是农田水利的兴修。雍正《陕西通志》载，延安府属民众有"四美、一病"，其中，"惰"为"一病"，即"流水可以灌田，而惰于疏浚。闲田可以树木，而惰于栽植"[③]。笔者以为原可用于浇灌田亩的河流未能疏浚，其原因有三：其一，季节性河流。陕北虽有北洛河、延河、无定河等流量较大的河流穿息而过，且支流众多，但各河流上游多系季节性河流，往往伴随集中于夏秋之交的强降雨而形成山洪。一旦洪水袭来，"风雨骤至，飞瀑下注，群派怒奔，汇于州署后，复折而南归于堑，岌岌乎，平时有溃圮之患矣"[④]。这加速了流水对河道的下切与侧蚀，进而导致沿岸泛溢成灾，许多防洪建筑遭到毁坏。河流疏浚难度大，得不偿失。其二，地貌特点。陕北黄土高原地貌多为沟谷深切的黄土塬、

---

① 乾隆《宜川县志》卷一《方舆》之《风俗》，《中国地方志集成·陕西府县志辑》，南京：凤凰出版社，2007 年影印本，第 230 页下-232 页上。

② 民国《宜川县乡土志》之《风俗》，陕西师范大学图书馆古籍部藏，未刊印。

③ 雍正《陕西通志》卷四五《风俗》，陕西师范大学图书馆古籍部藏，未刊印。

④ 道光《鄜州志》卷五《艺文部》，顾耿臣《重建州治记》，《中国地方志集成·陕西府县志辑》，南京：凤凰出版社，2007 年影印本，第 332 页。

梁状或峁状丘陵地带。在这种地貌条件下，沟谷侵蚀严重，坡面侵蚀剧烈，崩塌、滑塌、泻溜等重力侵蚀分布普遍，不利于水利设施的建设。有的县份因"境内皆高山陡坡，水多急流无蓄泄之处，难以修筑堤堰，不能引灌田亩"①。其三，行政治理不力。陕北地方土地贫瘠，物产单一，士绅阶层亦多"半兼负未"，"千金之产，辄推上户，既无余财可资营运，兼智虑短浅，筹算未工"②。因此，水利的兴修往往依托于地方政府的举措。但由于陕北属贫穷之区，许多人本不愿来此为官，来者亦多无所作为。"贪污不能为弊，循吏亦难为治，故官斯土者，多不事事，朝夕冀出山"③。

　　凡此种种，清代陕北水利建设遂处于困窘之中。清代宜川县境内有大小河道十三条，多数河流上游河道宽阔，阶地发育良好，但因来自自然和社会两方面的因素，直至清中期，县境西、南两川才出现民众自发利用河道修成十四条水渠的情形，这十四条水渠"每渠灌田十余亩或数十亩不等，仅能灌溉低洼菜蔬，而不能种稻"④。至清末民初，社会动荡不安，"匪氛迭起，山洪时发，原有水渠，荒废湮塞，久不灌溉，现仅县城南北关之石沟坪与党家湾，用人力汲水灌田二百余亩"⑤。全国经济委员会陕西省水利处于民国二十五年（1936年）编辑出版的《陕西省水利概况》曾对此地进行调查。调查

① 道光《秦疆治略》之《绥德州》，《中国地方志丛书·华北地方·陕西省》，台北：成文出版社有限公司，1970年，第167-168页。
② 乾隆《宜川县志》卷一《方舆》之《风俗》，《中国地方志集成·陕西府县志辑》，南京：凤凰出版社，2007年影印本，第230页下-232页上。
③ 民国《洛川县志》卷一一《吏治志》，《中国地方志集成·陕西府县志辑》，南京：凤凰出版社，2007年影印本，第209-211页。
④ 道光《秦疆治略》之《宜川县》，《中国地方志丛书·华北地方·陕西省》，台北：成文出版社有限公司，1970年，第149-150页。
⑤ 民国《宜川县志》卷八《地政农业志》之《土地利用》，《中国地方志集成·陕西府县志辑》，南京：凤凰出版社，2007年影印本，第147-152页。

结论是：宜川县西、南两川形成了以南关村南河渠为枢纽的局部灌溉区，其灌溉面积约 138 亩，由当地农民共同管理[①]。

通过对以上各方面的论述不难看出，宜川县自明末清初以降，由于受到自然灾害、战乱和国家政策负面效应的影响，自身的生态承载能力与前代相比较弱，因此该区域的恢复周期也相应延长。而这一周期恢复的过程，实际上也是人类从维持生计到恢复生产，继而谋求发展的三个不同时期的土地垦殖过程。土地垦殖方式围绕人口的迁移和聚落的变迁展开，而人口迁移和聚落变迁又受到区域性小气候的影响，甚至在局部地区是受其支配的。反之，人类在承载力一定的情况下顺应和适应自然，选择合适的土地利用方式以谋求较大的收益。不过，这种收益的积累应当有一定的限度，超出这一限度的范围，则有可能形成与自然生态相悖的变化态势，即出现环境的恶化，宜川县局部地区因土地垦殖而出现土壤侵蚀现象则集中地体现了这一点。

第三节　土地垦殖过程中人为加速侵蚀现象分析

土地垦殖过程中的人为加速侵蚀现象伴随着人类对土地的扰动程度而发生变化，同时，人为加速侵蚀亦深刻地影响着人类的土地利用方式。其中，与人类维持自身生计直接相关的土地垦殖形式包括聚落形态、耕作部位和生产工具等方面。

[①] 全国经济委员会陕西省水利处编：《陕西省水利概况》，南京：美丰祥印书局，1938 年，第 219 页。

一、聚落形态

如上文所述，宜川县民众在从事土地垦殖过程中，往往根据当地特定的地貌条件和生产、生活环境对自身所在的居所进行命名，其中多有以沟、梁、峁、台、崖、岔、峪、崂、塬、坪、湾、嘴等命名的村庄。其中，除县川河以北地区和平川、河道地带有较大的村庄外，大多数小型村庄分布在峁、梁、沟里，民众的居住异常分散。在这种破碎分割的地形条件下，乡村聚落分布不均，"率多比户而居"，由大河谷地到次一级河谷，再到支毛沟、梁峁坡面，沿树枝状水系呈现出有规律的变化，即聚落密度由河谷平原→川台地→支毛沟→梁峁坡，呈现出树枝状的递减[①]。

宜川县的乡村民居形制大体可分为平原、川谷两类，在平原上所建的民居"多以砖或土坯构叠为窑，上覆以土；间有瓦房，制亦狭小。中间起脊，两边下遄者称房，一边下遄者称厦"。而另一类则多分布于川谷之中，"率就土窑掘窑洞，前置窗以通气纳光"[②]。这样的形制建构多体现了向阳、向沟、向路的特点。因为窑洞式民居为主的聚落，需要充分的阳光照射，以弥补窑内光线的不足，同时减轻窑内的潮湿，故多建在向阳之地。由于沟谷深切，地下水埋深在 70~90 米以上，外加区域性的干旱缺水，为了人畜饮水方便，聚落多建在沟边、沟谷坡脚等距水源较近处。当然，由于民众自身的兴趣、能力的差异，"讲究一些的窑洞，有窗有门；恶劣的仅在土崖

---

① 甘枝茂、甘锐、岳大鹏等：《延安、榆林黄土丘陵沟壑区乡村聚落土地利用研究》，《干旱区资源与环境》2004 年第 4 期。
② 民国《宜川县志》卷二三《风俗志》之《日常生活》，《中国地方志集成·陕西府县志辑》，南京：凤凰出版社，2007 年影印本，第 460 页。

中凿成四、五尺高，二尺多阔的窟窿洞，并遮着一块芦苇，或树枝编成的帘子"[1]。

以窑洞式民居为主的聚落在其施工过程中，往往因打窑洞而出现土壤侵蚀问题。据现代科学工作者对榆林11个乡村的调查，近三年每增加8口人就增加1孔窑洞，每修1孔窑洞流失373立方米土[2]。此外，窑洞一般都选择在地势比较低，坡度比较缓，用水、生活都比较方便的地方，所以住房面积的扩大，就会导致土地可利用面积的缩小。不过，就宜川县而言，人口总量除在清代中期增长幅度较大外，其余时期多因自然灾害、战乱等因素而维持在三万至四万人左右的规模。清代前中期，该县人口和聚落多分布于县川河以北的黄土残塬上。因此，在此阶段，宜川县多数地区因村落营建而出现的土壤侵蚀程度是相对较弱的。

二、耕作部位

由于资料的限定，笔者仅能对清代前期、清代后期和民国初年的基本情况进行考察，对于清代中期，尤其是道光三年（1823年）前后宜川县人口鼎盛时期做出大致的推算。

如前文所述，从乾隆《宜川县志》所记录的里甲情况可以看出，由于地广人稀，多数民众从事对原有耕地的复垦，因此，虽也有部分民众选取山地、坡地作为垦殖的对象，但民众的首选仍为农作物产量相对较高、地形较缓的塬面和河流阶地。以至于宜川县人口、

---

① 《陕西之民居》，《申报周刊》卷1第52期。
② 李荣生、庞远玉：《安塞县人类社会经济活动对环境影响初探》，左大康主编：《黄河流域环境演变与水沙运行规律研究文集》（第一集），北京：地质出版社，1991年，第74-82页。

聚落在清代前期多分布于县川河以北的黄土残塬和部分河道较宽、发育良好的河流阶地上。在此时期，作为宜川县民众开垦的用地，坡地、塬地、河滩地的利用程度，土地产出以及缴纳的租赋具有明显的差异，如表4-6所示。

表4-6 乾隆年间宜川县土地赋税征收状况

土地类型	地理位置	地亩/亩	租银/两	租谷/石	两/亩（租银）	石/亩（租谷）
坡地	白家嘴	20.1		0.5		0.025
塬地	西回里三塚村	65	6.5		0.1	
河滩地	城外官地	48.2	18.08		0.375	

资料来源：乾隆《宜川县志》卷二《建置》之《学校·附瑞泉书院学租》；乾隆《宜川县志》卷四《祠祀》之《塚墓》。

表 4-6 中所列坡地、河滩地皆取自于地方政府调拨给当地瑞泉书院的学田，塬地则取自县北四十公里云岩河流域的云岩镇山中村（西回里三塚村）唐代忠武王浑瑊墓地。以当时的赋税征收情况来看，银一两可与谷一石作等价交换，故而，坡地所缴租谷0.5石亦等价于租银0.5两。这样一来，便可推算出坡地、塬地和河滩地的每亩缴纳租赋比为1∶4∶15。而租赋的征收是根据土地的自身产量相应而来的，因此，三者之间的租赋比例亦可作为三地的土地产出比例。由于宜川县人口至乾隆年间尚存有大量的"断甲绝户"，故而，在此期间，民众自然会选取产出较高的塬地、河滩地作为垦殖对象，而对于坡地虽有开垦，但开垦的幅度不大。

清代中期，尤其是道光三年（1823年）左右，宜川县人口规模达到清代人口规模的最高峰，相应地，许多民众开始向附近的山地、

坡地进行开垦。以宜川县汪韩里为例，乾隆十三年（1748 年），原属
肤施县的汪韩里二百户卫地"撤屯并卫"，改属宜川县管理，当时该
里共有村庄二十一处[1]。至光绪年间，该里村庄已超出了二十一村的
规模。据民国《宜川县续志》记载，有许多村庄开始在原有的基础
上逐步扩建，其中，前、后杨村附近新增村庄多处，"如独种村、英
旺镇、龙泉、官厅子、百子沟、安家圪、白塌子、后田家原、后圪
子、柳树渠、孙市镇、蔡家川俱有屯地"，另有"群石沟、张原，又
蔡家川内上下崖窑、东西梁及砖庙以西五凤条、东西马窝等村六七
十里之长，俱是屯地，内有松山、窑子亦多"[2]。这些村庄的分布逐
渐形成了以原始村为中心，向四周林地、山地扩展的趋势。当地民
众在山地开垦中多采用伐木刨根和焚烧草木的方法。有经验的民众
将山地治成水平梯田，坡面种有豆科作物或生长杂草，将坡面表土
耙起，犁入地中作为绿肥。梯田层层有水沟，民众时常将壅塞在出
水沟的泥土加填到田地的四周，使土壤不致流失，并补充表土层，
所以这种方法成为山地作物生产的优选方法[3]。据现代科学研究，在
一般降雨情况下，水平梯田内的降雨能全部就地入渗，做到水不出
田；在较大暴雨下，水平梯田比坡耕地可以减少径流泥沙 80%～90%。
坡耕地修成水平梯田以后，一般能增产 1 倍左右，加上精耕细作，
增施肥料，能增产 2～3 倍[4]。而经验不足或能力有限的民众则每隔
十余丈之处掘一横沟，阻止水土下冲，但不能防止表土的遗失。更

① 乾隆《宜川县志》卷三《田赋》之《屯卫》，《中国地方志集成·陕西府县志辑》，南京：凤凰出版社，2007 年影印本，第 252 页。
② 民国《宜川县志》卷一四《财政志》之《新增屯卫》，《中国地方志集成·陕西府县志辑》，南京：凤凰出版社，2007 年影印本，第 244-245 页。
③ 唐启宇：《中国的垦殖》，上海：永祥印书馆，1952 年。
④ 丁圣彦、梁国付、曹新向等：《集水背景下小流域综合治理的措施和管理形式》，《水土保持通报》2003 年第 4 期。

有甚者，有的民众为尽量获取土地的果实，不采取任何水土保持的设施，他们开山种植萝卜及玉米等食用作物，不出数年，地力减退，最后只有完全荒芜[①]。

同治、光绪年间的战乱和灾荒因素使得人口数量下降显著，土地抛荒率较高，至清末民初，人口总量仅能维持在三万至四万口[②]。在此期间的土地开垦仍以河滩地、塬地为主，许多坡洼地"昔多荒芜"[③]，英王镇、蟒头山、八郎山、盘古山等地至民国初年依然"森林茂密""尚少摧残"[④]。直至民国三十一年（1942年）前后，民国政府在英王镇设农场，招徕难民从事垦殖，前后开垦所得五千二百八十五亩土地。在此期间，县域内的农田水利设施也开始兴建，但其开发力度不大，且产出有限，因此，土地价格受其影响，也有明显的差异，如表4-7所示。

表4-7　民国时期宜川县土地价格统计　　　　单位：元/亩

土地类型	水地			平地			坡洼地		
	1940年	1941年	1942年	1940年	1941年	1942年	1940年	1941年	1942年
上等地	30	60	100	5	8	10	2	4	6
中等地	20	40	70	3	5	8	2	3	4
下等地	10	20	50	2	4	6	1	2	3

资料来源：民国《宜川县志》卷八《地政农业志》之《地价估定》。

[①] 唐启宇：《中国的垦殖》，上海：永祥印书馆，1952年。
[②] 民国《宜川县志》卷六《人口志》之《动态分析》，《中国地方志集成·陕西府县志辑》，南京：凤凰出版社，2007年影印本，第115-117页。
[③] 民国《宜川县志》卷八《地政农业志》之《地价估定》，《中国地方志集成·陕西府县志辑》，南京：凤凰出版社，2007年影印本，第145-147页。
[④] 民国《宜川县志》卷八《地政农业志》之《土地利用》，《中国地方志集成·陕西府县志辑》，南京：凤凰出版社，2007年影印本，第147-152页。

从表 4-7 所统计的坡洼地、平地、水地的价格可以看出，民国时期塬地的土地价格相对清乾隆年间呈下降趋势，河滩地的价格变化幅度不大，坡地价格呈上升趋势。究其原因，乾隆年间塬面的土地因人口数量的尚未饱和而未得到大范围的利用，人口缺失最多的加阳、平佐二里尚有大量塬地处于抛荒阶段。河滩地数量有限，上好的滩地仅有"南北关约二百余亩"，尽管不能种稻，但可种植其他农作物[①]。

当时，滩地开垦的方式分为"未经圈筑之滩地"与"已经圈筑之滩地"两种："未经圈筑之滩地，盛产芦苇，芦辟后，于秋冬水枯时，种植小麦、油菜等冬作，赶收一熟，至夏秋水涨，则任其淹没，水退之处，泥沙已淤上一层，土肥因以增加，年年如此不待施肥，田收自足。其筑有圩堤者，则年可得两熟。所患夏秋水涨，漫圩而入，淹没田禾"[②]。

相对于塬地、河滩地而言，坡洼地因土地利用方式易造成人为加速侵蚀，并进而带来农作物产出偏低而开发较晚。但至清末民初，随着塬地、河滩地自身生态承载力已经近趋饱和，坡洼地也逐渐得到开垦。在开发过程中，由于宜川县区域气候的影响和土壤本身的特点等因素，坡洼地陆续出现不同程度的土壤侵蚀现象。

在区域气候的影响下，该地区的降雨多集中于 7—9 月，而且此时降雨多属暴雨性质，"其来也骤，其降也猛"，而农作物生产措施的主要特征之一是要土壤经常维持疏松的状态，如播种前要进行播前整地，生长期间要中耕除草，休闲期间要秋耕、伏耕等。这一系

---

① 民国《宜川县志》卷八《地政农业志》之《土地利用》，《中国地方志集成·陕西府县志辑》，南京：凤凰出版社，2007 年影印本，第 147-152 页。
② 唐启宇：《中国的垦殖》，上海：永祥印书馆，1952 年。

列耕作措施的目的都在于使土壤变松。土壤变松在降雨强度小的情况下，因为增加了土壤的透水性，对减少土壤侵蚀反而是有利的；如果降雨强度大，由于松动的土壤抵抗冲蚀能力减小，土壤侵蚀的情况便比未松动的土壤大为严重。据资料反映，宜川县所栽培的作物大部分为秋季作物，而秋季作物的生长盛期也是需要松土最迫切的时期，而此时也适逢雨季，这样就为农田土壤冲蚀造成了有利的条件[①]，以至于"辄山洪暴发，冲毁田园，为害颇甚"[②]。故而，农谚有"无雨地不长，有雨流黄汤；黄汤遍野流，肥地冲成沟；沟壑年年长，有地不打粮"的说法[③]。

三、生产工具

清至民国时期，宜川县生产工具多为传统意义上的锨、土犁、钉齿耙、镰刀、锄等简单工具[④]。这些生产工具对地表的扰动不大。以旧式土犁为例，旧式土犁，铲呈平板状，也有少数是曲面的，两侧多呈圆锥曲线，犁铲长、阔各为30厘米，犁壁是圆盘形或椭圆形的，曲度3~3.5厘米，因向右翻土，故将犁壁固定在犁铲中部偏右方。耕地时用1~2人牵引，耕深10~12厘米，耕幅22~28厘米，

① 民国《宜川县志》卷八《地政农业志》之《土地利用》，《中国地方志集成·陕西府县志辑》，南京：凤凰出版社，2007年影印本，第147-152页。

② 民国《宜川县志》卷三《气候志》之《气象·气化·雨量》，《中国地方志集成·陕西府县志辑》，南京：凤凰出版社，2007年影印本，第79-80页。

③ 丁世良、赵放主编：《中国地方志民俗资料汇编》（西北卷），北京：北京图书馆出版社，1989年。

④ 中国科学院经济研究所主编：《中国近代农业史资料》第三辑，北京：生活·读书·新知三联书店，1957年，第65页。

每日可以耕垦 4～6 亩①。此外，由于牲畜强弱不同，旧式土犁的适耕情况有所差异。该犁翻土性能稍差，有时地面的覆盖不严，不能耕得很深，犁底不平，拉力大，而且两坺之间，必遗有鱼脊形硬埂一条，耕土底面呈瓦瓴状②。除旧式土犁外，耧子使用也很普遍，其构造简单，无犁床，牵引抵抗力轻，耕地时只用一头牲畜，故而耕的不能过深，且深浅不易一致。在犁铲的上边装草把，可向两边分土，如去掉草把也可只松土不翻土。缺点是耕垦较浅，犁底不平，不能很好地翻土。在生草地和多杂草植株的田地上耕作时，翻土往往不好，同时由于表层布满根系，碎土也不能令人满意，容易产生坷垃。当土犁和耧子都未普及时，生产工具只有耒耜等简单工具。耒是一种尖头木棒，在距尖端不远的地方加上一短横木，供脚踏之用，改进的耒有两个尖头或有省力曲柄。耜类似耒，但尖头成了扁头（耜冠），类似今天的锹、铲。耒耜的使用所带来的影响，只是对表土浅层的不规则利用③。

在耕犁后，当地民众一般不耱平地面，这样做的目的是便于晒土，同时可以清除杂草。当夏季的第一个伏期来临时，民众多选择在雨后耱平地面。这样一来，有利于下次的耕作④。这次犁地的作用主要是使土壤接纳夏秋的雨水。此即所谓收墒。这一次耕地对收墒所起的作用，民众有很生动的描述，如"伏里戳一橛，胜过秋后犁

① 北京农业大学、河北农业大学、河南农学院等合编：《耕作学》，北京：农业出版社，1961年，第128页。
② 韩德章：《中国农具改良问题》，《中国农村经济论文集》，北京：中华书局，1936年，第203页。
③ 中国科学院经济研究所主编：《中国近代农业史资料》第三辑《中国近代经济史参考资料丛刊》之第三种，北京：生活·读书·新知三联书店，1957年，第65页。
④ 民国《宜川县志》卷八《地政农业志》之《土地利用》，《中国地方志集成·陕西府县志辑》，南京：凤凰出版社，2007年影印本，第147-152页。

半年"，"薄地怕勤汉，伏里犁两遍；好地怕懒汉，秋里犁头遍"，"伏里一碗水，秋里半碗水"等[1]。此外，收墒过程多在雨水最多的时候进行，即土壤深耕可以使田面粗糙，以减少雨水流失并使之尽可能渗入土层深处。

当发生战乱和自然灾害时，民众多出卖生产工具来换取基本的温饱。如民国二十年（1931年），因自然灾害的影响，农民多出卖生产工具，西安钟楼北大街，竟成为农具市场。"农具中最有价值之犁，耙及辘轳绳索，平均新置均须十余元，现至多售一、二元。至于锄头，镰刀只值二、三角"[2]。灾荒过后，农民回到原有的耕地从事复垦时因缺少基本的生产工具，且无政府有力举措的帮助，很难对土地进行有效的耕种，对土地的扰动自然也会减弱。这一时期，宜川县多数地区因土地垦殖而出现的土壤侵蚀现象也相对减弱。

第四节　基本认识和初步结论

清至民国时期，宜川县土地垦殖过程中的人为加速侵蚀现象既有时间上的变化，同时也有空间上的差异。从历史发展的脉络来看，伴随着土地垦殖在范围上的拓展和程度上的加深，土地垦殖本身因生活环境和生产环境的逐渐改变而发生变化。人口与聚落在自然和社会事件的影响下在不同时期呈现出不同的发展模式，而民众为了维持自身的生计而选择与地理环境相适应的生产方式，对塬地、山地、坡地以及河滩地从事相应的土地垦殖。

---

[1] 丁世良、赵放主编：《中国地方志民俗资料汇编》（西北卷），北京：北京图书馆出版社，1989年。
[2] 石笋：《陕西灾后的土地问题和农村新恐慌的展开》，《新创造》第2卷第1期，1932年7月，第212页。

宜川县自明末清初以降，由于受到来自自然灾害、战乱和国家政策负面效应的影响，加之自身的生态承载能力相对较弱，因此该区域的恢复周期也相对延长。这一周期恢复的过程，实际上是人类从维持生计到恢复生产，继而谋求发展的三个不同时期的土地利用过程。在这一变化过程中，人口因素和土地的实际承载能力通过土地利用方式而作用于环境本身，进而引起人为影响下的土壤侵蚀现象。同时，土地利用方式又可视为人口和土地承载力关系之间的变量，当人口繁衍超过自然资源所能够提供的限度时，必然会出现人口的迁移或土地利用方式的改变；反之，当自然资源尚能承受定量的人口压力时，土地利用方式则不会仅仅表达为单一的"广种薄收"式的粗放形式。

自明末清初以降的近三百年中，宜川县的人口、聚落变化剧烈。清前期，人口聚落相对集中的黄土残塬上尚有"断甲绝户"，而至道光三年（1823 年）前后，人口总量达到清代，乃至 1949 年以前该县人口的顶峰。随着人口的发展，聚落开始扩展，民众从较为集中的塬面开始向山地、坡地进行开发，并根据耕作范围营建村庄，从而形成规模小且分散的乡村聚落形态。在此期间，人口的繁衍和土地承载力之间在较大地域范围内仍能以基本适应作为评价。而且在这种人地矛盾相对缓和的情况下，土地垦殖方式呈现多元化趋势，清代中期西、南两川农民利用河道修渠以发展农田水利便是较为明确的例证。清中后期，在同治、光绪年间的战乱和自然灾害的影响下，人口数量下降，至民国时期，基本维持在四五万口，土地的利用程度相对清代中期有所减弱。

伴随宜川县土地垦殖的阶段性变化，土地垦殖过程中的人为加速侵蚀亦呈现不同的表现形式和发展趋势。由于区域气候的特殊性，降水、霜期等自然因素的季节变化和区域变化明显，相应地，土地垦殖过程中，尤其是因农业生产而出现的土壤侵蚀现象突出。总体而言，宜川县直至民国时期，除许多坡洼地因产量不高处于荒芜状态外，多数山地、林地亦未受到明显的影响[①]。故而，在此阶段，宜川县除局部地区外，总体情况因土地垦殖而出现的土壤侵蚀在该县境内并无强烈表现。

[①] 民国《宜川县志》卷八《地政农业志》之《土地利用》，《中国地方志集成·陕西府县志辑》，南京：凤凰出版社，2007 年影印本，第 147-152 页。

第五章 黄土丘陵沟壑区的土地垦殖和民众应对
——以绥德为例

　　黄土丘陵沟壑区是我国乃至全球水土流失最为严重的地区之一。目前，该区平均土壤侵蚀模数达到每年每平方千米 5 000 吨左右，许多地区甚至超过了每年每平方千米 10 000 吨[①]，陕北黄土丘陵沟壑区是黄土丘陵沟壑区水土流失问题突出的典型区域，研究区内地形破碎，沟壑纵横，土质疏松，抗蚀抗冲性较差。据多年的科学观测，区域内坡耕地侵蚀模数高达每年每平方千米 10 000～15 000 吨[②]，严重的水土流失为黄河下游地区带来了一系列的生态问题。而造成水土流失加剧的原因很多，其中，人口的变动、广种薄收的种植模式则成为重要的影响因子。这些影响因子主要是通过开发传统耕地（主要指坡地）过程中土地利用的广度和力度来施加在土壤侵蚀本身。本章即以陕北黄土丘陵沟壑区的典型区域——绥德为案例，复原侵

---

① 唐克丽等：《黄河流域的侵蚀与径流泥沙变化》，北京：中国科学技术出版社，1993 年；蒋定生等：《黄土高原水土流失与治理模式》，北京：中国水利水电出版社，1997 年；叶青超：《黄河流域环境变迁与水沙运行规律研究》，济南：山东科学技术出版社，1994年；陈永宗：《黄土高原沟道流域产沙过程的初步分析》，《地理研究》1983 年第 1 期。
② 甘枝茂主编：《黄土高原地貌与土壤侵蚀研究》，西安：陕西人民出版社，1990 年。

蚀环境下的土地垦殖和民众对土壤侵蚀的应对措施，以探究清至民国时期研究区土地利用和土壤侵蚀之间的关系，为现代科学研究提供有力的依据。

绥德作为黄土梁峁沟壑区的典型区域，具有梁峁起伏，峁小梁短，峁多梁少，沟壑发育，地面破碎等特点，史籍中亦多有"峰崖委蛇，田难以顷亩计"的评价[1]。同时，该区地处"石隰襟喉，延鄜门户"[2]，在相当长的历史时期中，一直是陕北的政治、军事、经济和文化中心，如图 5-1 所示。

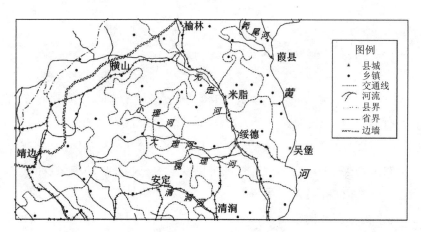

图 5-1 民国二十三年（1934 年）中华民国新地图之绥德县

资料来源：丁文江、翁文灏、曾世英编：《中华民国新地图》，上海申报馆出版，1934 年。

---

[1] 乾隆《绥德直隶州志》卷二《人事门》之《田赋》，《中国地方志集成·陕西府县志辑》，南京：凤凰出版社，2007 年影印本，第 177 页上。
[2] 嘉庆《重修一统志》卷二五〇《绥德州》，四部丛刊续编本。

由图 5-1 不难看出，绥德一带地理位置特殊，其地"路当四岔，东通燕晋，西经宁固，南连关辅，北达榆林，视延属州县，此为最冲"[①]，因此，历来是兵家必争之地。明洪武二年（1369 年），明政府"定陕西，设绥德卫，屯兵数万守之，拨绥德卫千户刘宠屯治榆林"[②]，可见，绥德在明代初年便成为陕北沿边防御蒙古游牧民族的军事重镇[③]。

第一节　侵蚀环境的复原

一、历史地貌的复原

受地质时期以来黄土高原土壤侵蚀的影响，绥德一带地形破碎，土壤结构疏松，坡面及沟壑流水侵蚀剧烈，"境内皆高山陡坡，水多急流"[④]，"山多土松，即平地亦少沃壤"[⑤]。民众常年耕垦的土地以峁梁沟坡地为主，在峁梁沟坡地中以坡地为主，在坡地中又以陡坡地为主。黄河在县东南界弯曲南流；无定河由县境北向东南贯流；大理河由县西北向东南流，于县城东北入无定河；淮宁河由县境西南向东北流，于邓家楼入无定河。由于黄河与无定河的切割和冲积，形成无定河河川地和黄河峪谷区。

---

① 顺治《绥德州志》卷四《田赋志》之《地亩》，陕西师范大学图书馆古籍部藏，未刊印。
② 雍正《陕西通志》卷三五《兵防》，陕西师范大学图书馆古籍部藏，未刊印。
③《春明梦余录》卷四二《兵部一》。
④ 道光《秦疆治略》之《绥德直隶州》，《中国地方志丛书·华北地方·陕西省》，台北：成文出版社有限公司，1970 年，第 167-168 页。
⑤ 光绪《绥德州志》卷四《学校志》之《习俗》，《中国地方志集成·陕西府县志辑》，南京：凤凰出版社，2007 年影印本，第 388 页下。

　　整体而言，绥德及其周边地区地势西北高，东南低，总的趋势是由西北向东南逐渐降低。梁峁起伏，峁小梁短，峁多梁少，沟壑发育，地面破碎。当地居民在从事农牧生产过程中，往往根据生产、生活环境的特点对自身所在的居所进行命名，这一特点既表现在以地形命名的村落中，同时，更可以从许多更细化的微地貌命名中得以充分体现，如图5-2所示。

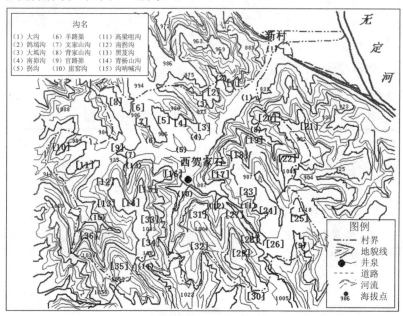

图5-2　西贺家石村地貌①

注：[1]鸽子埝 [2]大坬 [3]南峁梁 [4]前脑畔山 [5]后脑畔山 [6]墩山 [7]山神梁 [8]前文家山[9]太太梁[10]学校地 [11]榆树坬 [12]文家山 [13]圆塌 [14]高圪塔[15]刘坝咀 [16]峁对面[17]猫卧咀 [18]小背家山 [19]背家山 [20]柳芽坬 [21]寨山[22]花豹山 [23]杨家社窠[24]琵琶峁 [25]窑峁 [26]官家沟 [27]高梁咀 [28]田家坟[29]大峁 [30]麦地坬 [31]金山峁[32]平台墕 [33]马家峁 [34]盘路圪塔 [35]青杨山[36]茶叶咀

────────

① 该图由贺国建《西贺家石村志》之《西贺家石村地貌》(西安：西安建文印刷厂，2002年印刷）改绘所得。

图 5-2 所示地形图为无定河下游白家嶮西侧的西贺家石村现代地貌情况，该村面积约 1.2 平方千米。东北与郝家沟紧接，北与鱼池沟近邻，西北、西部与亢家沟接壤，西南、南边与后吴家沟相靠，南部和东南与前吴家沟毗邻。从图中不难看出，西贺家石村地势西南高东北低，一条西南—东北走向的正沟将西贺家石村分为两半，呈凹槽形。正沟两边高中间低，两侧又有八九条支毛沟，正沟到村中心分成 3 条支叉沟。经统计，图中共有地貌名称 36 处，皆为当地民众根据生产、生活习惯而给予的命名。整体来看，该区域沟壑纵横，峁梁起伏，峁沟为主，支离破碎。其具体状况如表 5-1 所示。

表 5-1 绥德县西贺家石村地貌名称

序列	类型	举例	数额	释义
1	峁	佛庙峁、南峁梁、窑峁	6	顶部浑圆，斜坡较陡的丘陵
2	埝	鸽子埝、鸽埝沟	1	田边的土埂
3	圳	大圳、大圳沟、溜峁圳	4	山之低下处
4	山	前脑畔山、墩山、青杨山	10	独立的山头或山脉
5	沟	拐沟、文家山沟、黑芨沟	16	两山之间的凹部，有水
6	梁	山神梁、太太梁	3	无突起，呈条状的山岗
7	咀	猫卧咀、刘坝咀、高粱咀	4	梁延伸出来的边缘部分，形状似咀突出
8	塌	圆塌	1	土山下陷而成的缓坡地面
9	圪塔	高圪塔、盘路圪塔	2	较高的台地或丘陵
10	社寨	杨家社寨	1	以土窑聚居的小村庄
11	堨	平台堨	1	两山中临溪之小径

资料来源：贺国建：《西贺家石村志》之《自然环境》，内部资料，西安：西安建文印刷厂，2002年印刷。

由表 5-1 可得，该村共有微地貌类型 11 种，微地貌地名 49 处，其中，以"山"命名的微地貌有 10 处，以"沟"命名的微地貌有 16 处，其余如"峁""墕""咀"等命名的微地貌 23 处。上述地貌类型虽然在地貌形态、海拔高度等方面上略有差异，但这 11 种地貌类型多呈现为地势高亢，面积狭窄的特点。微地貌状况的多样化，反映了当地民众耕作部位和居住部位的复杂，同时也反映出因斜坡高度、沟壑密度等因素而出现的土壤侵蚀问题。与西贺家石村相比，绥德县所属定仙墕镇、吉镇、马家山村等地的地貌情况也多是如此[①]，即许多民众赖以生活的地方往往由于地处"峰崖、溪涧之中"，长期的重力侵蚀、水力侵蚀和人类活动影响下人为加速侵蚀，进而出现"城没""水冲""大山崩颓"等侵蚀现象[②]。有学者根据这些历史事件来计算明清以来的土壤侵蚀强度。如与绥德县相邻的子洲县，该县裴家湾乡黄土坬村九牛山，顺治《清涧县志》、康熙《延绥镇志》、雍正《陕西通志》《续文献通考》等文献对此都有记载，即"隆庆己巳，黄土坬二山崩裂成湫"[③]。经现代科学对此情况进行研究表明，目前侵蚀强度较明代以来的平均侵蚀强度大 43.52%，说明黄土丘陵区侵蚀环境的恶化主要在历史时期，尤其在明代以后[④]。

---

① 行政院农村复兴委员会编：《陕西省农村调查》，行政院农业复兴委员会丛书，上海：商务印书馆，1934 年 8 月；绥德县定仙墕镇志编纂委员会：《定仙墕镇志》，内部资料，榆林：榆林报社印刷厂，2005 年印刷；吉镇村村民委员会编：《吉镇村志》，内部资料，西安：陕西中实艺术印务有限公司，2006 年印刷；马智堂：《马家山村志》，内部资料，榆林：榆林瀚海艺术公司彩印厂，2003 年印刷。
② 乾隆《绥德直隶州志》卷一《舆地门》之《疆域》，《中国地方志集成·陕西府县志辑》，南京：凤凰出版社，2007 年影印本，第 41 册，第 153 页上。
③ 顺治《清涧县志》卷一《地理志》之《灾祥》，陕西师范大学图书馆古籍部藏，未刊印。
④ 张金慧：《黄土洼天然聚湫之迷》，《山西水土保持科技》2001 年第 3 期；龙翼、张信宝等：《陕北子洲黄土丘陵区古聚湫洪水沉积层的确定及其产沙模数的研究》，《科学通报》2009 年第 1 期。

二、区域气候的分析

绥德位处陕北北部，无定河下游，属温带大陆性半干旱季风气候区，春、秋两季多季候风，3、4 月间的北风很大，黄沙蔽天，数日不止，甚至有"吹人至三四十里，次日方回"者[①]。风力之强、持续时间之长实属罕见，春季的大风天气使水分蒸发增加，助长春旱，故农谚有云："肥雨瘦风"，"风刮一天，够太阳晒三天"[②]。此外，该区"春夏晚，秋冬早；北较榆林，西南较延安稍暖，东南较汾州、平阳冷；绥德僻处西北，地近沙漠，二月而冰未尽，三月而花乃初开，麦成在夏至之后，霜见或秋分之前，盛暑不废丝棉，严寒必资土室，此其大较也"[③]。在这种较为明显的气候背景下，因县境"东西百余里，南北四十里，山谷罗列"[④]，区域性小气候因地势高低而有所不同。近黄河和沿大川的地带，较西北部和小山沟地带为暖。作物的播种期，东川较西川早半个月。西川因秋凉促进作物的早熟，故而秋收期较东川早半个月，故民间有"春天向上收，秋天向下收"的说法[⑤]。有的民众在麦收时，沿无定河下游向上收割；在秋收时，则沿无定河收割下去。

降水情况。绥德常年雨量较少，从 1 月到 8 月逐月降水量呈递

---

① 万历《延绥镇志》卷三《灾异》，国家图书馆古籍部藏，未刊印。
② 丁世良、赵放主编：《中国地方志民俗资料汇编》（西北卷），北京：北京图书馆出版社，1989 年。
③ 乾隆《绥德直隶州志》卷一《岁纪门》之《气候》，《中国地方志集成·陕西府县志辑》，南京：凤凰出版社，2007 年影印本，第 150 页下-151 页上。
④ 顺治《绥德州志》卷四《田赋志》之《地亩》，陕西师范大学图书馆古籍部藏，未刊印。
⑤ 柴树藩、于光远、彭平：《绥德、米脂土地问题初步研究》，北京：人民出版社，1979年，第 4 页。

增趋势，从 8 月到 12 月逐月降水量呈递减趋势。4、5 月间（清明至小满）常会因雨水缺乏，以致"春耕时尤难调匀，播种失时即收获难望"①，故陕北农谚有"见苗一半收"的说法②。此外，7、8 月间雨水最多，川地往往河水突增，且"无蓄浅之处，难以修筑堤堰，不能引灌田亩"③，甚而一旦雨水过多，河水暴溢，往往成灾。据现代科学观测，绥德县的年均降雨量为 502 毫米，7、8 两月的降雨量分别为 103.8 毫米和 117.2 毫米。这两个月降雨量的 70%为暴雨，甚至一场暴雨的降雨量等于月降雨量④。

霜降情况。绥德县境春季收霜（晚霜期）约在阳历 4 月下旬，即谷雨前后，但到 5 月初（立夏前后）仍有霜降的可能。秋天早霜期多在 10 月中旬的寒露与霜降期间，但也有在 9 月中旬的白露与秋分期间霜降的情况，一旦秋霜过早，农作物则"多有秀而不实之虞"⑤，故民众唯有利用从谷雨到秋分期间仅五个月的无霜期从事农业生产。不过，从清代地方官员向中央政府呈递的奏疏中经常载有因春耕缺雨，播种失时，"又值霜早雹灾，秋收更为减色"的情形，这两种情况在《清实录》中也多有反映⑥。

由上述气候情况分析，清至民国时期绥德一带整体气候状况与

---

① 光绪《绥德州志》卷四《学校志》之《习俗》，《中国地方志集成·陕西府县志辑》，南京：凤凰出版社，2007 年影印本，第 388 页下。
② 丁世良、赵放主编：《中国地方志民俗资料汇编》（西北卷），北京：北京图书馆出版社，1989 年。
③ 道光《秦疆治略》之《绥德直隶州》，《中国地方志丛书·华北地方·陕西省》，台北：成文出版社有限公司，1970 年，第 167-168 页。
④ 景可、李凤新：《黄河中游半干旱带的侵蚀环境特征》，《水土保持通报》1993 年第 1 期。
⑤ 光绪《绥德州志》卷四《学校志》之《习俗》，《中国地方志集成·陕西府县志辑》，南京：凤凰出版社，2007 年影印本，第 388 页下。
⑥ 陈振汉、熊正文等编：《清实录经济史资料》，北京：北京大学出版社，1989 年，第 207 页；中国科学院地理科学与资源研究所、中国第一历史档案馆：《清代奏折汇编——农业·环境》，北京：商务印书馆，2005 年，第 537 页。

现在相比略差，但无论是气温、降水，还是霜降情况，其区域内部的差异存有很大的相似性。

三、土地覆被状况

绥德境内的自然植被种类相对较多，"柏、松、桑、榆、槐、水杨、白杨、柽柳、水桐、紫荆"等乔、灌树种皆有分布，但分布面积较小，如"柏"等树种，"枝叶苍秀，经冬不凋，多在寺庙、坟茔间"有所分布，自同治兵燹后，"焚毁已多，而东南乡山间尚多存者，特大材不易购耳"[①]。其余乔本科树种留存甚少，且分布较零碎。而柠条、酸枣、乌柳、羊厌厌等小型灌丛分布虽相对较广，但也多分布在极陡坡地、土崖台地、崖畔、沟壑底部和沟坡下部。多数地区因地表覆被稀少，大量黄土裸露于外，"连岗叠阜而不生草木，间有层岩，又率皆顽石，而色赤无足观"[②]。此外，由于绥德一带宜耕土地较少，生态承载压力相对较大，许多不宜耕垦的土地在清代也陆续得以开垦，荒地的数量相应下降，至民国时期，除"在接近清涧河畔的绥德县尚有少量荒地，故耕牛较多，羊群较大"外[③]，多数土地自然植被缺乏，多呈现为农业景观。至 1949 年以后，由于"以粮为纲"政策的出台，当地政府在发动民众在垦荒过程中出现大规模破坏林地、草地的行为，后虽经及时调整，但仍造成不同程度的环

---

① 光绪《绥德州志》卷三《民赋志》之《物产》，《中国地方志集成·陕西府县志辑》，南京：凤凰出版社，2007 年影印本，第 366 页下-367 页上。
② 康熙《延绥镇志》卷一《地理志·山川》，陕西师范大学图书馆古籍部藏，未刊印。
③ 柴树藩、于光远、彭平：《绥德、米脂土地问题初步研究》，北京：人民出版社，1979 年，第 6 页。

境破坏①。现在绥德县境内所能够看到的植被除了少量的小型灌丛外，多为 20 世纪 70 年代以来的人工植被②。

　　总的来看，绥德地貌条件复杂，土质疏松，多季节性暴雨，地表植被相对稀少，当这四项自然因素同时存在时，便能产生严重的侵蚀产沙后果。如果其中一项处于反向状态，则情况即有好转，侵蚀产沙可以大大减轻。在上述四项因素中，植被与降雨属地带性因素，对侵蚀的加剧作用都是同步、同地发生。以降雨为例，降雨侵蚀力在年降水量的影响下也存在着两个临界点。当年降水量小于 300 毫米时，降雨侵蚀力很小且基本上不随年降水量变化而变动；当降水量超过 300 毫米时，降雨侵蚀力随年降水量的增多而迅速增大；当年降水量大于 530 毫米以后，降雨侵蚀力随年降水量增多的速率进一步加大③。地貌复杂和土质疏松属非地带性因素，以土质条件而言，由于黄土疏松多孔，土层深厚，利于植物根系伸展，因而有机质积累不仅限于土壤表层，而且常深入黄土母质中，如黑垆土有机质累积层可深达 1 米以上，但由于黄土抗侵蚀能力弱，水土流失严重，因而有机质含量并不高，通常只有 1%～1.5%，最多不超过 2%。其次，由于黄土含钙质较多，导致成土过程中发生较强程度的石灰淋溶与淀积，碳酸钙的淀积形式以假菌丝状为主，盐霜状次之，林地则呈现多根管状④。当上述四种因素叠加时，则形成不利的地带性

① 中共绥德县委《绥德县是怎样发展农业生产的》，1965 年 11 月 22 日，目录号 119，案卷号 15，绥德县档案局藏；中共绥德县委《绥德县委对严重破坏林木事件的检讨》，1965 年 1 月 12 日，目录号 119，案卷号 15，绥德县档案局藏。
② 绥德县史志编纂委员会编：《绥德县志》，西安：三秦出版社，2003 年。
③ 许炯心：《降水——植被耦合关系及其对黄土高原侵蚀的影响》，《地理学报》2006 年第 1 期。
④ 史念海、曹尔琴、朱士光：《黄土高原森林与草原的变迁》，西安：陕西人民出版社，1985 年。

区域组合特征①，进而引发较为严重的侵蚀产沙。

第二节　人与土地：环境变迁中的民众行为分析

自明末清初以降，绥德民众在从事农牧业生产过程中，因受到来自自然生态、社会经济等方面的影响，人口变动和土地利用状况呈现出较为强烈的变化趋势，其大致可以分为四个时期：明末清初的恢复时期，从民、屯分隶到"撤屯并卫"的转型时期，同治年间至光绪年间的动荡时期以及清末至民国的发展时期。

一、明末清初的恢复时期

明末清初之际，陕北黄土高原自然灾害肆虐，战乱频仍，李自成、张献忠农民军和明、清官兵在这里进行了长达数十年的征战②。长期不稳定的因素使得民众多躲避于深山峻谷，生活极度贫困③。绥德地处交通要津，"黄河绕其东，沙漠在其北，前倚雕山，后连川水"④，是为兵家必争之地，明末清初之际备受战乱洗礼。清顺治十七年（1660年）前后，该地依然市井萧条，呈现"里无全甲，甲无全户，丁少于前"⑤的情形。这就需要清政府多方筹措，推行相应的休养生息政策，以确保区域社会的稳定。

顺治元年（1644年），山东巡抚方大猷首先向中央政府提出"州

① 景可、王斌科：《黄土高原现代侵蚀环境及其产沙效应》，《人民黄河》1992年第4期。
② （清）吴伟业《绥寇纪略》卷一《渑池渡》，北京：中华书局，1985年，第10-38页。
③ 嘉庆《重修一统志》卷二五〇《绥德州》，四部丛刊续编本。
④ 嘉庆《重修一统志》卷二五〇《绥德州》，四部丛刊续编本。
⑤ 顺治《绥德州志》卷四《田赋志》之《地亩》，陕西师范大学图书馆古籍部藏，未刊印。

县卫所荒地无主者，分给流民及官民屯种"的条陈①，同时建议对于
"有主荒地"由原来主人"招佃开垦"，官府适当给以资助或放宽纳
赋年限。方大猷的建议很快得以批准，地方官员"率属实力奉行"②。
此后，清政府于顺治六年（1649 年）下发诏令："凡各处逃亡民人，
不论原籍、别籍，必广加招徕，编入保甲"，由地方政府查"察本地
方无主荒地，州县官给以印信执照，开垦耕种，永准为业"③。绥德
地方官员根据实际情况，先后推行了招徕流亡、减免差粮等政策，"将
逃户所遗地粮有人承佃者，起运每石折银三钱五分，存留每石减纳
五斗；无人承佃者，查明豁免，永为减折等情，疏奏下部，请覆永
为减折"④。此外，绥德地方官员亲行各乡里，将新的政策予以贯彻
实施。

　　清政府一系列政策的出台和推行，促使动荡的社会逐步稳定下
来，逃亡在外的民众多回至原籍从事农业生产，至顺治后期，山东、
河南等北方地区"流亡渐集，户口渐蕃，草莱渐辟"⑤，民众生活得
以初步改善，社会经济因农村生产面貌的更新而逐步恢复。不过，
陕北地区许多地方"虽渐有生聚，尚不及十之三四"⑥，绥德至顺治
十八年（1661 年）前后"人户不满四里"⑦，民数约为万历年间原额

----

① 《清世祖实录》卷七，顺治元年（1644 年）八月乙亥，北京：中华书局，1985 年，第81 页下。
② 《清世祖实录》卷七，顺治元年（1644 年）八月乙亥，北京：中华书局，1985 年，第81 页下。
③ 《清世祖实录》卷四三，顺治六年（1649 年）四月壬子，北京：中华书局，1985 年，第 348 页。
④ 顺治《绥德州志》卷四《田赋志》之《地亩》，陕西师范大学图书馆古籍部藏，未刊印。
⑤ （清）王命岳：《耻躬堂文集》卷三《再陈清丈应行事宜一十四条疏》，济南：齐鲁书社，1997 年。
⑥ 顺治《清涧县志》卷二《田赋志》，陕西师范大学图书馆古籍部藏，未刊印。
⑦ 顺治《绥德州志》卷四《田赋志》之《地亩》，陕西师范大学图书馆古籍部藏，未刊印。

民数的四成，近 3 600 余口[1]，当然，史料中所记录的人口数据仅为当时的在册人口数，而另有许多民众尚处于流亡之中。此时的在册田亩数额除却"顺治七、八、十一等年（1650、1651、1654 年）督抚具题奉旨免过荒地共九百四十顷五十二亩零"外，可以缴纳赋税的耕地约有 290.169 顷[2]。不过，由于"绥地峰崖委蛇，田难以顷亩计，农者但以牛力为率，自晨至午，名一晌，或从土作垧，又曰一寻，即数垧不能当川原一二亩之入"，田亩统计上存有困难，册载纳税田亩数额和实际地亩数额上存有一定差距，故而"今载顷亩者，以册籍相承"[3]。

二、从民、屯分隶到"撤屯并卫"的转型时期

清军入关后，在征战各地的同时，对明代已经逐渐失去军事职能的卫所采取了暂时维持现状的办法，因此，卫所作为同州县类似的地方管辖单位在清代大约存在了 80 多年。顾诚在《卫所制度在清代的变革》一文中认为，在此期间，都司、卫、所经历了一个轨迹鲜明的变化过程。其特点大致有三：第一，都司、卫、所官员由世袭制改为任命制；第二，卫所内部的"民化"、辖地的"行政化"过程加速；第三，最后以并入或改为州县，使卫所化作历史陈迹，从而完成了全国地方体制的基本划一[4]。郭松义也持相同观点[5]。

---

[1] 顺治《绥德州志》卷四《田赋志》之《户口》载，"万历年，户一千一百一十二，口一万四千二百七十"，陕西师范大学图书馆古籍部藏，未刊印。
[2] 顺治《绥德州志》卷四《田赋志》之《地亩》，陕西师范大学图书馆古籍部藏，未刊印。
[3] 顺治《绥德州志》卷四《田赋志》之《地亩》，陕西师范大学图书馆古籍部藏，未刊印。
[4] 顾诚：《卫所制度在清代的变革》，《北京师范大学学报》（社科版）1988 年第 2 期。
[5] 郭松义：《清朝政府对明军屯田的处置和屯地的民地化》，《社会科学辑刊》1986 年第 4 期。

就研究区域而言，绥德既是绥德直隶州治的所在地，同时也是绥德卫的治所①。明代，绥德卫和延安卫、庆阳卫以及随后设置的榆林卫并属于延绥镇管辖。由于明代兵制实行的是军户制，即世代为兵，父死子继。一旦被签发为军，其家庭便世代永远为军，住在指定的卫所，卫所士兵及其家庭都生活在卫所驻扎地，这样一来，各卫所士兵驻扎地区就会逐渐形成聚居型的村落。如绥德卫驻军："自父母、昆弟、妻妾、子女、以至婢仆下隶，食口浩繁。下户之内，亦不似民户单薄，故按籍则户少而口多"②。

如前文所述，绥德至顺治后期，依然市井萧条③。与人口的大量流失相伴的，民地的抛荒率居高不下。据统计，绥德"原额民地山坡一等共地一千一百六拾顷九拾八亩二分四毫七丝"④，顺治年间统计实熟地为二百九十顷一十六亩九分⑤，减少了四分之三强。同时，屯地的抛荒率也有所变动，万历《延绥镇志》载绥德卫"官军田共五千七百分，除荒共六千六百九十八顷四十亩，今高家堡迤西，威武堡迤东，北铲削二边，南杂葭州、吴堡县，绥德州，清涧县民田，沿黄河至清涧县南营田铺止"⑥。其后，康熙《延绥镇志》载绥德卫原额"屯地五千七百分，每分一顷二十亩，该地六千八百四十顷，除右所姜、杨二百户屯地嘉靖初筑边弃入夹道内，并百户裁去，共实在屯地六千六百三十六顷，内杂清涧、绥德、吴堡为下屯，北自

① 《明一统志》卷三六《绥德卫》。
② 乾隆《绥德直隶州志》卷二《人事门》之《户口》，《中国地方志集成·陕西府县志辑》，南京：凤凰出版社，2007年影印本，第173页下-175页上。
③ 顺治《绥德州志》卷四《田赋志》之《地亩》，陕西师范大学图书馆古籍部藏，未刊印。
④ 雍正《陕西通志》卷二五《贡赋二》之《民地民丁》，陕西师范大学图书馆古籍部藏，未刊印。
⑤ 顺治《绥德州志》卷四《田赋志》之《地亩》，陕西师范大学图书馆古籍部藏，未刊印。
⑥ 万历《延绥镇志》卷二《钱粮上·屯田》，国家图书馆古籍部藏，未刊印。

米脂、葭州以东尽威武，距镇城内鼓楼界为上屯，每分各百户科粮草不等"①。这两条史料记载基本相同，较为翔实地说明了当时绥德卫军屯的实际情况。至顺治后期，屯地数额为五千六百九十八顷四十亩②，前后变幅相对较小，不过，笔者认为这一统计数字和实际情况有较大的出入③。究其原因，其一，因"山崩、水冲、沙壅"而出现的土壤侵蚀现象，"绥以弹丸地杂培塿崛峁，而田一岁之获不能偿所费也，又夏秋雨集两川冲溢，斯民之命实与河伯共之，是以按籍则有名，履亩则无实"④。其二，绥德卫原有土地数字失真，"元季丧乱，版籍多亡，田赋于是无准。明洪武初用遣周铸等百六十人覆天下田亩，定其赋税，时州以沙漠巉岩，堪估早已失真，既而分屯设卫，地数顷亩攒选不真实，粮数民屯夹集其中不明，故终明之世，民户逃亡离散，历三百余年，前后不过千余户，盖粮地不确，有以累之也"⑤。其三，清政府建国伊始，为了尽快恢复和发展社会经济，鼓励垦荒，除了制定垦荒兴屯之令外，还利用前明遗留下的卫所体系，"国初定制，设卫所以分屯，给军以领佃"⑥，推动军屯事宜的迅速展开，加之民地较高的抛荒率，屯户便有可能选择民地中的宜耕土地从事开垦。当逃亡在外的民众返回原籍时，只能开发坡度较

① 康熙《延绥镇志》卷二《食志·屯田》，陕西师范大学图书馆古籍部藏，未刊印。
② 顺治《绥德州志》卷四《田赋志》之《绥德卫·屯地》，陕西师范大学图书馆古籍部藏，未刊印。
③ 道光《二十七府州县屯卫赋役金书》之《绥德州属》，道光二十四年（1844 年）刊本。
④ 顺治《绥德州志》卷四《田赋志》之《绥德卫·屯地》，陕西师范大学图书馆古籍部藏，未刊印。
⑤ 乾隆《绥德州直隶州志》卷二《人事门》之《田赋》，《中国地方志集成·陕西府县志辑》，南京：凤凰出版社，2007 年影印本，第 175 页下-177 页上。
⑥ 《清朝文献通考》卷一〇《田赋考十》，光绪八年（1882 年）浙江书局刊本。

陡、产量较低的山坡、陡坬进行掏挖种植①。

伴随着卫所内部长期以来的"民化"趋势日益明显，都司、卫、所官员由世袭制改为任命制。卫所的军事性质得以削弱，卫所官员的职责范围同行政系统的府州县官接近。至康熙八年（1669 年）五月，清政府推出"令各省卫所钱粮、并入民粮，一体考成巡抚"的规定②。同时，清政府对卫所开始了有计划的裁并，康熙十七年（1678年），绥德卫"并卫入州，卫地旧境并统之"③。这一举措的实施为绥德卫辖地的"行政化"进程做好铺垫，而正式的改卫所为州县在雍正时期得以大规模的推行。

雍正二年（1724 年）闰四月，清政府借"各处军民户役不同，未便归并"为由，以兵部的名义颁行了"除边卫无州县可归，与漕运之卫所，军民各有徭役，仍旧分隶外，其余内地所有卫所悉令归并州县"的诏令④。这样一来，卫所归并州县的进程得以加快，一些原来不设州县且卫所辖区较大的地方，将卫所改为州县。而人口相对稠密、州县行政机构密集地区的卫所在裁撤之后，将辖地并入附近州县。

就绥德卫而言，该卫所土地"杂处于绥德、米脂、清涧三州县及榆林十营堡之中，将近州者，改归州辖，近县者，改归县辖，其三屯卫地近各堡者，改归各堡管辖"⑤。其中，"绥德卫东北所属之

---

① 乾隆《绥德州直隶州志》卷二《人事门》之《田赋》，《中国地方志集成·陕西府县志辑》，南京：凤凰出版社，2007 年影印本，第 175 页下-177 页上。

② 《清圣祖实录》卷二九，康熙八年（1669 年）戊午，北京：中华书局，1985 年，第 397页下。

③ 光绪《米脂县志》卷五《田赋志一》，《中国地方志集成·陕西府县志辑》，南京：凤凰出版社，2007 年影印本，第 404 页。

④ 《皇朝文献通考》卷一〇《田赋考·屯田》。

⑤ 《钦定大清会典则例》卷三六《户部》之《田赋三》。

上三屯皆拨入榆属州县，即西南卫籍亦分隶米、清二县，然其中又有不愿改拨他县者，其时，官司不能强，如州西距城一百二十里之周家崄、双庙儿，州南距城八十里之徐家河，九十里之苜蓿岭等村，至今皆越界隶绥"①。其具体实施情况为"李奉、钱义、冯贵、程大用、石刚、冯阙、邢大刚、毛国、殷三都、朱爵上下、叶孜束、栾李孜、当英、赵建、高钦、魏智东西、刘润、任国甫、房连上下、柳奇、孙龙、刘九思、王一林、黄臣、戴洪、马昂、王玺、陈镇上下、李超、赵世香、冯宣、宋安、白堂、汤全、翟贤三十六百户，分隶榆、怀、清、米等县，本州存隶王杲、胡荣、孙钦、高锐、张炳、王阎、张堂、谢荣、张勋、宋文、杨天云、郭正、袁钦、王钦十四百户，又析王钦为东王钦、西王钦，共十五百户"②。与绥德卫的裁撤相应的，榆林卫也于雍正八年（1730 年）十一月由卫所改设为榆林府③。

既然绥德、榆林二卫作为一种地理单位归并入府州县或改设为府州县，相应地，行政系统中的布政使司和府、州、县的管辖范围以及田地、人丁、赋役数字必然随之增加。至乾隆四十九年（1784年），屯地中"历免荒报垦，分隶各县现实熟地五百一十八顷二亩零"，这一数字和道光《二十七府州县屯卫赋役金书》资料所显示的数据基

---

① 乾隆《绥德直隶州志》卷一《舆地门》之《疆域》，《中国地方志集成·陕西府县志辑》，南京：凤凰出版社，2007 年影印本，第 41 册，第 153 页上。

② 乾隆《绥德直隶州志》卷二《人事门》之《户口》，《中国地方志集成·陕西府县志辑》，南京：凤凰出版社，2007 年影印本，第 173 页下-175 页上。

③ 榆林府，雍正八年（1730 年）十一月壬午置府，领州一、县四。榆林县，附郭县，雍正八年（1730 年）十月壬午置，"王大士，山西右玉人，初设府（榆林府知府）时，以首县兼理，雍正九年（1731 年）任"（道光《榆林府志》卷一四《职官志》之《近代文职》，《中国地方志集成·陕西府县志辑》，南京：凤凰出版社，2007 年影印本，第 261 页上）。

本一致①。这样一来，绥德州本州实际在册纳税田亩达到了 100 456 亩②。

伴随着康熙中期以后战乱因素的逐步消弭和雍正初年"撤屯并卫""摊丁入亩"等政策的出台，陕北黄土高原的社会经济得以逐步恢复。这一方面体现了经过顺、康、雍三朝的努力，中央政府根据实际存在的情况所制定的政策得到广泛的实施和深入的贯彻，尤其是"摊丁入亩"政策在陕北地区的推行进一步减轻了民众的负担，"民间无包赔之苦"；另一方面，"撤屯并卫"政策的制定和实施，将屯地和人口并入州县，裁撤了同一地域内卫所与州县并立的双轨制行政机构，使得清政府在管理上更加方便。尽管目前尚未搜集到反映绥德卫撤并后具体情况的资料，但可以从相邻的州县得到类似的印证。雍正二年（1724 年），山西巡抚诺岷在《改设朔平府州县奏议》中认为，入清后，卫所军丁"名虽军籍而与民无异"，但毕竟因卫所未撤，"或以一隅而分管于数官，或以隔属而遥制于千里，或更有营员而兼管屯徭，界址不清，是于地方有未宜也"。而从"民情而论，每遇承审，则赴州赴县，如逢考核，则移此就彼，且有完粮系一官，而管民又系一官者，往来跋涉，更于民有未便也"③。撤屯并卫后，这种情况大体上得到了解决。同时，这些政策的颁行，促使陕北地区尤其是饱经战乱、自然灾害洗礼的绥德一带社会经济能够尽快得以恢复，"携家远徙"的逃亡民户开始回归故里，"挈妻子颁白而归者，踵相接。井邑、村落烟火渐稠，而鸡犬、桑麻保聚日繁"④。当

① 道光《二十七府州县屯卫赋役金书》之《绥德州属》，绥德州本州接收绥德卫"实熟共地五百一十八顷二亩六分五厘四毫"，道光二十四年（1844 年）刊本。
② 乾隆《绥德直隶州志》卷二《人事门》之《田赋》，《中国地方志集成·陕西府县志辑》，南京：凤凰出版社，2007 年影印本，第 177 页上。
③ 雍正《朔平县志》卷一二《艺文志》之《奏议》，陕西师范大学图书馆古籍部藏，未刊印。
④ 雍正《陕西通志》卷八六《艺文二》之《奏疏》，（清）许瑶：《延民疾苦议五条》，陕西师范大学图书馆古籍部藏，未刊印。

地农牧业生产日渐恢复，人口日众，社会经济也得以逐步发展。

与陕北社会经济复苏的同时，全国的整体社会经济状况在长期的休养生息政策的调控下也出现明显的好转，人口数量较为显著的增长则成为较好的例证。乾隆三十九年（1774 年）的人口统计数字为 221 027 224 口，而乾隆四十年（1775 年）则猛增至 264 561 355 口。一年之间猛增 4 353.4 万，增长率达 19.7%。经罗尔纲研究，这种陡增显然是由于加强清查力度的结果，因此，乾隆四十年（1775 年）人口统计数字是有清一代质量最高的一年[①]。有关绥德的史料中缺乏乾隆四十年（1775 年）前后五年的人口数据，仅有乾隆四十九年（1784 年）的统计情况。该年的人口统计中，"民八千二百六户，七万二千八百九口；屯六千三百八十户，二万八千三百六十四口；民、屯共一万四千五百八十六户，十万一千一百七十三口"[②]，这一数字和明代万历年间的人口统计数字相比有了较为明显的变化。不过，万历年间所统计的民户是绥德州本州民户，屯户统计则是当时绥德卫的屯民户口。因此，才会出现"以民户计之，较前明万历年间户增七千有奇，口增五万八千六百有奇；以屯户计之，户增一千，口减一万九千八百有奇"[③]的情况。在此时期，耕地的人均占有情况大致为民户 0.67 纳税亩/口，屯户 1.83 纳税亩/口。以当时通行于延安府、鄜州直隶州的折亩率进行折算，绥德县民户人均占有 2.68 亩/

① 罗尔纲：《太平天国革命前的人口压迫问题》，国立中央研究院社会研究所：《中国社会经济史集刊》，上海：商务印书馆，1949 年，第 20-80 页；骆毅：《清朝人口数字的再估算》，《经济科学》1998 年第 6 期。

② 乾隆《绥德直隶州志》卷二《人事门》之《户口》，《中国地方志集成·陕西府县志辑》，南京：凤凰出版社，2007 年影印本，第 173 页下-175 页上。

③ 乾隆《绥德直隶州志》卷二《人事门》之《户口》，《中国地方志集成·陕西府县志辑》，南京：凤凰出版社，2007 年影印本，第 173 页下-175 页上。

口，屯户人均占有 7.32 亩/口[①]。由此可见，民户实际人均占有田亩数尚不到 3 亩/口，这一比例约为 1949 年人均占有田亩的 41.4%。

自乾隆年间至咸丰年间，绥德州本州所在区域的人口继续增长，土地开垦面积继续增多[②]。据史料载，道光三年（1823 年），该地人口数量达到了"男女大小共十一万三千三百余名口"[③]的规模，相对乾隆四十九年（1775 年），道光时期该地的年均人口增长率为 3.0‰。以此类推，道光三年（1823 年）前后，绥德州本州民口约为 81 536 口，屯口约为 31 764 口。而此时期的土地开垦情况由于缺乏相关的史料数据，笔者暂将乾隆四十九年（1784 年）的民户人均占有量来推算，那么此时期的民户土地开垦量约为 54 630 纳税亩[④]。由此可得，人口增长幅度略高于同时期的洛川县，而人均占有耕地数量则低于洛川县。

三、同治年间至光绪年间的动荡时期

1."同治回变"

如前文所述，咸丰年间，江南、华中及华北各地因太平军、捻

---

① 道光《鄜州志》卷五《艺文部》之《议》，（清）许瑶：《折亩议》载："延川、宜川四亩应折一亩，延长、宜君、中部五亩应折一亩，洛川八亩应折一亩，鄜州六亩五分应折一亩"，本章采取与绥德县地貌状况相近的延川县作为考察对象（《中国地方志集成·陕西府县志辑》，南京：凤凰出版社，2007 年影印本，第 161 页下-164 页上）。

② 嘉庆《重修一统志》卷二五○《绥德州》，四部丛刊续编本；道光《秦疆治略》之《绥德直隶州》，《中国地方志丛书·华北地方·陕西省》，台北：成文出版社有限公司，1970 年，第 167-168 页。

③ 道光《秦疆治略》之《绥德直隶州》，《中国地方志丛书·华北地方·陕西省》，台北：成文出版社有限公司，1970 年，第 167-168 页。

④ 王志沂：《陕西志辑要》之《绥德直隶州》中所载田亩仍为乾隆四十九年（1784 年）的数据（《中国地方志丛书·华北地方·陕西省》，台北：成文出版社有限公司，1970 年，第 745 页）。

军与清军的激烈角逐，其人口数量先后呈现出逐渐下降的趋势。与此相反，西北地区则因远离战场，大量战区人口迁入，其人口仍呈上升趋势。以绥德州本州为例，以道光三年（1823 年）的人口数额为基点，以乾隆四十九年至道光三年（1784—1823 年）的年均增长率为算，可得出至咸丰十一年（1861 年）前后，该州人口约有 12.3 万口（实际人口由于外来移民迁入而应多于 12.3 万口）。日益增加的人口压力促使西北地区生态压力加重，进而导致土客民之间、民族之间的矛盾日益加深，这一矛盾的节点则以"同治回变"的突发事件凸现出来。自同治元年至同治五年（1862—1866 年），先后有蓝大顺的川陕农民军、陈得才的太平军、张宗禹的西捻军和回民军等四支军事力量活动在陕西境内，而且形成了"捻自南而北，千有余里，回自西而东，亦千有余里"①的局面，这一发展态势对清政府造成严重威胁。为了镇压这些军事力量，清政府先后调集重兵进行剿杀。绥德地处"石隰襟喉，延鄜门户"②，该地的得失关系到整个战局的发展态势，故而成为战斗频次最多的地区之一。

据史料载，同治六年（1867 年），陕甘回民军为了摆脱清军的围剿，于同年十月进驻绥德州，并与先至西川的西捻军配合，攻取绥德城。同治六至八年（1867—1869 年），提督刘松山、刘厚基和总兵郭宝昌，在分别率老湘营、抚际营、卓胜营追剿西捻军、回民军的过程中，曾多次在绥德州留驻③。在此期间，因回汉之间的仇杀而出现回民军屠村的事件多有发生，许多民众被迫在地势险要、陡峻的地方修建山寨和"崖窑"以确保自身的安全，今位处碛口至镇川中

---

① 《左文襄公奏稿》卷二三，收入《左宗棠全集》（第 6 册），上海：上海书店，1986 年。
② 嘉庆《重修一统志》卷二五〇《绥德州》，四部丛刊续编本。
③ 光绪《绥德州志》卷三《民赋志》之《户口》，《中国地方志集成·陕西府县志辑》，南京：凤凰出版社，2007 年影印本，第 359 页上。

转站的马家山和无定河下游白家峁西侧的西贺家石村尚存有当时遗留下的窑洞和山寨遗迹①。频繁的军事战争，使得绥德一地"胥成战地，加以土匪出没，董福祥驱三十万众蹂躏多年，遂致城郭丘墟，士民离散，榛莽千里，杳无人烟"②。

总的来看，同治年间发生在陕西的战乱，使得关中、陕北地区人口锐减，土地大面积荒芜，"北山延、榆、绥、鄜及泾、渭两河间惨被骚扰，穷黎亦孑然无归。兵燹之余，荒寒饥累之状为各省所无"③。而绥德州"同治六七八年（1867、1868、1869 年）兵乱，死亡约近万口，逃户亦多"④。若以死亡人口为一万人来进行统计，在"同治回变"中人口死亡率达到 8.1%，战后存活人口应为 11.3 万口左右。同期相比，该区人口损失情况略轻于陕北黄土高原沟壑区。战乱之后，地方官员努力恢复当地民众的基本生活，并"每春耕日行历乡村查勤惰，呼父老教以树艺诸法，勉励奖劝"⑤，以图尽快地恢复地方经济。

2．丁戊奇荒

光绪初年，发生在直隶、山东、河南、山西和陕西境内的丁戊奇荒对于当地社会经济造成严重的冲击。在陕西，自光绪二年（1876年）立夏之后，数月干旱无雨，致使秋季颗粒无收，"粮价腾涌，饥民嗷嗷待哺"，"渭北各州县苦旱尤甚，树皮草根掘食殆尽，卖妻鬻

① 马智堂：《马家山村志》，内部资料，榆林：榆林瀚海艺术公司彩印厂，2003 年印刷；贺国建主编：《西贺家石村志》，内部资料，西安：西安建文印刷厂，2002 年印刷。
② 民国《续修陕西省志稿》卷一三《职官四》，陕西师范大学图书馆古籍部藏，未刊印。
③ 民国《续修陕西省志稿》卷一二七《荒政一》之《赈恤》，陕西师范大学图书馆古籍部藏，未刊印。
④ 民国《续修陕西省志稿》卷三一《户口》之《绥德州》，陕西师范大学图书馆古籍部藏，未刊印。
⑤ 民国《续修陕西省志稿》卷六七《名宦四》之《诸道》，陕西师范大学图书馆古籍部藏，未刊印。

子，时有所闻"①。光绪三年（1877 年），"陕省本年自夏徂秋，雨泽久缺，各州县被旱成灾。饬司委员分途履勘，所到之处秋禾未种者仍系赤地，已种者出土亦皆槁萎"②。秋季无收，继而出现的是"饿殍枕藉"。而此时的陕北地区"……北山旱灾以榆林之怀远、葭州、府谷，绥德之米脂、清涧、吴堡为重。神木、靖边本望有秋，又为严霜所侵，次则延安所属，又次则鄜州，既无存粮，又鲜富户粮，此凶灾情殊可悯已"③。

在此情形下，绥德一带本因"山多土松，即平地亦少沃壤"④，土地的生态承载能力相对较弱，一旦发生灾害，便会出现"人相食，饿殍载道"的惨状⑤。民众为了维持基本的生计问题，往往"十百成群，聚而劫食"，更有甚者，"半月之间，纷起者已数千人矣，遂屯聚于杨家沟屯"，以谋求劫掠富贵之家⑥。清政府面对上述情形，首先由地方政府筹措，暂时维持民众的基本生计⑦，而后由中央政府统

---

① 民国《续修陕西省志稿》卷一二七《荒政一》之《赈恤》，陕西师范大学图书馆古籍部藏，未刊印。

② 中国科学院地理科学与资源研究所、中国第一历史档案馆：《清代奏折汇编——农业·环境》之《陕西巡抚谭钟麟光绪三年十月二十三日（11 月 27 日）奏》，北京：商务印书馆，2005 年，第 537 页。

③ 民国《续修陕西省志稿》卷一二七《荒政一》之《赈恤》，陕西师范大学图书馆古籍部藏，未刊印。

④ 光绪《绥德州志》卷四《学校志》之《习俗》，《中国地方志集成·陕西府县志辑》，南京：凤凰出版社，2007 年影印本，第 388 页下。

⑤ 光绪《绥德州志》卷三《民赋志》之《祥异》，《中国地方志集成·陕西府县志辑》，南京：凤凰出版社，2007 年影印本，第 373 页下。

⑥ 光绪《米脂县志》卷一一《艺文志四》，（清）高增融：《光绪丁丑庚子两次抚辑饥民记》，《中国地方志集成·陕西府县志辑》，南京：凤凰出版社，2007 年影印本，第 496 页下-498 页上。

⑦ 光绪《米脂县志》卷一一《艺文志四》，（清）高增融：《光绪丁丑庚子两次抚辑饥民记》，《中国地方志集成·陕西府县志辑》，南京：凤凰出版社，2007 年影印本，第 496 页下-498 页上。

一部署，拨以粮食、银两以作赈济之用①。同时，对于"聚众滋事"的民众予以弹压，"访拿其为首者数人，严置之法"②，以保证当地社会的基本稳定。

　　光绪四年（1878年）八月初旬，绥德一带"得沾雨泽以来，已种秋禾长发甚属畅茂。迨后兼旬未雨，加以狂风时作，烈日如焚，土脉仍形干燥，农田望泽甚殷，虽间得有微雨，不过洒尘，以致禾苗渐就枯萎。自七月初九日以后，甘霖渥沛，得以藉滋培养，秋禾虽少减色，晚秋可卜丰登"③。逃荒在外的民众逐渐回至原籍。同时，也有大量外来移民涌入绥德一带谋生，和当地民众一起从事农业生产④。

四、清末至民国的发展时期

　　经过地方政府的多方筹措，至光绪中期，民众生活逐步稳定下来，并出现"有坝溪水以灌田者"⑤，许多毁于战乱的寺庙、道观也得以修缮一新⑥。光绪十二年（1886年），奉令前往陕北调查的官员李云生路经绥德时看到此地"有城、有庐舍、书院，迤北多水田，

①《续修陕西省志稿》卷一二七《荒政一》之《赈恤》，陕西师范大学图书馆古籍部藏，未刊印。
② 光绪《米脂县志》卷一一《艺文志四》，（清）高增融：《光绪丁丑庚子两次抚辑饥民记》，《中国地方志集成·陕西府县志辑》，南京：凤凰出版社，2007年影印本，第496页下-498页上。
③ 中国科学院地理科学与资源研究所、中国第一历史档案馆：《清代奏折汇编——农业·环境》之《陕西巡抚谭钟麟光绪四年八月初二日奏》，北京：商务印书馆，2005年，第537页。
④ 饶智元编：《陕西宪政调查局法制科第一股第一次报告书》之《民情类》，绥德、米脂，稿本，南京图书馆藏，第17页。
⑤ 光绪《绥德州志》卷四《学校志》之《习俗》，《中国地方志集成·陕西府县志辑》，南京：凤凰出版社，2007年影印本，第388页下。
⑥ 康兰英主编：《榆林碑石》之《监修一步崖碑记》、《重修盘龙山真武祖师庙序碑》，西安：三秦出版社，2003年。

引溪以溉……两河交流，四山开拓，城中市里胜北来各郡邑"①。这样的景观反映出绥德一带在光绪初年的自然灾害后，社会经济得以逐步恢复。此外，绥德州的义合、周家崄、吉镇、枣林坪等四大镇和双湖峪、三皇峁、薛家峁、四十里铺、田庄、刘郭二川、定仙墕、何辛店等八小镇也于战后逐渐繁荣起来②。

伴随着社会经济的逐步恢复，绥德一带的人口数额也有所回升，其中，以土地条件相对较好的原卫所屯地的人口增长较为突出，如绥德直隶州下属米脂县境卫所"旧有百户所三，俱在县境东南，每所一百一十二户，至今生齿日繁，每所户数有至二三百户者"③，而且就人口总量而言，至光绪二十八年（1902年），该地"民、屯户口居然与乾隆间等"④，其中，"民一万三十五户，六万七千七百五十五口；屯五千九十五户，三万三千三百九十口；统民屯共一万五千一百三十户，十万一千一百四十五口"⑤。这一人口数字的统计时间距光绪三年至五年（1877—1879年）的灾荒之年不过二十余年，其人口数额竟有如此显著的增长，这其中固然和外逃民众的返籍垦殖、人口的自然增长有一定关系，但大量外来移民的入住应该是该地区人口增长的重要因素。由于当地土著居民和外来移民"互相辅助，并无欺压情事"⑥，以至这一时期该地的外来移民逐渐增多，作为碛口至镇川中转站和集散地的马家山村一带遂成为外来移民重要的迁

---

① 李云生：《榆塞纪行录》卷一《纪上》，陕西师范大学图书馆古籍部藏，未刊印。
② 光绪《新编绥德州乡土志》之《集镇》，陕西师范大学图书馆古籍部藏，未刊印。
③ 民国《米脂县志》卷三《政治志》之《里户》。
④ 光绪《绥德州志》卷三《民赋志》之《户口》，《中国地方志集成·陕西府县志辑》，南京：凤凰出版社，2007年影印本，第359页上。
⑤ 光绪《绥德州志》卷三《民赋志》之《户口》，《中国地方志集成·陕西府县志辑》，南京：凤凰出版社，2007年影印本，第359页上。
⑥ 饶智元编：《陕西宪政调查局法制科第一股第一次报告书》之《民情类》，绥德、米脂，稿本，南京图书馆藏，第17页。

居地①。

与人口显著增长相对应的，在战乱中被抛荒的土地陆续得以开垦，但此时期仍缺乏耕地的统计数据，笔者仅能依靠乾隆四十九年（1784 年）的人均占有量进行推算，可得此时民户持有耕地应保持在45 390 纳税亩以上②。

辛亥革命后，绥德于民国二年（1913 年）废州改县；民国十七年（1928 年），绥德县重新划分为 11 个区；民国二十四年（1935 年），国民政府推行保甲制，绥德县设有 28 联保；民国二十九年（1940 年）二月二十九日，绥德解放，行政区划仍沿用保甲制，合并为 13 个联保。至 1960 年，该县人口虽经三年自然灾害的影响，人口增长仍呈现较快的发展趋势。

辛亥革命后，随着开发西北的热潮，学术界对西北边疆的研究开始逐步深入。关于西北地区的土地问题，尤其是土地利用问题，学术界于 20 世纪 20、30 年代便有较详备的论述③，更有许多学者前往陕北地区进行实地的入户调查④。民国二十二年（1933 年）在行政

---

① 马智堂：《马家山村志》，内部资料，榆林：榆林瀚海艺术公司彩印厂，2003 年印刷。
② 民国《续修陕西通志稿》卷二八《田赋》（陕西师范大学图书馆古籍部藏，未刊印）载，"绥德州民地折正一等原额一千一百六十顷九十八亩二分四毫，除荒免外，实熟地四百八十六顷五十四亩"。这一数据仍是抄录了乾隆四十九年（1784 年）的统计数据，难以采用。
③ Wehrwein G. S., Research in Agricultural Land Tenure: Scope and Method, Social Science Research Council, Bulletin, 1933（20）; or Maddox J. G. Land Tenure Research in a National Land Policy, Journal of Farm Economics, 1937, 19（1）；安汉：《西北垦殖论》，南京：国华印书馆，1932 年；王金绶编：《西北之地文与人文》，上海：商务印书馆，1935 年；张寄仙编著：《陕西省保甲史》，西安：陕西长安县政府保甲研究社，1936 年；孙文郁编著：《农业经济学》，南京：金陵大学农学院农业经济系印行，1941 年；李国桢：《陕西植棉》，西安：陕西省农业改进所出版，1947 年。
④ 行政院农村复兴委员会编：《陕西省农村调查》，上海：商务印书馆，1934 年；［美］卜凯主编：《中国土地利用——中国 22 省 168 地区 16786 田场及 38256 农家之研究》，南京：金陵大学农学院农业经济系出版，1947 年。

院农村复兴委员会主持下，由陈翰笙、唐文恺、孙晓村等学者组成农村调查团，对陕西渭南、凤翔和绥德三县的农村土地关系、政治税捐状况进行调查。其中，在绥德县选取了崖马沟、刘郭川、雷家沟、鹅崒峪等四个村庄进行抽样调查。这四个村庄共计 272 户，民国十七年（1928 年）时为 265 户。其调查情况如表 5-2 所示。

表 5-2　绥德县四代表村各类村户户数五年间比较（1928—1933 年）

村户	户数			百分比		
	1928	1933	比较	1928	1933	比较
地主	5	4	−1	1.89	1.47	−0.42
富农	9	9	0	3.40	3.31	−0.09
中农	41	31	−10	15.47	11.40	−4.07
贫农	197	217	+20	74.34	79.78	+5.44
其他	13	11	−2	4.90	4.04	−0.86
共计	265	272	+7	100	100	0

资料来源：行政院农村复兴委员会编：《陕西省农村调查》，上海：商务印书馆，1934 年。

经过实地调查，研究者认为，绥德县乡村户数的增长是民国十七年（1928 年）后各户分家所致，而且现有村户内部的贫富差距出现变动。贫农户数由民国十七年（1928 年）的 197 户增加到民国二十一年（1933 年）的 217 户，增加了 20 户，地主减少 1 户，中农减少 10 户。此外，经过调查发现，绥德县的村庄规模一般不大，如崖马沟，该村在当地属于中等村庄，居户不过百三十余户[1]，而且该村由于土地产出较少，一旦年景不好，便会出现四处逃荒的情况。如民国十八年（1929 年）该村便出现过吃树皮的情形。上述调查情况

---

[1] 行政院农村复兴委员会编：《陕西省农村调查》之《1933 年调查日记》，上海：商务印书馆，1934 年。

在绥德一带具有典型代表性。

民国二十九年（1940年）二月二十九日，绥德县得以解放，该县的土地状况经过土地革命后变动幅度较为明显，即部分土地由地主、富农向中农、贫农转移，各阶层所占有土地也有日渐分散的趋势，更有一些民众因土地缺失而影响到基本的生计[1]。陕甘宁边区政府针对上述情况，对土地的所有权问题、土地的租赋问题以及各阶层的关系问题进行了调整，而上述问题的最终解决则主要是在中华人民共和国成立后新的土地法规的颁行和实施之后。经统计，1949年前后，绥德县人口总数达到15.39万人，而耕地数量则达到了99.62万亩[2]，估算原有民户的耕地占有量应在68 060纳税亩左右。

总体来看，绥德自明清鼎革之际，由于长期的自然灾害和战乱因素，人口数量骤减，土地荒芜情况加剧。虽经清政府的多方筹措，颁行招抚法令，但是人口数额始终处于低迷状态。顺治后期，清政府为了加快恢复和发展社会经济，鼓励垦荒，除了制定垦荒兴屯之令外，还利用前明遗留下的卫所体系，"国初定制，设卫所以分屯，给军以领佃"[3]，推动军屯事宜的迅速展开，同时也为绥德地方经济的恢复提供了必要的保障。康熙年间以降，军屯卫所内部的"民化"、辖地的"行政化"过程加速，绥德卫作为地理单位归并入州县，消除了同一地域内卫所与州县互相并立的双轨制行政机构，从而简化了清政府的管理系统。此外，随着康熙五十一年（1712年）"盛世滋

---

① 柴树藩、于光远、彭平：《绥德、米脂土地问题初步研究》，北京：人民出版社，1979年，第32页。
② 陕西省农业厅：《陕西省1949—1965年农业生产统计资料提要（榆林专区）》，内部资料，1965年，表《绥德县历年户数、人口、劳动力、牲畜》，第607-1页；表《绥德县历年耕地、灌溉面积、复种指数》，第607-2页。
③ 《清朝文献通考》卷一○《田赋考十》。

生人丁，永不加赋"和雍正四年（1726 年）"摊丁入亩"等相关政策的颁行，绥德一带的人口数量有一定增长，社会经济状况逐步恢复，并得以发展，此时期的土地垦殖率也呈逐次递升的趋势。至道光三年（1823 年），该地的人口数量达到了"男女大小共十一万三千三百余名口"[1]的规模，相对乾隆四十九年（1784 年），道光时期该地的年均人口增长率为 3.0‰，这一人口增长幅度略高于同时期的洛川县[2]。至咸丰年间，由于太平天国运动的影响，西北地区成为大量战区民众重点移民的区域，因此，在此期间，绥德一带的人口规模仍然保持较高水平。伴随着人口数量的逐次递增，人地矛盾日益凸现。同治年间以至光绪初年，绥德一带屡遭战乱和自然灾害的影响，人口数量有一定下降，土地的利用率也呈明显下降趋势。不过，由于绥德一带人口基数相对洛川塬地区为低，因此，经过战乱后地方政府的多方筹措，外逃民众多回至原籍，另有大量外来移民的移垦，地方社会经济状况有所改善，至光绪二十八年（1902 年），该地"民、屯户口居然与乾隆间等"[3]。笔者根据上述各个时期所呈现的人口数据和土地垦殖数据作绥德的民地垦殖率和人口的增长率，如图 5-3、图 5-4 所示。

---

① 道光《秦疆治略》之《绥德直隶州》，《中国地方志丛书·华北地方·陕西省》，台北：成文出版社有限公司，1970 年，第 167-168 页。
② 王晗、侯甬坚：《清至民国洛川塬土地利用演变过程及其对土壤侵蚀的影响》，《地理研究》2010 年第 1 期。
③ 光绪《绥德州志》卷三《民赋志》之《户口》，《中国地方志集成·陕西府县志辑》，南京：凤凰出版社，2007 年影印本，第 359 页上。

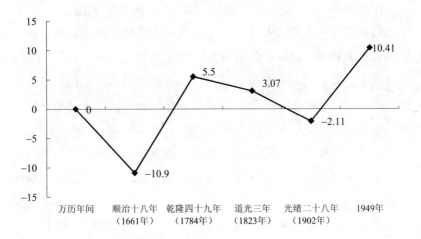

图 5-3　明万历年间至 1949 年绥德民地土地垦殖增长率统计/‰

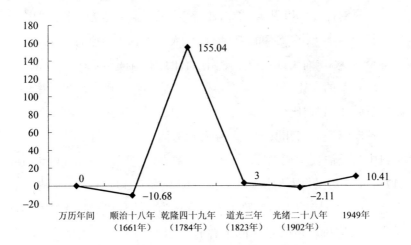

图 5-4　明万历年间至 1949 年绥德民户增长率统计/‰

　　由图 5-3、图 5-4 分析，总体来看，明末至民国时期的近三百年中，绥德民户占有耕地数额随着不同时期人口数量的变化而呈现出较为显著的差异，即耕地数额和人口数额之间成正相关关系。不过，具体到某些特定时期，则呈现较为复杂的变化趋势。从图中不难看出，自顺治十八年至乾隆四十九年（1661—1784 年），无论是土地垦殖率，还是人口增长率都出现较大的增长趋势，实属反常。实际上，这主要是由于顺治年间战乱和灾害的影响下，绥德一带社会紊乱，地方政府对当地的把控能力十分有限，以致出现册载"人户不满四里"[①]的情况。因此，笔者只可能以后世的统计资料而上溯推演至兴屯垦殖政策负面影响逐渐消弭后的康熙二十年（1681 年）。这种统计作法的运用实属无奈之举。不过，笔者仍可将这些数据进行粗略统计，着眼点就在于希望在明确这一时段存有问题的基础上，来分析近三百年长时段尺度的总体发展趋势。

　　通过对图 5-3 和图 5-4 的对比，变化最明显的地方在乾隆四十九年（1784 年）至道光年间这一时段，人口增长率由原有的 155.04‰骤降至 3.0‰，而土地垦殖率则由原有的 5.5‰降至 3.07‰。其中，人口增长率的变化仍是受兴屯垦殖政策的影响，而土地垦殖率的下降则反映了当时社会趋于稳定时人口增长影响下正常的土地垦殖情况。这一情况和洛川县相比，存有较为明显的相似性。此外，由于史料中缺乏清代中期以后的土地垦殖数据，笔者仅以乾隆四十九年（1784 年）的民户人均耕地占有量 0.67 纳税亩/口进行统计，故而得出清代中期以降的土地垦殖率。笔者认为，清代中后期绥德州本州民户的人均耕地占有量实际上存有一个波动期，即光绪二十八年

---

① 顺治《绥德州志》卷四《田赋志》之《地亩》，陕西师范大学图书馆古籍部藏，未刊印。

（1902年）前后的人均占有量应略高于0.67纳税亩/口，而1949年前后，应与这一数字基本持平。

从总体变化趋势来看，人口增长和土地垦殖之间呈正相关关系，但二者变化幅度之大，值得深究。人口变动的骤增骤减，固然反映了战乱的频仍、自然灾害的肆虐，进而导致了土地利用强度和广度在时段上的明显差异，但更重要的则是突出了该地严峻的土地生态承载能力问题。而生态承载能力的高低则主要是通过该区域民众的土地利用和土地利用过程中所引发的环境问题来体现。

第三节　环境和民众应对：土地垦殖过程中土壤侵蚀现象分析

历史时期，人类在陕北黄土高原长期不合理的土地利用对自然生态产生负面影响，加速土地退化和流失，使得土地生态承载能力降低，导致森林和草原相间错杂的景观被代之以单一的农业景观。至清代，该地区的民众一直沿用"广种薄收"的粗放生产方式，这一方式的产生和延续在很大程度上加速了陕北黄土高原特定的地形地貌的变化，使之日趋破碎，沟壑纵横的景观随之不断发育。同时，在人为因素影响下，不断加剧的土壤侵蚀反过来又深刻地影响了地形地貌，进而使得原有"广种薄收"的粗放生产方式得以固化。

如前文所述，绥德所在区域"峰崖委蛇，田难以顷亩计"，加之"山多土松，即平地亦少沃壤"①，以致土地状况相对较差。清代初

---

① 光绪《绥德州志》卷四《学校志》之《习俗》，《中国地方志集成·陕西府县志辑》，南京：凤凰出版社，2007年影印本，第388页下。

年，长期不稳定的因素使得绥德一带至顺治末年仍呈现"里无全甲，甲无全户，丁少于前"①的情形。伴随着清代中前期休养生息、促农生产等相关政策的出台，陕北黄土高原的社会经济逐步得以恢复。绥德一带人口开始逐渐增长，至道光三年（1823 年），该地人口数量达到了"男女大小共十一万三千三百余名口"②的规模。在当时的生产技术水平下，生态承载能力趋于饱和，宜耕土地已陆续得以开发。许多缺乏土地的民众往往在"山坡陡圪塄挖种植"，他们"春耕秋获，三时皆勤，相习至冬稍暇，犹以粪种奔走田间，故谓终岁勤动也"③，但所获作物产量"数坰不能当川原一二亩之半"。即便是土地条件相对较好的川原（塬）之地又会因"夏秋两季两川冲溢"，所种作物有可能颗粒无收，是以"斯民之命，实与河泊共之"④。

一、耕作部位

绥德所属区域"东西百余里，南北四十里，山谷罗列，半不可耕"⑤，"原隰无多，万峰环峙。田在山上，有田而无水可通；水出山间，有水而无田可灌。间有沟涧处可引以灌田，亦属无多"。所谓引水灌田者，多系"山泉岩滴积成细流，或早聚晚放，或晚聚早放。其水甚少，其流甚短，每轮一次，或只浇灌一二十畦"⑥。这

① 顺治《绥德州志》卷四《田赋志》之《地亩》，陕西师范大学图书馆古籍部藏，未刊印。
② 道光《秦疆治略》之《绥德直隶州》，《中国地方志丛书·华北地方·陕西省》，台北：成文出版社有限公司，1970 年，第 167-168 页。
③ 道光《秦疆治略》之《绥德直隶州》，《中国地方志丛书·华北地方·陕西省》，台北：成文出版社有限公司，1970 年，第 167-168 页。
④ 顺治《绥德州志》卷四《田赋志》，陕西师范大学图书馆古籍部藏，未刊印。
⑤ 顺治《绥德州志》卷四《田赋志》之《地亩》，陕西师范大学图书馆古籍部藏，未刊印。
⑥ 光绪《新修绥德州乡土志》卷三《实业》之《农》，陕西师范大学图书馆古籍部藏，未刊印。

里的土地大致可以划分为川地、山地和水地三类，而川地、山地、水地亦有等级划分。土地质量的分类标准除了根据土壤的土质和过去的使用情况外，还要看它所处的耕作部位。如川地之靠近崖坑或拐沟口的，因浮土腐殖质之冲积而成的是上地，在河边的沙土地是下地，其中，上等川地收获量可三、四倍于上等山地，下等川地约等于上等山地。山地中的湾地、条地，即处拐沟上端或下端较平之地和山顶平坦的界地是上地，山地中之堑圳地是中地。至于山顶"哨峁""崾崄"等，则多为下地，塌地则视上质而定等级。上述各种类型土地的开垦，亦会因人口数额的变化而受到不同程度的扰动。

清代中期，特别是道光三年（1823 年）以后，绥德人口总数达到了清代该区人口规模的顶峰，人口的日益增多使得原有的生态承载力难以正常运转，这就造成可以养活的人口必然有限。当人口繁衍一旦超过自然资源所能够提供的限度时，必然会有更多的民众从原居地中分离出来，去寻找新的可利用资源[①]。

从表 5-3 所示的道光二十五年（1845 年）部分捐助土地统计情况不难看出，至道光后期，由于适耕土地的实有情况难以维持民众基本的生计，许多不宜耕垦的土地，如坡度较大的山地、咀地、圸地、墕地等也陆续得以逐步开发。

---

① 秦燕、胡红安：《清代以来的陕北宗族与社会变迁》，西安：西北工业大学出版社，2004年，第47页。

表 5-3　道光二十五年（1845 年）绥德直隶州属捐助地亩统计

土地类型	位置	数量/垧	价格/千文	平均/（千文/垧）
山地、咀地	孙有庆荞面山地、宗咀儿地	10	40	4
圪地	田家上东圪地	4	18	4.5
坡地	孙有太门对面地	5	20	4
背条地	二郎山背条地	1	5	5
峁地	二郎山峁地	4	15	3.75
山地	孙有庆迎门山地	19	80	4.21
塄地	二郎山塄口	3	10	3.33
嵝渠儿地	张姓一步崖（塄）响马嵝渠儿地	4	20	5

资料来源：陕西省古籍整理办公室编，本集主编康兰英：《榆林碑石》，《捐助地亩碑记（绥德州）》，道光二十五年（1845 年）岁次乙巳二月，西安：三秦出版社，2003 年 10 月。

在坡度较大的山坡地开发过程中，民众首先选择植被较好、土壤相对肥沃、水分条件较好的梁顶和沟掌地，而后是梁峁斜坡和沟缘缓坡，最后是地形陡、土层薄并有基岩出露陡坡或裸岩薄土部位。上述耕作部位多杂处于起伏不平的圆堆状峁和连续成鱼脊形的梁之间，而峁或梁上分布有众多大小不等的冲沟。一遇暴雨，水土便由峁、梁上顺着无数细沟流到毛沟，由毛沟流到支沟，再由支沟流到干沟。由此可见，开发部位的构成随耕作部位和社会经济因素而变化。由于人口密度、地貌类型和植被覆盖等条件相异，决定了开发程度、特点及二者对人为加速侵蚀的影响。

2007 年 4 月下旬，笔者先后在米脂县姬家沟、绥德县西贺家石村进行调查，经采访当地老农得知，当地民众在退耕还林（草）的过程中，首先退下来的是地形陡、土层薄并有基岩出露陡坡或裸岩薄土部位，随后是梁峁斜坡和沟缘缓坡，最后是梁顶和沟掌地。这恰和当地民众最初在开荒过程中的选择相逆。不过，经进一步实地调查发现，尽管有许多坡度较陡的土地已经不再进行长年的农业种植，但是仍有部分土地会在雨水较好的年景被利用于农业垦殖[①]。

二、耕作半径

如前文所述，绥德一带地貌条件复杂，"境内皆高山陡坡，水多急流"[②]，土地以峁梁沟坡地为主，在峁梁沟坡地中以坡地为主，在坡地中又以陡坡为主。这里梁峁起伏，峁小梁短，峁多梁少，沟壑发育，地面破碎。位处绥德南川的定仙墕镇所属村庄的便建立在这种错综复杂的地形部位上，因此，便有"十山安上一道砭，两峁两洼九个墕。六沟一条化圪凸，宝坪两庄艾蒿塔"的说法[③]。

地形的复杂多变，耕作部位随人口增长而逐渐陡峻，使得农民的居住异常分散，"人皆依崖傍洞，烟户畸零，迁徙无常，增减不一"[④]，以致除中南部的平川、河道地带有较大的村庄外，大多数村庄分布在山、峁、梁、沟里，许多民居不易找寻，路人经行其间，往往会迷失道途[⑤]。而且民众所建窑洞住所多有崩颓的情况发生，一旦山体

---

① 王晗：《姬家沟、西贺家石村实地调查》，《米脂县、绥德县考察日记》，2007 年 4 月24 日。

② 道光《秦疆治略》之《绥德直隶州》，《中国地方志丛书·华北地方·陕西省》，台北：成文出版社有限公司，1970 年，第 167-168 页。

③ 绥德县定仙墕镇志编纂委员会：《定仙墕镇志》，内部资料，榆林：榆林报社印刷厂，2005 年印刷。

④ 道光《秦疆治略》之《绥德直隶州》，《中国地方志丛书·华北地方·陕西省》，台北：成文出版社有限公司，1970 年，第 167-168 页。

⑤ 光绪《绥德州志》卷八《艺文志》，《中国地方志集成·陕西府县志辑》，南京：凤凰出版社，2007 年影印本，第 373 页下，第 524 页。

出现崩塌、滑坡，"窑顶陷落，土雾烂漫"，"居民舍宇全被压覆"①，对民众的生命安全造成极为严重的威胁。

就生产方式来说，当地民众多采用广种薄收的耕作方式来扩大耕地面积，为谋求更多的作物产出，他们"春耕秋获，三时皆勤，相习至冬稍暇，犹以粪种奔走田间"②，而耕作半径过大，致使当地民众在耕作期不得不翻山过梁，上坡下沟，耕作比平原加倍辛苦，而且由于土地过于零碎，实际用于耕作的时间势必耗费在往返途中③。如米脂杨家沟的地主马维新有 1 175.5 垧土地，一共分成 208 块，平均每块地 5.7 垧。另一地主马瑞堂的土地分布情形也很分散，他的1 179 垧地，分成 207 块，一共分布在 32 个村子内，平均每块地5.7垧④。由此不难看出，杨家沟及其周边地区土地的零碎化程度，而许多民众为耕种这些土地往往要跑很多路程，其空间活动范围扩大，耕作半径远远大于关中平原⑤。

此外，由于研究区内土地过于畸零，不利于农民进行统一的田间管理。按照通常的农业耕作习惯，一般情况下，田间管理需要"早春行顶凌耙地，反青时糖地一次，清明前锄草 1～2 次，抽穗前拔草一次"⑥。而当地民众为了能够在一次收获中取得全年所需的粮食，必须抓紧时间抢耕多种。他们在短短的几个月内，常常忙于犁地下

---

① 民国《米脂县志》卷一〇《秩事志》，《中国地方志集成·陕西府县志辑》，南京：凤凰出版社，2007 年影印本，第 562-563 页。
② 光绪《绥德州志》卷四《学校志》之《习俗》，《中国地方志集成·陕西府县志辑》，南京：凤凰出版社，2007 年影印本，第 388 页下。
③ 秦燕：《清末民初的陕北社会》，西安：陕西人民出版社，2000 年，第 115 页。
④ 张闻天：《张闻天晋陕调查文集》，北京：中共党史出版社，1994 年，第 149 页。
⑤ 朱红：《方圆百里——清代陕西农民经济与社会生活的空间特征》，硕士学位论文，陕西师范大学，2004 年。
⑥ 中国科学院黄河中游水土保持综合考察队：《黄河中游黄土高原地区的调查研究报告》第三号《黄河中游的农业》，北京：科学出版社，1959 年。

种，播足七八十亩以至百亩才休止，而后又要抢收秋禾，中间往往顾不得锄草，精耕细作无从讲求。这又更进一步促使农民选择春种秋收、一年两次管理、疏于精细的粗放耕作方式。

三、耕作方式

绥德一带传统的耕作方式相对简单，一般旱地的耕作程序是翻地，耙耱，施底肥（旧时糜、谷不施肥），点种或撒种，定苗，锄草（一般二至三次），成熟后收割。在上述的耕作程序中，又以翻地、耙耱、施肥、点种（撒种）等环节与土壤侵蚀密切相关。

1．翻地、耙耱

就绥德一带而言，当地民众的主要整地方式是传统的"耕—耙—耱"。其中，"耕"有春耕、伏耕、秋耕三种，春耕居多。在春耕过程中，当地民众把枯叶败草翻入土中，清除上年禾根或初萌的杂草，疏松土壤，抗旱保墒[1]。除春翻耙耱外，也有少量土地进行秋翻耙耱。但是春翻地保墒情况略差，加之绥德一带春季一般"雨泽稀少，而春耕时尤难调匀"[2]，至春夏之交，更是"风日燥烈，雨泽难得"[3]，农作物的出苗率不高；相应地，秋翻地保墒相对较好，农作物的出苗率较高[4]。如播种冬小麦时，收获后（夏至—小满）即浅耕一次，深 2～3 寸。头伏耕第二次，深 5～6 寸。立秋时，耕第三

---

① 中国科学院黄河中游水土保持综合考察队：《黄河中游黄土高原地区的调查研究报告》第三号《黄河中游的农业》，北京：科学出版社，1959 年。
② 光绪《绥德州志》卷四《学校志》之《习俗》，《中国地方志集成·陕西府县志辑》，南京：凤凰出版社，2007 年影印本，第 388 页下。
③ 中国科学院地理科学与资源研究所、中国第一历史档案馆：《清代奏折汇编——农业·环境》，北京：商务印书馆，2005 年，第 537 页。
④ 贺国建主编：《西贺家石村志》，内部资料，西安：西安建文印刷厂，2002 年印刷。

次，深 6 寸，此后进行多次耙糖，至地面平整，土块完全细碎为止。为了加深耕层深度，有些有经验的农民采用套犁的办法，即顺着第一犁的犁沟再犁一次[1]。不过由于畜力不足，很多农民最多耕两次，没有采用深耕方法。表 5-4 统计了有无畜力帮助下的人工耕地情况。

表 5-4　民国时期绥德一带耕地情况

人/个	驴/头	可耕地/垧（不雇短工）	可耕地/垧（若雇二、三个月短工）
1	0	12～13	
1	1	18～20	25
2	1	34～36	50
2	2	40～42	60
3	2	60	90
3	3	80	100
4	2	100	
4	3	120	130

资料来源：柴树藩、于光远、彭平：《绥德、米脂土地问题初步研究》，北京：人民出版社，1979 年。

　　由于贫农土地不足，所以他们每个劳动力不能完全在自己所有或租种的土地上耕作，往往要到别处去揽短工。像这样的贫农，除坡崖地自己用手掏外，正地还是要依赖耕驴。他们解决畜力使用的问题有两个办法：一是"变工"，即借用有驴农户的耕驴（称为驴工）后，用人工抵还，每一个驴交换三个或四个人工；二是雇驴，实在雇不到又借不到驴的，就只好用人工"掏地"，估计约六天人工才能抵上一天驴工[2]。相比之下，后者较有利，因为少误时机。交换驴工

---

[1] 中国科学院黄河中游水土保持综合考察队：《黄河中游黄土高原地区的调查研究报告》第三号《黄河中游的农业》，北京：科学出版社，1959 年。

[2] 柴树藩、于光远、彭平：《绥德、米脂土地问题初步研究》，北京：人民出版社，1979年，第9页。

的人工主要是手掏坡崖地、抓粪、担粪等。在这种情形下，平均每个劳动力作地八九垧。

经过播种前的春翻耙糖，生长期间的中耕除草，休闲期间的秋耕、伏耕，耕地基本保持疏松的状态。这样做的目的，一个方面是减少了土壤水分蒸发，达到保墒的效果；同时，在降雨强度小的情况下，因为土壤增加了透水性，从而起到了减少水土流失的成效。不过由于区域气候的影响，绥德一带7—8月间有明显的降雨过程，由于松动的土壤抵抗冲蚀能力减小，因之土壤侵蚀情况便比未松动的土壤相对严重一些。加之该区所栽培的作物大部分为秋季作物，而秋季作物的生长盛期也是需要松土最迫切的时期，同时也适逢雨季，这样就为农田土壤冲蚀提供了有利的条件。降雨在产流初期主要是临近分水岭地带，由地面的薄层水流向坑洼中汇集，或者是坑洼积水向下坡漫溢过程中，对地面发生不均匀侵蚀。地表的耕作层被大量的冲刷，土地质量已遭到不同程度的下降。如川地因河水突增，且"无蓄浅之处，难以修筑堤堰，不能引灌田亩"[1]，甚而一旦雨水过多，河水暴溢，往往成灾。

2．施肥、播种

长期的土壤侵蚀造成绥德一带地貌条件复杂，峁梁逐渐变窄，坡洼逐渐变陡，沟道加深加长。相应地，民众赖以生存的耕地质量也逐年下降。可耕层越来越薄，熟化的土壤被周期性地冲走，土壤肥力不能继续积累，从而影响到土壤生产力的提高。

当地民众针对这一情况多采用三种方式来提高土壤肥力。其一，

---

① 道光《秦疆治略》之《绥德直隶州》，《中国地方志丛书·华北地方·陕西省》，台北：成文出版社有限公司，1970年，第167-168页。

"山坡陡坬掏挖种植"[①]，刮田根、崖畔表土以肥田。这些地方多为极陡坡地、土崖台地崖畔、沟沿线上下、冲沟底部及沟坡下部，生长有大量的柠条、酸枣、乌柳、羊厌厌等灌丛，地表尚有较厚的腐殖质和质地疏松、耕性好、保水保肥性能较强的黑垆土等宜耕土壤[②]。不过，这种方法虽然能够在短时期内保证部分耕地的土地肥力，但是在一年的耕作过程中，这些单薄的表土仍会因7—9月份的强降雨以及耕作中的利用问题而丧失殆尽。而且，一旦极陡坡地、土崖台地崖畔上的土壤被扰动，原有附着在地表的植被被大量采伐，也会造成崖畔土层流失，基岩裸露，植被很难自然恢复。其二，使用农家有机肥以增强地力。每年农历正月末到二月，农民即开始将牲畜圈粪翻出户外晾晒，捣碎滤匀，用驴驮送山地。将人粪尿用桶挑至大田，与黄土搅拌沤泲数日以做底肥，并且根据不同作物撒施或点施[③]。其三，采取轮休耕作制。该种措施使得土地能够在相对较长的时间内达到自我恢复的状态，休闲地又称布地、歇地、轮歇地、歇槎地。休闲的时期多在一年以上，轮歇次数每隔3~4年一次，或者6~7年一次，休闲后能连续得到两季的收成而不施肥。因此在肥料缺乏的地区，农民也有歇地的习惯[④]，故民谚有"你有千石粮，我有歇槎地"的说法。

而针对播种问题，则多采取粪籽混合的方法，即籽与粪混合逐穴点施或溜施，或先播种，然后将粪顺播沟铺施，这种方法又被称

① 乾隆《绥德直隶州志》卷二《人事门》之《田赋》，《中国地方志集成·陕西府县志辑》，南京：凤凰出版社，2007年影印本，第177页上。
② 中国科学院黄河中游水土保持综合考察队编：《黄河中游黄土高原地区的调查研究报告》第5号《黄河中游的林业》，北京：科学出版社，1959年。
③ 贺国建主编：《西贺家石村志》，内部资料，西安：西安建文印刷厂，2002年印刷。
④ 陕甘宁边区财政经济史编写组、陕西省档案馆编：《抗日战争时期陕甘宁边区财政经济史料摘编》，西安：陕西人民出版社，1981年。

为铺粪[①]。在此过程中，先将种子进行风选、水选。然后用耧进行条播，每亩播量 15～16 斤。耧播行距为 5～8 寸。犁沟溜籽，行距 1.2 尺左右，每亩播量 12 斤，播后耱地镇压。穴播时穴距约 1.2×1.5 尺，每亩约 4 000 余穴，每亩需种 5～6 斤，每穴播籽 15～18 粒[②]。播后用脚踏实，有的将羊赶到田中踩踏。在坡度介于 15～25 度的田面可行套犁沟播。方法是按作物需要的行距，从坡上部开始向下套二犁犁成等高沟，沟里点籽盖粪，踢土复籽踏实。在沟内每隔 4～5 尺筑一土垱[③]。这种方法既可以达到集中施肥、节约肥料的目的，同时亦可收到保持水土的效果。不过，据笔者实地调查采访当地民众可知，这种方法的缺点是在春旱时容易跑墒，不利于保苗，所以应在秋耕地的基础上采用[④]。

此外，由于区域气候的影响，绥德一带常出现较为严重的旱情，往往"旱干之年，衣食恒多不给"[⑤]。当地民众则针对不同的旱情而采取相应措施。其一，干种等雨。即降雨期延迟、土壤极度干燥的情况下，先将土块打绵，进行干种。如在苗未出土前落雨，可在雨后耱地 1～2 次。其二，浸种催芽趁雨抢种。因干旱造成下种失时，或因遭受冻害，错过播期，在雨后补种生长期短的糜、谷时，将烧滚的水倒入盆中，水的多少以能将种子盖没为宜。将种子倾入，立即拌搅 3～4 次。然后将种子捞出，散铺风干，即可播种。其三，套

① 中国科学院黄河中游水土保持综合考察队：《黄河中游黄土高原地区的调查研究报告》第三号《黄河中游的农业》，北京：科学出版社，1959 年。

② 1 斤=0.5 千克，1 寸=0.033 米，1 尺=0.33 米。

③ 中国科学院黄河中游水土保持综合考察队：《黄河中游黄土高原地区的调查研究报告》第三号《黄河中游的农业》，北京：科学出版社，1959 年。

④ 王晗：《姬家沟、西贺家石村实地调查》，《米脂县、绥德县考察日记》，2007 年 4 月 24 日。

⑤ 光绪《绥德州志》卷四《学校志》之《习俗》，《中国地方志集成·陕西府县志辑》，南京：凤凰出版社，2007 年影印本，第 388 页下。

犁点种。在土壤过度干旱的情况下，播种马铃薯、玉米、高粱时用犁犁沟，将地表干土豁开，然后顺着原沟重犁一次，即播种。如未见湿土，则用锄在沟底挖坑，将种子点播在坑中，但注意复土不可过深。2007 年 4 月 23 日，笔者在米脂县姬家沟、年家沟等村庄采访老农时，得知该地自年初有一次轻微的降雪过程外，至四月下旬一直无雨。当地民众亦针对这一情况做了上述三种安排，但据民众反映，如果此后一月内该地仍然处于无雨或少雨的情况，当年的年成会大打折扣[①]。

由于陕北地区长期以来"广种薄收"的传统耕作方式的影响，民众所用的农业要素是自己及其祖辈长期以来所使用的，而且在这一时期内，没有一种要素由于经验的积累而发生明显的改变，也没有引入任何新农业要素。因此，农民对其所用的要素知识是祖祖辈辈口耳相传而来的。长期以来，没有从试验、错误或其他来源中学到什么新东西。为了维持生计，当地民众要在一次收获中取得全年所需的粮食，必须抓紧时间在短短的几个月内，忙于犁地下种，播足七八十亩以至百亩才休止，而后又要抢收秋禾，中间往往顾不得锄草，精耕细作无从讲求。每当农忙之时当地民众便以"伙种""搭庄稼"等民间互助形式自发地组合起来，利用尽可能多的人力、畜力、农具共同劳动，共同分配，以达到与天抢食的目的[②]。这样做的效果是明显的，即很可能导致绥德一带的民众大部分的时间忙于种田而不治田。这样一来，必然出现"盖广种则粪不足"的情形。

① 王晗：《姬家沟、西贺家石村实地调查》，《米脂县、绥德县考察日记》，2007 年 4 月 24 日。
② 陕甘宁边区财政经济史编写组、陕西省档案馆编：《抗日战争时期陕甘宁边区财政经济史料摘编》，西安：陕西人民出版社，1981 年。

3．轮作

轮作是利用一些养地作物与其他作物轮流耕作，以增强土壤的肥力，提高作物产量的一种耕作方式。黄土高原的耕作习惯，无论是秋禾或者二麦，一年只种一次，种了秋禾，就不再种二麦。同样，专留的麦田，就不复再种秋禾。只有在倒茬的时候，秋禾收后，再种二麦。秋田和麦田在收获之后，虽暂时不再种植，却还要耕犁，使地力得以休息。这时地表没有植被覆盖，侵蚀自然更是方便[①]。

目前，清代绥德州有关轮作的文献资料少有记载，与该地相距不远的怀远县多有这方面的记载，该地乾隆《怀远县志》载有该县所属长城沿线地区伙盘地居民从事农业生产过程中大致的轮作方式，即"所种之谷物有粟、稷、梁谷、糜谷、稻、黍、大麦、小麦、荞麦、燕麦、黑豆、白豆、绿豆、大豆、胡麻、芝麻，种类不一。其粟谷种于小满，稷栽于寒露之后，有青白黄黏数种。梁谷种于芒种前后，于秋分之后亦有青白黄三种。……大麦种于仲春间，小麦种于仲秋，枝叶无异，而粒有大小。燕麦一种亦与小麦同时种，收于九月，其实细于小麦，炒作茶食甚佳。荞麦则夏至后播种，寒露后方收，其性较南方出者甚寒。至各种豆田小满后始种，寒露后方收，然多种黑豆，其余不过间或有之也"[②]。据王晗《清代陕北长城外伙盘地研究》分析，该县长城沿线的伙盘地居民多为清代康熙年间迫于生计越边垦殖的山陕移民，他们来到长城以北地区利用内地的生产技术从事农牧业活动，自然也会在适耕土地上将来自内地的轮作生产方式加以利用。因此，可将该县有关的轮作方式的记载作

---

① 史念海：《黄土高原及其农林牧分布地区的变迁》，《历史地理》（创刊号），上海：上海人民出版社，1981年，第21-33页。
② 乾隆《怀远县志》卷二《种植》，陕西师范大学图书馆古籍部藏，未刊印。

为研究绥德一带轮作方式的参考。

至民国时期，有关绥德一带轮作方式的记载渐见于文献。其中，以柴树藩、于光远、彭平等人的实地调查颇为翔实[1]。据调查，该县民众为了减少农作物的受灾损失，多采用"带田"耕作制（间作方法）。其中，常见而成为习惯的间作方法有以下几种：①高粱带豇豆或黑豆；②豌豆或小扁豆带黑豆；③谷子带绿豆或小豆；④春麦带黑豆；⑤老麻带小豆；⑥黑豆沿渠带小麦；⑦其他如糜子带菜豆、小豆等亦颇普遍。

而轮作方法被当地称为"掉茬"。一般情况下，豆科作物之后都种小麦，但有的地区则种谷子。轮作年限为3~4年。在小麦之后种两三季耐瘠的作物，如莜麦、胡麻等，然后再种豆科作物恢复地力。而具体的轮作方法因土地状况不同而有所区别，如表5-5所示。

表5-5　民国时期绥德一带不同土地类型轮作方式统计

土地类型	第一年	第二年	第三年	第四年
山地	谷子带小豆或绿豆	黑豆带豌豆或扁豆	同第一年	同第二年
	高粱带红豆		谷子带小豆或绿豆	黑豆带豌豆、扁豆
川地			同第一年	同第二年
		连种四五年再用	黑豆带豇豆、扁豆	
		同第一年	黑豆带豌豆	
水地	大麦复种谷糜，差不多年年如此			

资料来源：柴树藩、于光远、彭平：《绥德、米脂土地问题初步研究》，北京：人民出版社，1979年。

[1] 柴树藩、于光远、彭平：《绥德、米脂土地问题初步研究》，北京：人民出版社，1979年，第10-12页。

　　轮作耕作方式可以收到防止遭受灾害时作物全部损失的效果，同时可以使田面长期有植被覆盖。农作物本身不但起到植被保持水土的作用，而且形成的"植物埂"对减缓或截拦径流也起到很大的作用，同样能使雨水很快渗入土壤中，以降低因强降雨带来的土壤侵蚀。此外，轮作方式可以缩短因作物生长而出现的间歇期，进而使土壤侵蚀程度也相应有所降低。

　　那么，在耕作部位、耕作半径和耕作方式影响下而出现的土壤侵蚀，其影响程度到底是怎样的情形？是否可以通过可靠的史料进行量化？通过对历史文献的搜集，笔者找到和绥德州地貌类型相近的葭州直隶州载有一条史料，即葭州直隶州南的蟪蜤峪有学田，其中，"旧志水地二十五亩，枣树若干株，租银十两，今地多为水崩，亦无树枝，每岁只纳租银八两"[①]。从资料本身所反映的信息来看，该处水地之所以由租银十两降至八两，主要原因是"地多为水崩，亦无树枝"，可见，影响土地价格下降的主要原因还是在于土地质量的下降[②]。此外，该史料中并未提及"旧志"所指代的是哪部方志，在嘉庆《葭州志》中也未能找到判断的依据。据统计，在嘉庆年间之前，葭州共有修有五部方志，最早的修于康熙四十二年（1703 年），最晚的也修于乾隆五十年（1785 年）[③]。笔者试以这两个时期分别进

---

① 嘉庆《葭州志》之《学校志第六》，《中国地方志集成·陕西府县志辑》，南京：凤凰出版社，2007 年影印本，第 120-121 页。

② 詹玉荣、谢经荣：《中国土地价格及估价方法研究——民国时期地价研究》，北京：北京农业大学出版社，1994 年 7 月。该书著者认为土地质量、土地产出、土地设施、赋税、自然灾害、战乱、利息率、民众需求等皆可构成土地价格变动的因素，其中，土地质量是确定农地价格高低的基本依据。

③ 康熙《葭州志稿》，（清）尚崇年、（清）李育才纂，（清）张金佩修，康熙四十二年（1703 年）（未刊印，后散佚）；雍正《葭州志稿》，（清）郭业刚修，雍正初年（未刊印）；乾隆《葭州志稿》，（清）张宗商修，乾隆三十年（1765 年）；乾隆《续葭州志》，（清）张凤路纂，乾隆间成稿；乾隆《葭州志稿》，（清）王石润纂，（清）郭杰、（清）张晌修，乾隆五十年（1785 年）（未刊印）。

行估算，可得该处水地因土壤侵蚀而出现的土地质量下降幅度为
1.87‰～7.69‰。而水地是当时土地类型中质量较好的一种类型，每
亩水地的纳税标准为 0.32 两/亩，同期相比，蟒蜒峪的学田中尚有"充
贫士费"的坡地 403 亩，岁纳租银 8 两，每亩坡地的纳税标准为 0.02
两/亩，纳税标准的显著差异既反映了土地质量的不同，亦可以折射
出当地民众对待这两种土地的态度[①]。由此，笔者可以看出，备受民
众关注、精耕细作的水地在土壤侵蚀的影响下，土地质量尚会出现
如此明显的退化，那么，其他土地类型的土地质量在土壤侵蚀中的
退化也应是较为剧烈的。

第四节　基本认识和初步结论

全新世以来，尤其是人类历史时期以来，人类活动对自然环境
的改变大为加强。从这个时期起，人类活动对于地理环境的影响，
在程度上和范围上都和这以前大不相同。在黄土高原自然地理系统
中，人类社会经济政治活动影响下的地貌演变与水土流失的相关度
随着人类社会经济行为，尤其是土地利用行为作用的加强，耕作部
位的耕作层遭受到不同程度的不均匀侵蚀，土地质量亦受到不同程
度的影响。

绥德自明末清初以至民国时期的近 300 年间，伴随着自然灾害、
社会变革和国家政令等方面的影响，人口数额呈现明显变化趋势，
因此土地利用与生态环境之间处于不稳定的状态。这种不稳定关系
是地理环境与人类活动之间相互制约、相互适应的结果。也正是由

---

① 嘉庆《葭州志》之《学校志第六》，《中国地方志集成·陕西府县志辑》，南京：凤凰
出版社，2007 年影印本，第 120-121 页。

于这种不稳定的状态，使得该研究区的自然环境虽然多次出现过环境的自我恢复，但是总的发展趋势仍是在不断趋于恶化。

通过本章的分析，自明末清初以降，绥德一带出现了影响人口变动和土地垦殖的四个波动期，即明末清初的战乱和自然灾害、顺治末年的兴屯垦殖政策、"同治回变"以及光绪"丁戊奇荒"。也正是由于上述四个时期的波动，对研究者深入探讨不同时期的人口数量和耕地状况以及两者之间的关系存有一定的困难。笔者分别以乾隆四十九年（1784 年）、道光三年（1823 年）、光绪二十八年（1902年）以及 1949 年四个时期的确定人口数来估算兴屯垦殖政策、同治战乱和"丁戊奇荒"三个阶段后的可能人口状况，并通过利用乾隆四十九年（1784 年）的民户耕地总占有量和人均占有纳税田亩数，再结合不同历史时期具体的社会经济发展状况，推算出明末清初至民国时期的近 300 年间人口变动和土地垦殖之间的关系为正相关关系。

通过对上述重大历史事件的分析，笔者认为，绥德一带人口变动的骤增骤减导致了该地土地利用强度和广度在时段上的明显差异。在清前期，当绥德一带的人口相对较少时，民众多选择在宜耕土地上从事农业生产，这一点和洛川县所在区域颇为类似。至清中期，人口繁衍在当时的生产技术条件下，超过当地自然资源所能够提供的限度，当地民众为了维持基本的生计，必然从原居地中分离出来，去寻找新的可利用资源。在这种日趋恶化的情况下，民众选择开垦的土地耕作部位越来越陡，甚至根据形态各异的地貌状况而划分等级。他们对耕作部位的选择呈现由植被较好、土壤相对肥沃、水分条件较好的梁顶和沟掌地→梁峁斜坡和沟缘缓坡→最后到地形陡、土层薄并有基岩出露陡坡或裸岩薄土部位的发展态势。而且由于这些地方坡度较大、面积狭窄、土地过于畸零，这样的特点很不利于农民进行统一的田间管理，这又更进一步促使农民选择春种秋收、一年两次管理、疏于精细的粗放耕作方式。在此时期，洛川县因适耕土地相对多于绥德所在区域，故而在人口增多时，对不宜耕土地的开发力度要弱于绥德一带，因此而出现的土壤侵蚀程度也相对较弱。在研究时段内，由于战乱和灾害因素，绥德和洛川的人口、土地垦殖情况受到的影响存有明显差异，不过因各区域的土地承载能力的不同，故而两地出现的土壤侵蚀情况也呈现较为复杂的差异。通过对备受民众关注、精耕细作的水地土地价格的变化进行考察，分析其价格变化原因，认为，绥德一带不同的土地类型在土壤侵蚀的影响下，土地质量出现明显的退化。综合来看，笔者认为区域侵蚀量的变化在时间上与人口的变化是正比关系，在空间分布上侵蚀量的变化主要是受地理环境中的自然侵蚀和人为加速侵蚀的双重影响。

不可否认，当地民众在土地垦殖过程中，根据农业生产的习惯和地形的复杂性在翻地、耙耱、施肥、点种、轮作等生产环节中注重降低土壤的侵蚀，增强土壤的肥力，使田面长期覆被植物，以保证"植物埂"减缓或拦截径流，使雨水很快渗入土壤中，可以降低因强降雨带来的土壤侵蚀，此外，因轮休耕作方式而出现的间歇期，使得土壤侵蚀程度也相应有所降低。但整体而言，由于绥德区域气候的特殊性，降水、霜期等自然因素的季节变化和区域变化明显，相应地，该研究区在土地垦殖过程中，尤其是因农业生产而出现的土壤侵蚀问题突出。

第六章

典型流域的土地垦殖及其对土壤侵蚀的影响

——以米脂县东沟河流域为例

　　历史时期流域环境演变的相关性研究长期以来为学术界所关注。目前，学术界关于历史时期人类活动和流域环境演变的研究形成一个固定的模式，即历史时期人类活动使天然植被遭到破坏→导致生态平衡失调→水土流失加剧→河流含沙流量增加→河流改道变得频繁。对于这一模式，学术界虽然在原则上不存在分歧，但是在某些具体问题上则存在不同认识[①]。如对历史上黄河相对安流时期的存在是否与中游地区人文要素的变化有关，历史上黄河含沙量是否有较大幅度变化，中游地区人文要素的变化对黄河含沙量有多大程度的影响等问题上存在不同见解。实际上，上述研究的矛盾集结点在于如何认识历史时期黄土高原人为作用下的土壤侵蚀，即不同土地利用方式下出现的土壤侵蚀对土地的干扰程度。本章选取无定河的二级支流米脂县东沟河流域作为研究对象，着重分析明末清初以降当地民众在该流域的土地垦殖行为，探明这种土地垦殖行为对流域环境，尤其是对流域内土壤侵蚀的影响。

---

① 王守春：《论历史流域系统学》，《中国历史地理论丛》1988 年第 3 辑。

　　首先来梳理无定河基本的流域环境状况，无定河流域除无定河主流及其支流大理河、榆溪河沿岸川地水土条件较好外，其他大部分地区的主要地貌形态为黄土丘陵沟壑。流域内的主要河段比降普遍平缓，加之汇水面积比上游大，河水流量自然大于上游，因此河流左右摆荡，侧蚀剧烈，形成宽谷。下游段由于受侵蚀基准面黄河下切的影响，比降显著增大，河流下切剧烈，形成峡谷[①]。作为无定河二级支流的米脂县东沟河，旧名米脂水、流金河、金堰河，又名南河、银河。该河"在县东南百步，西南流入无定河，源出张家山，地沃宜粟，米汁如脂，故名。自张家岔西南流，经三里楼、宋家崄，又经县南文屏山下，为流金河，合县西之饮马河，入于无定河"[②]。东沟河全长 16 千米，常年流量 0.13 立方米/秒，沟道比降 1：150，流域面积 108 平方千米[③]。流域东部是以黄河和无定河分水岭为主梁的梁状丘陵沟壑区，西部为峁状丘陵沟壑区，中部为无定河谷区。地势东西高，中间低，呈西北—东南倾斜。此外，东沟河流域属中温带半干旱大陆性季风气候区，年、季、月降水的变率较大，易旱易涝，不稳定性明显，属于土壤侵蚀研究的典型区域。研究区域的相关史料中多存有"水冲""水崩""水浸"等自然记录。而且伴随"水冲""水崩""水浸"等自然现象而来的，往往是水土的流失、城池的坍塌和道路的阻塞。

---

① 甘枝茂主编：《黄土高原地貌与土壤侵蚀研究》，西安：陕西人民出版社，1990 年。
② 民国《米脂县志》卷二《地理志》之《山河》，《中国地方志集成·陕西府县志辑》，南京：凤凰出版社，2007 年影印本，第 623 页。
③ 《米脂县志》编纂委员会编：《米脂县志》，西安：陕西人民出版社，1993 年。

第一节 历史地貌的解读与土地状况的复原

从地貌发育状况来看，米脂县东沟河流域呈现沟壑纵横、梁峁起伏的地貌景观，区域内梁峁参差不齐，峁多而梁少，峁梁起伏，有的地方是上峁下梁，峁由梁的上部解体而来，多呈馒头状，峁坡呈凸形和凹形。由于峁状丘陵具有坡度大、坡长大、临空面也大的特点，因此经常引发大范围的水力侵蚀和重力侵蚀。而且由于水力和重力侵蚀的相互作用，沟谷扩展，沟头延伸，沟床下切，沟谷地的面积与沟间地的面积比往往大于或等于1，以致米脂县人口和耕地的分布异常分散，"土地、人民在峰崖、溪涧中，或断或续，所谓华离之地，不仅犬牙相错已也"[①]。

正是在这种支离破碎的地貌景观下，当地民众所耕种的土地具有"峰崖委蛇，田难以顷亩计"的特点。康熙《米脂县志》的编纂者知县宁养气根据自己在米脂当职期间的体会，认为"岩北鄙而山皆童赤，土半沙场，治斯邑者，亦必以形胜与田赋为最重"[②]，可见，当地特殊的地貌条件使得地方官员对该区域颇为重视，以便完缴田赋之需。

为了保证田赋征收的顺利实施，地方政府对该区域的地貌、地形也做了进一步的勘察，并根据当地居民的习惯用语，将不同的地貌条件一一登载在册，如表6-1所示。

---

① 光绪《米脂县志》卷一《舆地志二·疆域》，《中国地方志集成·陕西府县志辑》，南京：凤凰出版社，2007年影印本，第345页上。
② 康熙《米脂县志》之《序》，《中国地方志集成·陕西府县志辑》，南京：凤凰出版社，2007年影印本，第301页。

表 6-1　米脂县地貌类型

名称	部位	名称	部位
圪崂	山之窝处	圪陀	地中大凹
圪塄	小崖	圪塔	小山之圆者
圪峁	山岗之小者	坪	山地之平者
墕	两山中临溪之小径	圿	山之低下处
硷	临河两岸高处之石路	岔	两山之分处
崄	背山面水之村舍	圪台	阶隅
圪梁	山脊，物之凸起而长者	崾崄	山之过峡处

资料来源：光绪《米脂县志》卷六《风俗志四》之《方言》。

　　在上述的地貌类型中，"圪峁""圪塔"多指黄土丘陵山地中岭脊上呈现峁头状的突起。"圿"则是紧接峁、梁的凹形坡。"墕"除了"两山中临溪之小径"的含义外，实际上代表的是丘陵梁峁间凹陷的地方，即现在意义上的分水鞍。当"墕"地狭窄到不能从事农业活动时，这样的地貌被称为"崾崄"。当黄土丘陵滑坡体面呈陡峻的凹形坡时，这样的地貌条件又被称为"陡圿"，这种地貌条件下，坡面较陡，但径流集中，水分较多，农作物生长相对较好，大的"陡圿"常有村落集聚，但是由于地势陡峻，土壤侵蚀严重，整个坡面容易出现滑坡现象。如光绪二十九年（1874 年），距米脂县城十五里的宋家沟村出现"大山崩颓，居民舍宇全被压覆"的严重情况[1]。除"陡圿"外，"墕""崾崄"以下的地方，即为"墕塌地"，也容易发生滑坡及崩塌。"墕"下比较完整的地面，在未被黄土沟分割和未发生滑坡的地方是为"圪崂"。除了上述的土地类型之外，河道两侧还

---

[1] 民国《米脂县志》卷一〇《秩事志》，《中国地方志集成·陕西府县志辑》，南京：凤凰出版社，2007 年影印本，第 562-563 页。

有一定数量的川地、河滩地和沟台地。当地居民根据不同的地貌条件对相应的土地进行了不同的利用。在上述耕地的地貌类型中，除河滩地、川地、沟台地等土地类型可以在人力灌溉的情况下种植农作物外，其他土地类型只能依靠自然降水来满足农作物的需要，因此这些地方的产量"数垧不能当川原一亩"，难以与河滩地相比，当时的民间地契中还有陡坡地"每垧完粮仅止一二合"的说法①。据《米脂县杨家沟调查》统计，陡坡地每垧产量在三斗以下是为荒年，五斗上下叫作平年，而丰年之时亦不过七斗左右②。

第二节 土地垦殖与土壤侵蚀演变过程

一、早期的河渠整饬与土地垦殖

目前，关于东沟河的史料最早见于宋代潘自牧所撰的《记纂渊海》。据该文献反映，在宋代，当地居民经常引东沟河水来灌溉两岸的田地，以致两岸田地每年获利如金③。然而由于气候等因素的制约，山洪不定期暴发，使得东沟河两岸田地虽然有数百亩之多，但仅靠民众的力量很难进行有效利用，以致大多数河流阶地仍多为"草石丛杂，碱湿不生五谷者"④。

---

① 光绪《米脂县志》卷五《田赋志一》之《丁粮》，《中国地方志集成·陕西府县志辑》，南京：凤凰出版社，2007年影印本，第405页上。
② 张闻天选集专集组等编：《张闻天晋陕调查文集》，北京：中共党史出版社，1994年。
③（宋）潘自牧《记纂渊海》卷二四《郡县部》之《云中府·绥德军》，北京：北京图书馆出版社，2004年。
④ 光绪《米脂县志》卷一一《艺文志四》，（清）艾希仁：《稻田记》，《中国地方志集成·陕西府县志辑》，南京：凤凰出版社，2007年影印本，第509页下-510页上。

明正德年间（1506—1521年），延安知府罗谕巡历至米脂县时，对这片荒地进行调查，他认为"此块河滩筑堤开垦，可种稻田，甚益生民"。为了促进当地的农业生产，罗谕组织人力、物力，"累石溪口作堰，长五十余丈，引山水灌田"①。他又于次年春耕之时拨给"稻谷五石，给散有地者"，并"差人来教种艺之方"。当年秋收时，该处河滩地开垦颇见成效，从而促使当地的民众"争相开垦"。经过长时间的整饬，这里的田地每年可获取千余石的粮食。这次由地方政府直接引导的垦荒行为还为其他地区的垦荒活动提供了典范案例，"至后，榆林及各边堡近水之家，相效开种，岁计万余"②。

二、明末清初的河渠整饬与水力侵蚀

东沟河在地方政府的督导下，得以初步整治，两岸土地产出取得明显成效。但是由于该区域属中温带半干旱大陆性季风气候区，年、季、月降水的变率较大，易旱易涝，不稳定性明显，一旦出现强降雨，则会导致沿岸泛溢成灾。据史料载，自正德年间至崇祯四年（1631年）之间的近150余年中，见于史册的较大水灾记录共有四次③，每一次水灾都足以对东沟河的堤堰构成威胁。据实地调查发现，东沟河流量季节变化大、泥沙含量高，河床较软，致使河道在季节性洪水的冲击下，下切速度加快，山洪携带的泥沙使得渠堰易

---

① 嘉庆《大清一统志》卷二九六《水利》。
② 光绪《米脂县志》卷一一《艺文志四》，（清）艾希仁：《稻田记》，《中国地方志集成·陕西府县志辑》，南京：凤凰出版社，2007年影印本，第509页下-510页上。
③ 康熙《米脂县志》之《舆地·灾祥》，《中国地方志集成·陕西府县志辑》，南京：凤凰出版社，2007年影印本，第312页。

于淤塞，同时也会为新的修渠工作带来问题[1]。

明崇祯四年（1631 年），知县孙绳武率众修复堤堰，此时的东沟河的引水渠道位置发生变化，从城南附近的河流经行处向距县城东北五里[2]的上游宋家崄一带转移。因此，孙绳武便因地制宜，选择"由东门宋家崄筑坝，引流金河水，过南门之城西"[3]。从而初步取得了"创兴水利于城南流金河……溉田数百亩"的实效。

可以说，引水渠道的东移换位，在一段时间内有助于河道的疏通，便利于民众的灌溉用水。但是，洪水的不定期发生仍会对河床造成下切和侧蚀。如果侵蚀基准面过低，会导致下切和侧蚀的进程加速，甚至沟壑底部已经到了基岩还难以减缓。这种侧蚀和下切的进程在尚未达到基岩的黄土层时，一旦遇强降雨引发洪水，就会对渠道两岸的滩地构成威胁。这样一来，河渠的维护时间便不能持久，而且由于东沟河的河道不断向北侵蚀，这就促使非但用于灌溉用水的河渠面临倾圮的可能，还会导致城墙受到破坏。据史料载，康熙六十一年（1722 年），时任榆林道的杨文乾查勘米脂县时，这条河渠已经倾圮失修，"园田失灌溉之利，城垣亦有侵蚀之虞"，杨文乾"倡捐修葺"，并引水灌溉良田一百六十余亩，这条修复后的河渠被称为杨公南渠（由阳渠、背渠组成）[4]，如图 6-1 所示。

---

[1] 王晗：《米脂县姬家沟、贺寨则、年家沟实地调查》，《中国人文田野》（第 3 辑），成都：巴蜀书社，2009 年。

[2] 本文所涉及的"里"以清时"里"为准，按中国历史大辞典编纂委员会编《中国历史大辞典》附录五之《中国历代度量衡演变表》之《中国历代亩积、里长表》（上海：辞书出版社，2000 年，第 3460 页）得，清时一里约为今 576 米。

[3] 民国《续修陕西通志稿》卷六一《水利五》，陕西师范大学图书馆古籍部藏，未刊印。

[4] 光绪《米脂县志》卷三《职官志二》之《历代名宦》，《中国地方志集成·陕西府县志辑》，南京：凤凰出版社，2007 年影印本，第 384 页下-385 页上。

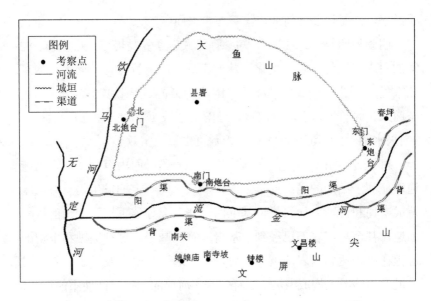

图6-1 清代米脂县城东沟河（流金河）渠整饬示意图[①]

　　虽然河渠得以修复，但是河渠的灌溉面积却大逊于前。笔者认为，其原因有二，第一，由于资金、地形条件的原因，河渠的灌溉能力有限。第二，由于明末清初的战乱影响，米脂县的户口由十三里缩减到二里[②]。同时，康熙十七、十八、十九、二十年连续四年（1678—1681年）的大旱又促使刚刚聚集起来的居民奔逃在外，"老弱转乎沟壑，壮者散而之四方"[③]。地方政府虽有赈济，但全活

---

① 该图据光绪《米脂县志》卷一《舆地志》清绘。

② 康熙《米脂县志》之《田赋·里户》，《中国地方志集成·陕西府县志辑》，南京：凤凰出版社，2007年影印本，第318页下。

③ 民国《米脂县志》卷四《风俗志》之《农业》，《中国地方志集成·陕西府县志辑》，南京：凤凰出版社，2007年影印本，第117-118页。

之民不过千余口[①]。居民的大量外逃避荒，使得本已开垦的土地大量荒弃，原有的河渠无人维修，以致"年久倾圮"。从图 6-1 中不难看出，东沟河北岸的阳渠延绵不断，紧紧地防卫着米脂县城，以遏制通过弯曲河道形成的螺旋流对北岸的掏蚀。东沟河南岸的背渠则是分为两段，其中一段较长的渠堰是用来保护南关而建。在南岸两段渠道之间的靠近河岸部分却没有标示出渠堰位置，而该处所在南侧即为文昌楼所在。由此，笔者可以初步推断，虽然在东沟河南侧的凹岸处亦有侧蚀，但总体来看东沟河是向北移动的，因此北侧的侵蚀强度远大于南侧。正是由于上述的原因，杨公南渠的灌溉面积大为缩小，亦在情理之中。

三、清代中期的土地垦殖与河渠维护

伴随着雍正初年"摊丁入亩"政策在陕北地区的推行，民众的负担得以进一步减轻，"民间无包赔之苦"，从而促使陕北地区尤其是饱经战乱、自然灾害洗礼的米脂县吸引大量逃亡在外的民众纷纷回到原住地从事对原有土地的复垦，促进当地社会经济的发展。至道光三年（1823 年）前后，米脂县境内人口达到了 10 900 余口[②]，这一统计数字是有清一代米脂县人口数额的峰值。相应地，由于康熙六十一年（1722 年）杨文乾倡捐修葺，东沟河的河堰得以加固，"城有所靠，地有所资"，民众相安，人口繁衍，米脂县城也出现人稠地狭的情况，以致"城内渐不能容，乃于流金河外建房舍、列肆

---

① 康熙《米脂县志》之《舆地·灾祥》，《中国地方志集成·陕西府县志辑》，南京：凤凰出版社，2007 年影印本，第 312 页。
②（清）王志沂辑：《陕西志辑要》卷六《绥德直隶州》之《米脂县》《中国地方志丛书·华北地方·陕西省》，台北：成文出版社有限公司，1970 年，第 752 页。

市，商贾云集"①。这样一来，东沟河两岸便成了繁华的民众聚居区域，而东沟河不仅成为必要的灌溉用水来源，也成为当地民众的生活用水来源，从而这条河道备受重视，当地居民"每年由园户公推二人为濠头，办理岁修事宜"②。

然而人口的增多，必然带来土地资源的相对匮乏，"人浮于地，租佃维艰，租课频增"，外加上该区域"山多土松，车轨弗行……五日雨则低田涝，十日晴，则坡地旱……沃壤平畴不过千百之一"，民众的耕作方式仍然处于原始撂荒的状态。因此，这就迫使民众不得不沿着东沟河从狭窄的川地向贫瘠的坡地进行开垦，如图 6-2 所示。

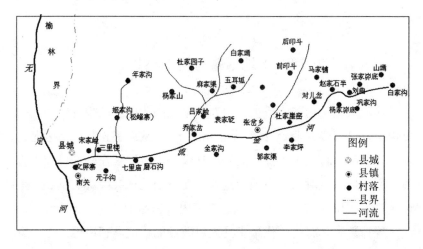

图 6-2　米脂县东沟河（流金河）流域村镇示意图③

① 光绪《米脂县志》卷一一《艺文志五》，佚人：《米脂宜添建南城私议》，《中国地方志集成·陕西府县志辑》，南京：凤凰出版社，2007 年影印本，第 541 页下-542 页。
② 民国《米脂县志》卷三《政治志》之《水渠》，《中国地方志集成·陕西府县志辑》，南京：凤凰出版社，2007 年影印本，第 48-49 页。
③ 据民国《米脂县志》之《舆图》改绘。

图 6-2 虽然是根据民国《米脂县志》改绘，但在笔者走访宋家峁、姬家沟、年家沟、吕家峁、张岔乡等五处村庄的实地调查中，沿河村庄多有祭祀庙宇，且从遗留下的碑刻、神龛、石墩等实物情况来估计，民国时期所存的 32 处村庄应多为清代中后期所建[①]。这些村庄分布具有沿河分布的特点，主要是和当地居民的生产技术有关。当地居民的生产工具多为土犁、锄等基本的生产工具。他们的生产技术多是沿用原始撂荒的生产方式，生产技术的滞后就要求这些新的移民在选址建村的问题上，多选取靠近河道的地方来营建村庄。这样一来，当地居民便可以获取便利的灌溉用水和因定期河水泛滥而淤积的肥沃泥沙以尽可能地增加土地产出。然而，土地利用方式的不当很可能带来土壤侵蚀问题的频次增多，而大量耕作层的流失又限制了居民对土地的有效利用，增加了环境的压力，引发当地生态环境的进一步破坏。而东沟河上源的姬家沟则突出地反映了这一点。

姬家沟位于米脂县城东北 7 里，这里曾因军事需要建有松峰寨。据史料载，该区域的植被状况在清代初年尚且良好，多产松树，且"山甚险峭，势若削成……夫群岗皆俯，一峰独峻，四面壁立，攀挤无路，亦巍巍乎"[②]，地势险峻，外加植被茂密，可以构成护卫米脂县东北侧防御安全的天然屏障。在此时期，虽然也会出现季节性洪水，但地表覆被相对良好，土壤侵蚀情况相对较轻，这一点可以在当地民众于咸丰十年（1860 年）所立碑石中得

---

① 王晗：《米脂县姬家沟、贺寨则、年家沟实地调查》，《中国人文田野》（第 3 辑），成都：巴蜀书社，2009 年。
② 光绪《米脂县志》卷一一《艺文志四》，（清）常学乾：《重修松峰寨记》，《中国地方志集成·陕西府县志辑》，南京：凤凰出版社，2007 年影印本，第 514 页下-515 页上。

以反映①。至清代中后期，许多较大的落叶乔木已经砍伐殆尽，地表因为植被的减少，面状侵蚀加剧，原有的其他少量植被也逐渐消亡，地表也因此呈现凹凸不平的状态，以致地表裸露，"皆童赤，无复遗蘖"②。每至雨季，降雨产流初期在临近分水岭地带，由地面的薄层水流向坑洼中汇集，或者是坑洼积水向下坡漫溢过程中，对地面发生不均匀侵蚀。地表的耕作层被大量冲刷殆尽，土地质量已遭到不同程度的下降，而姬家沟又恰好位于东沟河的上源，这就很可能在强降雨的冲刷下，出现较为严重的土壤侵蚀现象，进而有可能造成下游的河床不断下切，河床比降增大，水流冲蚀能力增强，对沿岸堤防形成严重的侧蚀，促成河道逐渐加宽、加深，同时下游的河水水质下降，河道壅塞，河水不断泛溢，冲蚀米脂县城的沿岸土地和居民聚居地，并对城垣造成威胁。如县城"东南角临流金河之大炮台亦全坍……城之垛墙，凡七百二丈有奇，全坍无遗"③。

四、清末民初的河渠整饬

咸丰二年（1852 年），杨公南渠（阳渠）"被水冲坏三十余丈"，一时之间，河渠难以使用，居民的灌溉用水和生活用水受到很大的影响。当地民众禀明县令，希望早日得以解决。而知县和当时的城

---

① 《创修年家沟水神娘娘庙碑记》（咸丰十年，1860 年立），王晗：《米脂县姬家沟、贺寨则、年家沟实地调查》，《中国人文田野》（第 3 辑），成都：巴蜀书社，2009 年。姬家沟与年家沟实际上是前后沟的关系，每逢雨季，季节性洪水由年家沟方向自东北向西南经姬家沟汇入东沟河。

② 光绪《米脂县志》卷九《物产志二》之《木属》，《中国地方志集成·陕西府县志辑》，南京：凤凰出版社，2007 年影印本，第 454 页上。

③ 光绪《米脂县志》卷一一《艺文志四》，（清）曾捷宗：《重修米脂城垣记》，《中国地方志集成·陕西府县志辑》，南京：凤凰出版社，2007 年影印本，第 481-482 页。

防守备也担心城垣会受到水流侵蚀，便联合"波罗本营道委知清涧事李、波罗营委榆河堡营康秉公查实，谕民俾水"[①]，率领当地居民沿原有河渠的旁侧修建水濠，暂解民众灌溉之需，不误农时。后至当年秋收之后，又重新整饬水渠，进行加固、加牢。然而时隔不久，咸丰五年（1855 年），该渠（阳渠）"又被水冲畔十余丈"，已经威胁到城垣的稳固。县令杨文仁"思患预防，劝谕园户修理二次，沿河岸以石砌畔"。这次集资修建，可以视为杨公南渠最大的一次修堰行为，其耗时两月方始竣工，功成之后，"可固水渠，可护县城"，可谓一举两得[②]。

同治年间，陕甘"回变"。至同治六年（1867 年），回民军北上，于同年八月入米脂境内。由于米脂"地接长城，邑连上郡，为榆塞襟喉"[③]，一旦米脂县城失守，回民军便可长驱直入榆林、蒙古。因此，米脂县境内多有战乱发生，"市里、屋宇系变为瓦砾之场"[④]，"邑属团练、士民、妇女殉难、殉节之家，皆为昔之所无，而今之所有"[⑤]。民众流亡在外，人口数量大幅减少。至光绪初年，"经同治大乱之余，连年歉收，三年秋亢旱，农户室如悬磬，斗米千余钱"，竟出现"四乡饥民日众，传食大户首，由东乡之高庙山、刘家峁、杨家沟等村

① 光绪《米脂县志》卷一一《艺文志四》，（清）高棣：《重修南河渠记》，《中国地方志集成·陕西府县志辑》，南京：凤凰出版社，2007 年影印本，第 486 页。
② 光绪《米脂县志》卷一一《艺文志四》，（清）高棣：《重修南河渠记》，《中国地方志集成·陕西府县志辑》，南京：凤凰出版社，2007 年影印本，第 486 页。
③ 康熙《米脂县志》之《序》，《中国地方志集成·陕西府县志辑》，南京：凤凰出版社，2007 年影印本，第 301 页。
④ 光绪《米脂县志》卷一一《艺文志五》，佚人：《米脂宜添建南城私议》，《中国地方志集成·陕西府县志辑》，南京：凤凰出版社，2007 年影印本，第 541 页下-542 页。
⑤ 光绪《米脂县志》之《序》，《中国地方志集成·陕西府县志辑》，南京：凤凰出版社，2007 年影印本，第 337-339 页。

延及西南、西北”①的情况。同治年间的战乱和光绪初年的灾荒使得
米脂县人口下降幅度显著。据道光三年（1823 年）成书的《秦疆治
略》载，该年前后，米脂县在册人口为 109 000 余口，以绥德州从乾
隆四十八年至道光三年（1783—1823 年）的人口年平均增长率 2.9‰
为准，至咸丰十一年（1861 年），该县的人口数应在 124 370 余口。
而至光绪末年时，该县“民屯丁口之多寡，则不能举其确数也，县
民五里，共六百余村，以每村十家，每家五口均算，男女丁口当在
三万外矣”②。以此推测，在同治战乱和“丁戊奇荒”中损失的人口
数竟高达 75%以上，这一人口损失率远远高于绥德州本州的人口损
失。笔者认为，光绪《米脂县志》所载人口并非该县当时的实有人
口数，它所反映的仅仅是在册人口数字。不过，笔者从这一史实不
难看出，直至光绪三十三年（1907 年），米脂县在册人口数仅三万余
口，该地在灾后重建中的困境可见一斑。

　　客观而言，陕甘“回变”直接导致了区域经济的破坏，但从另
一方面来看，民众的流亡使得人稠地狭的东沟河沿岸生态承载压力
缓解，许多坡耕地被废弃一旁，得以逐渐恢复地力。此后，东沟河
由于人口的大量缺失，沿河两岸土地荒芜，以致此后的水患除光绪
二十年（1894 年）发生一次黄河水溢外③，未出现大范围的土壤侵蚀
情况。民国时，由于上游的水土保持较咸丰年间为佳，东沟河下游
两岸呈现繁荣景象。“南城扞卫门外……行旅络绎，商栈丛集，闾阎

---

① 民国《米脂县志》卷八《纪事志》，《中国地方志集成·陕西府县志辑》，南京：凤凰
出版社，2007 年影印本，第 426 页。

② 光绪《米脂县志》卷五《田赋志一》，《中国地方志集成·陕西府县志辑》，南京：凤
凰出版社，2007 年影印本，第 404 页。

③ 光绪《米脂县志》卷一〇《纪事志二》之《历代祥异》，《中国地方志集成·陕西府县
志辑》，南京：凤凰出版社，2007 年影印本，第 477 页下。

杂居，南岔交流处，田园纵横，青畦绿野，颇饶风景"[1]。

第三节 基本认识和初步结论

研究历史时期人类活动和流域环境演变的关系，需要综合考察流域环境要素，即流域的自然因素和人文因素。其中，历史人文要素的变化应当包括历史上生产方式的变化（包括农业、牧业的更替变化，农业耕作和种植方式的变化）、人口变迁和聚落分布及其结构的变化等[2]。本章通过对人类活动较为频仍的明清以降米脂县东沟河流域河道整饬过程进行考察，从中查明土地垦殖与土壤侵蚀演变的相关性，揭示历史人文要素对流域环境演变的影响。

通过对史料的整理，笔者发现，自明代正德年间对东沟河开始一定规模的利用后，到清末民初出现四个时期的变化，其中，咸丰年间出现较为明显的变动。这不仅反映了咸丰年间土壤侵蚀状况的加剧，同时也标志着东沟河流域环境变化出现了重大的转折。其原因有三：其一，就时间而论，咸丰三年（1853 年）修渠事件发生之前，见于史册的修渠记录相隔时间较长，多在百年以上。其二，就维修动机而言，正德年间的"筑堤溉田"是出于教民稼穑、保境安民、造福一方的目的；崇祯年间的"创兴水利于城南流金河，筑堤建坝，溉田数百亩"[3]亦是如此。而康熙六十一年（1722 年）杨公南渠的修建则因为城南的"园田失灌溉之利，城垣亦有侵蚀之虞"，在

① 民国《米脂县志》卷三《政治志》之《城关、城外关厢》，《中国地方志集成·陕西府县志辑》，南京：凤凰出版社，2007 年影印本，第 28 页。
② 王守春：《论历史流域系统学》，《中国历史地理论丛》1988 年第 3 辑。
③ 光绪《米脂县志》卷三《职官志二》之《历代名宦》，《中国地方志集成·陕西府县志辑》，南京：凤凰出版社，2007 年影印本，第 384 页上。

此之时，城垣受到了水力侵蚀的威胁，修渠以护城垣的动机便开始悄然登场。咸丰年间的两次整饬河渠，居然引起了当地军队的重视[①]，而且文献中一再重复"可固水渠，可护县城"，可见，此时的修渠动机已经转变为以修渠护城为主，灌溉民田为辅的境地。其三，施工的力度上发生明显变化。正德年间、崇祯年间、康熙年间的河道整饬多是采取"请帑、捐廉、租田、集种"等形式，组织民力进行修渠。然而至咸丰三年（1853 年）的河渠整饬，则是动用了"道宪分防城守营李……波罗本营道委知清涧事李、波罗营委榆河堡营康"等三处军队[②]，在当年秋收之后，与民众合力整修。由此可见，东沟河的侵蚀力度较之以前大为增强。而在咸丰五年（1855 年）的整修过程中，知县杨文仁率众"沿河岸以石砌畔"，耗时"两阅月而工程告竣"，所用资财达"二百八十三千有零"，且"按亩公摊"[③]。可见，工程浩大，已经不是以前"请帑、捐廉、租田、集种"等方法所能解决的了。这也反映了由于上游民众对植被的过度采伐、对坡地的拓垦，导致东沟河下游的土壤侵蚀急剧，下游居民的生产、生活都受到了较大的影响。

总体来看，米脂县东沟河流域早在宋代便有居民引水以溉农田，该河道在长期的人为利用下，由一开始的"引溪水溉田"，到明代正德、崇祯年间的"筑堤建坝"，再进而发展到清代咸丰年间"谕民俾水……沿河岸以石砌畔"，可谓出现了一个非常鲜明的变化过程。其

---

① 光绪《米脂县志》卷一一《艺文志四》，（清）高棣：《重修南河渠记》，《中国地方志集成·陕西府县志辑》，南京：凤凰出版社，2007 年影印本，第 486 页。
② 光绪《米脂县志》卷一一《艺文志四》，（清）高棣：《重修南河渠记》，《中国地方志集成·陕西府县志辑》，南京：凤凰出版社，2007 年影印本，第 486 页。
③ 光绪《米脂县志》卷一一《艺文志四》，（清）高棣：《重修南河渠记》，《中国地方志集成·陕西府县志辑》，南京：凤凰出版社，2007 年影印本，第 486 页。

无论在修建时间上、维修动机上，还是施工力度上，都呈现逐渐加强的趋势，甚至咸丰年间的连续两次修渠行为又被视为重大转折时期。凡此种种，一方面，固然表明流域环境经过人类不断利用、改造、建设乃至破坏，改变了原来的自然状态。另一方面，当流域环境受到人类活动严重干扰，质量改变达到某种程度时，其中有些自然资源受到破坏，有些自然条件由有利转化为不利，即所谓流域环境的恶化。而流域环境已经恶化的地区，人类生态系统结构有缺损，功能失调，必须通过人群的社会力量改变原先人群对自然环境的行为策略，使人群与环境处于协调的平衡关系中，局面才可能发生改观。

第七章

黄土—沙漠边界带水利灌溉和土地垦殖过程分析

——以定边县八里河灌区为例

21 世纪，人类面临着人口、资源、环境三大危机，其中尤以水资源危机最为严峻。黄土—沙漠边界带，是黄土地貌和沙质地貌的交界地带，在大陆性季风气候的影响下，年季降水量变化显著，土壤保水能力相对较弱，从而对农业生产具有明显作用[①]。因此，在这一区域内从事"开垦荒野，兴办水利，移民屯垦，组织农村"等社会经济活动[②]，水资源则成为最为宝贵的自然资源。水资源不仅是荒漠绿洲形成、发展和稳定的基础，是生态平衡与稳定的最主要的组成要素，在一定程度上，它也是制约生态系统变化的主要因子。在农业生产技术缺乏的条件下，对于土地垦殖过程中的水资源的利用

[①] 宋德明《亚洲中部干旱区自然地理》载，"区域内年平均降水量约为 150～400 毫米，且集中在 7、8、9 三月。在此期间，蒙陕边界带受东南季风影响进入雨季但为时短暂，雨量又过于集中。由于降水年变率和季节变率大较为突出，从而突显区域内气候条件的恶劣。此外，区域内蒸发量分布规律与降水量分布规律正好相反，自东南向西北随着降水的减少，日照的增多而增大，另外，年风速情况与此也有关系，大风日数从多到少的地理分布与日照情况基本吻合，总之，蒸发量从 2 000 毫米上升到 3 000 毫米，区域内多数地区蒸发量相当于降水量的 5～7 倍，所以地表出露水的损耗强度大"。（西安：陕西师范大学出版社，1989 年，第 229-233 页）
[②] ［比］王守礼（Mgr C. Van Melckebeke）：《边疆公教社会事业》，傅明渊译，北京：北京上智编译馆，1947 年。

不仅意味着土地利用方式的变化，民众生活、生产需要的满足，对区域经济社会也起着潜移默化的作用。本章以陕西定边县八里河灌区为案例，依据清至民国时期文献中记载的有关资料，复原研究区内 300 余年间围绕水资源利用而展开的土地垦殖过程，探讨自然变异对研究区内环境及民众生产生活构成影响问题，在此基础上，重新审视该区生态环境演替的真实情况，希冀该项研究对复原历史时期黄土—沙漠边界带土地利用/土地覆被变化有所裨益，进而对以往农牧交错地带相关研究提供重要补充或修正。

第一节　问题的提出与学术史回顾

定边县八里河灌区因该县境内的八里河而得名，这条河流自道光二十三年（1843 年）因连续强降雨由白于山地发源，自南至北流经定边县安边镇，并注入边外，最终没入毛乌素沙地，成为黄土—沙漠边界地带主要的内流河之一[①]。后在乡绅民众、地方政府、圣母圣心会[②]和蒙古贵族等社会各界的影响下，因地制宜，长期引用上游洪水漫灌土地[③]，对沙土边界带大量沙荒碱地加以治理，从而使得八里河灌区的生产技术发生改变，继而带来生态景观的改变。

关于八里河灌区的相关研究，自 20 世纪 30 年代以来即得到学术

---

① 民国《续修陕西通志稿》卷六一《水利》之《定边县·八里河渠》，陕西师范大学图书馆古籍部藏，未刊印。

② 圣母圣心会，拉丁文名称为 Congregation Immaculate Cordis Mariae，英文名称为 Congregation of the Immaculate Heart of Mary，缩写为 CICM。同治三年（1864 年），罗马教廷正式指定中国长城以北蒙古地区为比利时、荷兰两国的"圣母圣心会"传教区，以接替法国遣使会在内蒙古传教。该教会在内蒙古地区的传教时间颇长，效果也很显著，教会拥有的土地面积较多，入教信民规模较大，对于地方社会的公共事务和地方自然环境都具有明显的影响。

③ 引洪漫地是利用洪水漫灌农田，拦蓄泥沙，提高地力，增产粮食的有效措施，是变水害为水利的好方法。引洪漫地有引河洪、山洪、路洪等多种形式。

界的深切关注①。其中，以赵永复和朱士光二位历史地理学者的研究最
具代表性。20 世纪 80 年代初，赵永复通过对《陕北无定河流域第四纪
地质调查报告》、《皇明九边考》以及乾隆《内府舆图》的研究，得出
三项推论：①八里河是无定河支流，原本和无定河上源之红柳河相通；
②八里河的出水口因为沙丘堵塞而与红柳河隔绝，并成为佟哈拉克泊
的主要来源；③明代地图上的湖泊和清代地图上的佟哈拉克泊源出边
内，所以八里河和这一带湖泊脱离关系，应是近期的事。朱士光基于
乾隆《内府舆图》、同治《清一统舆图》、嘉庆《定边县志》以及光绪
《定边乡土志》的研究，对赵文上述论断皆提出质疑，并认为八里河
"通向城川草滩的流路在光绪年间尚保持畅通，其被流沙阻断自在光绪
年间之后。这又提供了城川、安边之间的流沙出现甚晚，是进入民国
以后才形成的一个佐证"。1990 年，赵永复根据 1∶10 万地形图、《陆
地卫星假彩色影像图》（1∶50 万）以及《陕北无定河流域第四纪地质
调查报告》的细致分析，再次坚持己见，并对朱文所提出的"入民国
后，城川、安边之间才出现流沙现象"的观点加以否定。

　　上述两位学者的深入研究，既为后学者展示了科学讨论的典范，
同时也为八里河相关研究的进一步深入提供了科学依据。笔者认为，

---

① 周颂尧：《鄂托克富源调查记》，归绥（呼和浩特）：绥远垦务总局铅印，1928 年，参
见内蒙古图书馆编《内蒙古历史文献丛书》之六，呼和浩特：远方出版社，2007 年；全
国经济委员会水利处编：《陕西省水利概况》，南京：美丰祥印书局，1938 年，第 219 页；
王挺梅等：《陕北无定河流域第四纪地质调查报告》，中国科学院黄河中游水土保持综合
考察队、中国科学院地质研究所：《黄河中游第四纪地质调查报告》，北京：科学出版社，
1962 年；周鸿石：《利用洪水泥沙，改良土壤，发展农业生产——陕西省定边县八里河淤
灌区介绍》，《人民黄河》1964 年第 4 期；绥德水土保持科学实验站靖边分站：《靖、定山涧地
区的引洪漫地措施》，《人民黄河》1964 年第 6 期；黄委会规划设计处中游组：《八里河引洪淤
灌调查》，《人民黄河》1964 年第 11 期；赵永复：《历史上毛乌素沙地的变迁问题》，《历史地
理》1981 年创刊号，上海：上海人民出版社，1981 年，第 34-47 页；朱士光：《内蒙城川地区
湖泊的古今变迁及其与农垦之关系》，《农业考古》1982 年第 1 期；朱士光：《评毛乌素沙地形
成与变迁问题的学术讨论》，《西北史地》1986 年第 4 期；赵永复：《再论历史上毛乌素沙地的
变迁问题》，《历史地理》（第 7 辑），上海：上海人民出版社，1990 年，第 171-180 页。

学术界目前仍在两个问题上存有分歧：①八里河是否有可能和长城北侧之湖泊存有关联？②安边至城川一带在民国时期是怎样的生态状况？相应的做法是：①对于这样一个位处黄土地貌和沙地地貌的边界地带进行地貌状况考察。其中，地形部位、土壤状况和气候条件都会对于八里河的成因至关重要。②对于清至民国时期八里河灌区的农牧业生产过程开展有效研究。以往有关研究对"人"的因素缺乏深入研究，忽略甚至无视区域人群的社会经济行为。在毛乌素沙地南缘地带，不同社会阶层由于所处经济地位、社会影响力等方面的不同，都会对土地产生或多或少的作用，继而对周边生境带来不同程度上的影响。

第二节 八里河及其灌区地貌类型分析

据民国《续修陕西通志稿》载，"安边堡城东八里河发源于南山，道光二十三年（1843 年）秋大雨，水深数尺，南山内九涧冲刷成渠"[1]。文中所载"南山内九涧"系指八里河主要源头，其大致可分为西源、中源和东源，其中，以西源鹰窝涧（曹沟、张美井沟）最长，约 30.5千米。此外，中源为谷山涧（旗杆山一水），东源为杨山涧，西、中两源合流后汇入杨山涧（谢前庄）后，直至河流尾闾，全河总长 54.5 千米，是陕西境内最大的内陆河。该河以水口为界，其上为上游，其下为下游。下游河道出陕北长城至石洞沟、郭家寨（郭家梁）一带开始灌田，从郭家寨（郭家梁）再向北二十八里至补杜滩[2]入"赔教地"

---

① 民国《续修陕西通志稿》卷六一《水利·定边县·八里河渠》，陕西师范大学图书馆古籍部藏，未刊印。
② 目前，关于补杜滩的定位问题尚不明晰，仅知该地大约在郭家寨（郭家梁）以北二十八里处。

界①，八里河灌区系指自郭家寨以南的河流漫灌区域，如图7-1 所示。

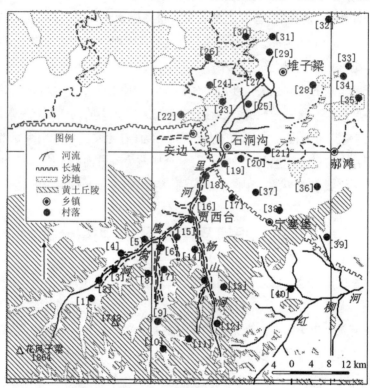

图7-1　定边县八里河及其灌区分布

[1]杨井[2]贺嶙崄[3]张美井[4]余家岔[5]解圿[6]吴庄[7]武峁子[8]郑平庄[9]旗杆山[10]南庄[11]刘阳湾[12]贾嶙崄[13]学庄[14]三路渠[15]短涧子[16]黄渠[17]安子里[18]梁庄[19]郭家梁[20]罗峁[21]新庄[22]张家寨[23]钟家圿[24]东陈家圈[25]张家寨子[26]胡海子[27]杨圈圿[28]白土岗子[29]庙把梁[30]大海子[31]三茂盛湾[32]营盘梁[33]王台子[34]小滩子[35]曹家坑[36]吴家井[37]贾家圈[38]高家寨子[40]杨福井

资料来源：陕西省档案馆藏，陕西省人委办公厅"旧政权档案"，目录号 008，案卷号 0311：《陕西省三边教产界限暨教堂分布图》《三边教产区域图》《天主教堂分布图》；嘉庆《定边县志》之《定、靖两县界址图》。

---

① 光绪《定边乡土志》第二编《地理·山水》，陕西师范大学图书馆古籍部藏，未刊印。

　　上述西、中、东各源源头的地貌类型以黄土梁塬坬地为主，这种地貌类型的塬梁面海拔 1 500～1 600 米，相对切割深度 100～200 米，梁缓坬宽，梁坬相间。其地貌演变史为在中更新世末期[①]的堆积离石黄土[②]的基础上，经过强烈的剥蚀侵蚀，再演变为河湖小盆地，又为马兰黄土[③]所掩埋，逐渐形成"黄土宽谷"。自晚更新世以来[④]，接受黄土堆积以及雨洪将周围梁峁坡面的黄土冲刷物质搬运充填其中。在全新世时期[⑤]，这里未受到强烈切割，因而保存了宽谷缓梁形态。又因为白于山北侧比南侧平缓，坬地形成后，北侧河流侵蚀较弱，特别是一些支沟溯源侵蚀尚未到达坬地，坬地本身平缓，降雨时又未形成地表线状、沟状径流，因此在一些支沟坬地保存较好[⑥]。而"南山内九涧"之杨山坬、谷山坬、鹰窝坬等坬地的土层深厚，多为细沙黄绵土，土壤的抗蚀性极差[⑦]。加之这些坬地的坬底微向中轴和下游倾斜，形成冲沟溯源侵蚀强烈的谷段，因此其沟宽 300～400 米，深 20～30 米到 50～60 米不等，较为平展开阔的坬地被分

---

① 中更新世（Middle Pleistocene 780–130 ka）是地质时代第四纪冰川更新世中间的一个时期。

② 离石黄土（Lishi loess）属于中更新世晚期，分布于中国华北、西北、黄河中游等地区，典型剖面在山西离石县，故名。呈浅红黄色，较午城黄土为浅，较马兰黄土为深，以粉沙为主，不具层理，含多层棕红色古土壤，其下多有钙质结核，有时成层。离石黄土厚90～100 米，构成黄土高原的基础。离石黄土与午城黄土又统称为"老黄土"。

③ 马兰黄土（loess of Malan），中国第四纪黄土分期名称之一（华北晚更新世黄土，典型的风力堆积物），标准剖面地点在北京市门头沟区斋堂川北山坡上，因附近清水河右岸有马栏阶地而命名。马栏阶地高出河面 30～40 米，由松散黄土类物质及沙、砾石层组成，但马栏阶地上并无黄土沉积，马兰黄土为淡灰黄色，疏松、无层理。

④ 晚更新世（Late Pleistocene）也称上更新世，年代测定为 126 000 年（±5 000 年）至10 000 年，是第四纪中更新世的最后阶段，之后全新世开始。

⑤ 全新世（Holocene Epoch；Holocene），开始于 12 000～10 000 年前持续至今，是最年轻的地质时期（地质时代）。这一时期形成的地层称全新统，它覆盖于所有地层之上。

⑥ 甘枝茂主编：《黄土高原地貌与土壤侵蚀研究》，西安：陕西人民出版社，1990 年，第66-67 页。

⑦ 榆林地区水保工作队：《陕西省榆林地区水土保持区划》，内部资料，1986 年。

割成零星的坪地（也称为破垌、杖地）。在清至民国时期的近 300 年时间尺度内，上述区域的地貌状况在土壤侵蚀（尤其是水力侵蚀、重力侵蚀）的作用下，日趋残破，在洪水来袭的情况下，多种营力造成的地貌变化现象尤为突出。

此外，由于研究区属暖温带和温带半干旱大陆性季风气候，冬季为西伯利亚反气旋所控制，天气晴燥，多北风。春季天气很不稳定且有突变，空气干燥，风沙大，成为最干旱的季节。而夏季为东南季风最盛、空中水汽最多的季节，但降水量逐年变化大，且多暴雨[①]，这就导致降水情况呈现年、季的不均衡性。在这种情况下，夏季降雨量会在短暂的时段内集中而至，从而带来不同程度的水土流失现象[②]。根据赵永复的推论，由八里河各源头汇集而成的大量泥流有可能冲破垌地，沿白于山北侧的黄土高平原地貌类型区顺流而下，进入地势较为低下的沙丘洼地和草滩盆地之中。实际上，早在嘉庆七年（1802 年），位处定边县南二十里之乾沟就曾经发生过较为严重的土壤侵蚀现象。其记录内容为"大雨，乾沟水发，涌溢县城，街衢深至三五尺，城垣、庐舍至有倾坏。查乾沟距县城南二十里，上接甘肃、庆阳一带，通衢约长八九十里。两面皆山，每于夏秋之间，雨连水涨，众山之水悉汇兹口而出"[③]。由于白于山地北侧的黄土高平原区由风积、坡积黄土组成，地面完整而平坦，沟壑发育，地面破碎。沟垌地与沟壑之比为 4∶6，沟壑密度 6～8 千米/平方千米。

[①] 周佩华、王占礼：《黄土高原侵蚀暴雨的研究》，《水土保持学报》1992 年第 3 期；焦菊英等：《黄土高原不同类型暴雨的降水侵蚀特征》，《干旱区资源与环境》1999 年第 1 期。
[②] 陕西师范大学地理系《陕西省榆林地区地理志》编写组：《榆林地区地理志》，西安：陕西人民出版社，1987 年。
[③] 嘉庆《定边县志》卷一《地理志·山川》，《中国地方志集成·陕西府县志辑》，南京：凤凰出版社，2007 年影印本，第 17 页。

梁峁坡多为 10～25 度，沟谷坡多为 25～45 度[1]。坡面及沟壑流水侵蚀剧烈，土壤侵蚀极其严重。雨季到来之时，地表径流带来的泥沙使得河水含肥量高、色质呈"粥样"，并在下游的低地和洼地淤积，形成洪漫滩地，其上发育着草甸栗钙土或淡栗钙土，从而为下游灌区的形成提供了前提。

而八里河下游地区，由于气候干旱、地表起伏不大，组成物质松散，因此流水、重力作用不显著，沟壑不发育，风蚀风积地貌分布普遍。光绪末年，有人曾在定边、靖边县口外做过调查，城川"周围千里大约明沙、扒拉、硷滩、柳勃居十之七八，有草之地，仅十之二三"[2]。其中，"明沙"为流动沙丘，"扒拉"为略有附着物的半固定沙丘。"硷滩"为盐碱化较严重的下湿滩地和干滩地，由于地下水位较高且埋藏较浅、排水不良，导致盐碱化相对严重，而"柳勃"的盐碱化程度较轻。研究区内并无深林茂树、"软草肥美之地"，只有一些"硬沙梁、草地滩"。此外，研究区内许多滩地和盆地中部低洼，有的积水成湖，表面坡度 3～10 度，越向盆地、洼地中心越平坦，地下水丰富，埋藏浅，如表 7-1 所示。

由表 7-1 不难看出，研究区内地下水丰富，湖泊众多，在地域分布上存有明显的分布差异性，但由于地下水位过浅，加之开采地下水含盐量相对较高，一旦当地民众缺乏基本的灌排调蓄技术，盲目地进行不合理的耕作灌溉，那就容易促使地下水位抬升，在当地蒸发量大于降水量的情况下，土壤表层盐分增加，最终引发土地的盐渍化。

---

① 陕西师范大学地理系《陕西省榆林地区地理志》编写组：《榆林地区地理志》，西安：陕西人民出版社，1987 年。
② 光绪《靖边县志稿》卷四《艺文志》，《中国地方志集成·陕西府县志辑》，南京：凤凰出版社，2007 年影印本，第 353 页上。

表 7-1　1987 年定边县内陆海子群统计　　单位：平方千米

名称	位置	面积	备注	名称	位置	面积	备注
凹凹池	朱咀正南	0.027	盐湖	大甜池	大甜村西	0.0125	淡水
红崖池	朱咀正南	0.087	盐湖	马杜海子	马杜村	0.004	淡水
湾湾池	朱咀正北	0.21	盐湖	小滩子	槭树梁南	0.025	淡水
莲花池	波罗池南	0.04	盐湖	臭海子池	仓房梁北	0.05	淡水
波罗池	朱咀北	1.37	盐湖	盂海子	盂海子村	0.125	咸水
烂泥池	烂泥村	0.51	盐湖	三十里井海子	三十里井东北	0.025	咸水
花麻池	盐场堡北	1.64	盐湖	海子畔池	海子畔村	0.005	咸水
苟池	羊粪渠子西北	4.43	盐湖	四柏树滩	四柏树村北	0.75	咸水
鄂包池	周台子西北	0.98	盐湖	近滩西水池	近滩西	0.005	咸水
公布井池	公布井村北偏西	1.36	盐湖	黄蒿梁西南海子	黄蒿梁西南	0.5	
明水湖	白泥井西北	1.75	盐湖	海子梁南海子	海子梁西南700 米	0.3	
旱滩池	红崖池南	0.075		海子梁西南海子	海子梁西南2.5 千米	0.025	
大海子	耳林川	0.04	淡水	海子梁西南池	海子梁南500 米	0.04	
明水海子	耳林川西南	0.05	淡水	海子梁西北海子	西梁湾西北	0.05	

资料来源：陕西师范大学地理系《陕西省榆林地区地理志》编写组：《陕西省榆林地区地理志》，西安：陕西人民出版社，1987 年 4 月。

　　在这种沙丘沙地和草滩盆地混杂的地貌条件下，当地民众在选择采取何种生产、生活方式时，存有很大的余地，农耕和放牧两种经营方式在不同时期的自然和社会因素的影响下，迭为交替[①]。

第三节 边界带环境和农牧业方式的抉择

邹逸麟、张修桂、王守春主编的《中国历史自然地理》是目前我国在该学科领域相关研究中的集大成者，该项研究对学术界关于毛乌素沙地的环境变化过程及成因进行总结归纳，即"毛乌素沙地沙漠化过程大约延续在唐代后期以来的千余年间，而沙漠化的进程表现为愈趋晚近愈为剧烈，沙漠化的原因应是自然和人文因素相互叠加、共同作用的结果，是在半干旱气候和丰富的沙源物质等因素的基础上叠加上人为不合理的活动而产生的"[②]。文中所提及的"人为不合理的活动"主要针对区域内不合理的农牧业生产生活方式而言，这种看法可以说是集合了目前学术界的普遍观点[③]。然而，清至民国时期八里河灌区农牧业经营方式的更迭却带有鲜明的独特性。

---

① 光绪《定边乡土志》第一编《历史·政绩录》。
② 邹逸麟、张修桂、王守春编：《中国历史自然地理》，北京：科学出版社，2013 年。
③ 陈育宁：《鄂尔多斯地区沙漠化的形成和发展述论》，《中国社会科学》1986 年第 2 期；韩昭庆：《明代毛乌素沙地变迁及其与周边地区垦殖的关系》，《中国社会科学》2003 年第 5 期；邓辉、舒时光等：《明代以来毛乌素沙地流沙分布南界的变化》，《科学通报》2007 年第 21 期；侯甬坚：《鄂尔多斯高原自然背景和明清时期的土地利用》，《中国历史地理论丛》2007 年第 4 辑；张萍：《谁主沉浮：农牧交错带城址与环境的解读》，《中国社会科学》2009 年第 5 期；李大海：《清代伊克昭盟长城沿线"禁留地"诸概念考释》，《中国历史地理论丛》2013 年第 2 辑；王晗：《清代毛乌素沙地南缘伙盘地土地权属问题研究》，《清史研究》2013 年第 3 期。

一、清代前中期定边口外农牧业生产分析

八里河灌区在尚未形成之前，属定边县安边镇管辖区域。安边镇，旧称安边营，该地"切近大边，东连宁塞，西接砖井"[①]，同时，定边营一带"有东柳门等井，余地无井泉，又多大沙，凹凸或产蒿，深没马腹，贼数百骑或可委曲寻路而行"[②]。沙丘沙地和草滩盆地混杂的地貌条件在很大程度上有效地防御了蒙古势力的侵入，同时也为进一步地巩固汉族的农业生产奠定基础。至清顺治年间，清政府在陕北长城北侧划定"禁留地"，禁止蒙汉民从事农牧业生产。民众多从事对安边镇及其边墙内土地的利用，边墙外土地所受扰动相对较小，当地自然环境亦未受到明显影响。

据邹逸麟研究，我国北方气候在清代康熙年间有一段转暖时期，农牧过渡带的北界有可能到达了无灌溉旱作的最西界[③]，而因气候转暖所引发的自然环境的变化成为禁留地容纳大量"雁行人"谋生的先决条件[④]。与此同时，清政府对于前往蒙地谋生的民众多采取默认的态度，并未强加禁止[⑤]。如此一来，自然条件的转好和政策的默许促使大量"雁行人"纷纷进入禁留地。目前文献所见最早关于蒙古王公请求清廷允许接纳内地汉人前往蒙地垦种的记录为康熙三十六年

---

① （清）梁份：《秦边纪略》之《延绥镇》，同治十一年（1872 年）刻本。

② 《皇明经世文编》卷二五〇《榆林经略》。

③ 邹逸麟：《明清时期北部农牧过渡带的推移和气候寒暖变化》，《复旦学报》（社科版）1995 年第 1 期。

④ 道光《增修怀远县志》卷四《边外》，《中国地方志集成·陕西府县志辑》，南京：凤凰出版社，2007 年影印本，第 697-700 页。

⑤ 成崇德：《清代前期蒙古地区的农牧业发展及清朝的政策》，马汝珩、马大正主编：《清代边疆开发研究》，北京：中国社会科学出版社，1990 年，第 162-188 页。

（1697 年）。是年，伊盟盟长贝勒松阿喇布奏请条陈，希望招徕内地汉人在"边外车林他拉、苏海阿鲁等处""与蒙古人一同耕种"，并获得康熙帝的认可①。由此，越边垦殖的民众不断增多，大量临时性的聚落迅速发展。就定边县口外而言，至康熙末年，伙盘地村庄已建有 180 处，初见规模②。

　　早期越边垦殖的汉族移民开始时的谋生手段多为接受当地蒙古贵族的雇佣，从事牛羊喂养、蔬菜和精细粮食作物的生产。随着移民人数的增多，蒙古贵族开始将一些不适于牧放的土地出租给汉族民众，定期收缴一定的实物来充当地租。但在这种经济互动模式下，蒙汉之间常因生产生活习惯的不同而出现矛盾。当矛盾积蓄到一定程度时，便会导致蒙汉冲突的逐渐升级③。乾隆七年（1742 年）发生的"贝勒扎木扬等请驱逐界外人民"事件即为典型代表。这起事件直接引发政府当局对边外垦殖范围的第二次勘界，并在此基础之上，清政府加大禁垦力度，颁布法令禁止民众越边谋生④。同时，清政府设立安边同知以加强管理，"并设总甲，俾资核稽"⑤。禁垦令的严厉程度和推行力度减缓了民众越边垦殖的进度，至清代中叶，更多的民众选择在二次勘界的界限范围内从事农业生产⑥。

　　为了对上述民众展开行之有效的管理，清政府在毛乌素沙地南缘先后设立宁夏理事厅和神木理事厅等管理机构⑦。其中，神木理事

① 《清圣祖实录》，康熙三十六年（1697 年）三月乙亥，北京：中华书局，1985 年，第939 页上。
② 民国《陕绥划界纪要》卷八《定边县口外》，榆林市图书馆藏，未刊印。
③ ［法］古伯察：《鞑靼西藏旅行记》，耿昇译，北京：中国藏学出版社，1991 年。
④ 《钦定大清会典事例》卷一一四《兵部》。
⑤ 光绪《靖边县志稿》卷四《杂志》，《中国地方志集成·陕西府县志辑》，南京：凤凰出版社，2007 年影印本，第 337 页下。
⑥ 民国《陕绥划界纪要》卷八《定边县口外》，榆林市图书馆藏，未刊印。
⑦ 光绪《钦定大清会典事例》卷九七九。

厅系乾隆八年（1743 年）从宁夏理事厅析出，"专管蒙古鄂尔多斯六旗伙盘租种事务"[①]。但是，神木理事厅虽有专管之责，却在处理蒙汉关系的事务上，常常受制于鄂尔多斯七旗的蒙古王公[②]。这种无奈导致神木理事厅官员在行政管理上畏首畏尾，从而出现一系列的连锁反应，如政令混淆不明和行政能力低下，这种情况在蒙汉关系错综复杂的管辖问题与边界纠纷等问题上日益凸显[③]。这种较大的管理盲区，为民间组织的发展提供了可能性，天主教在该研究区内的传播和发展便是以此为契机推展开来的。

在此期间，汉族移民有的放弃原有的农业技术，专门为蒙古人放牧牛羊[④]。更多的民众则因地制宜从事农业生产，即采用粗放的"游农制"和原始撂荒制。其中，"游农制"和"游牧制"颇为相似，即为获取更多的收益而不停地改变佃种地点[⑤]。这种生产方式能够在短时间内获得农业收益，但随着移民规模的增大，适合"游农制"的地域空间日益减少，土地很难在间隙中得以休息，以至于土壤肥力下降明显，加之区域内主要的土壤类型系沙质土壤，本身不太适合作物种植，在这样的土地上从事农业生产，势必出现严重的弃耕现象。

① 道光《秦疆治略》之《神木理事厅》，《中国地方志丛书·华北地方·陕西省》，台北：成文出版社有限公司，1970 年，第 175-176 页。另，"鄂尔多斯七旗，在归化城西河套，内左翼中旗、前旗、后旗，并于顺治六年（1649 年）设。增添一旗，于雍正九年（1731 年）设"。《皇朝文献通考》卷一九一《兵考十三·藩部各旗》，四库全书本）故不同时期有鄂尔多斯六旗，鄂尔多斯七旗之分。
② 乌兰少布：《从宁夏与阿拉善纠纷看近代内蒙古的省旗矛盾》，《内蒙古大学学报（哲学社会版）》1987 年第 3 期。
③ 张淑利：《"禁留地"初探》，《阴山学刊》2004 年第 1 期。
④ ［日］田山茂：《清代蒙古社会制度》，潘世宪译，北京：商务印书馆，1987 年。
⑤ 曾雄镇：《绥远农垦调查记》，《西北汇刊》1925 年第 8 期。

二、清代中后期八里河水资源利用

据史料载，道光二十三年（1843 年）秋，连续七昼夜的强降雨促成鹰山、谷山、杨山等"南山内九涧"被山洪冲开，形成沟道。由于河道上源发育在老谷地垌地上，老谷地的走向控制着河流流向，并为水流所切割，形成较深的沟谷，以致在强降雨影响下，上游泥沙不断冲刷，洪水含泥沙量增加，每次山洪过后，淤灌①区土层厚度增加几厘米到几十厘米，甚至一米以上。在此情势之下，地方民众在乡绅和当地政府的组织下开始对八里河进行修饬，希冀对上游冲刷下来到泥沙加以利用，以图获取实效②。然而，在对八里河进行整饬和管理过程中，人们对河流的水文状况缺乏必要的认知和理性的把握，以致当春夏交集和夏秋交集之时，大范围的强降雨仍会引发八里河的泛滥，并破坏两岸河滩地上的农田。"咸同间，河岸决，民不能耕田，遇大雨时，下河两岸竟成泽国"③。这样一来，该区域内的土地状况很难顺应大规模的农业生产。

"同治回变"后，定边县"久无人迹"，地方政府"详查情形，禀上宪减粮轻课，以招安之。由是渐有归来者，且以此地瘠民贫，种广薄收，若不济以牧养，势难赡其身家"，并希望通过"借饷项购牛羊数千散给贫民"的方式，用牧放牲畜的做法来维持民众的基本

---

① 淤灌（warping irrigation），用含细颗粒泥沙的河水进行灌溉，既浸润土壤又沉积泥沙，以改造低洼易涝地或盐碱地。利用天然河流含泥沙的水或山洪水进行淤地改土或肥田浇灌作物的灌溉方法。

② 光绪《定边乡土志》第一编《历史》之《政绩录》，陕西师范大学图书馆古籍部藏，未刊印。

③ 民国《续修陕西通志稿》卷六十一《水利·定边县·八里河渠》，陕西师范大学图书馆古籍部藏，未刊印。

生计①，这里所需要接济的民众当包括八里河周边民众。虽然这个提议因"虑民难安处"而最终没有实施，但从侧面仍能反映出定边县长城沿线存有适合牧业生产的自然环境。

"同治回变"逐渐平息之时，恰为圣母圣心会传教士开始在西蒙古地区广为传教之始。传教士们利用蒙古地区地价低廉、土地权属不明确的情况，从蒙旗大量租、买土地，然后转租给急于得到土地的晋陕汉族移民，以此吸引他们入教。据统计，义和团运动发生前，圣母圣心会以购买、租种等形式获取的土地为一百五十余顷，发展的教民渐成规模②。然而，传教士为达到发展传教事业的目的而采取的购买、出租土地的方式势必构成对蒙古王公和地方士绅阶层的既得经济利益的威胁，同时也激化了和蒙古王公的经济矛盾。在义和团运动中，当地不同阶层无论是地方化的"义和团"力量、蒙古王公、清政府，还是圣母圣心会都或直接或间接地参与其中，甚至出现了以义和团与蒙古骑兵围攻小桥畔教堂长达四十八天的武装冲突③。虽然这次冲突最终以失败告终，但是圣母圣心会和蒙汉民各阶层的矛盾非但没有解决，反而愈演愈烈④。

光绪二十六年（1900 年），庚子教案发生后，鄂托克、札萨克、乌审三旗共需赔偿圣母圣心会白银十四万两，其中，鄂托克欠赔款六万四千余两，以地亩作抵，将安边堡属补杜滩（包括现在的仓房梁、堆子梁、白大岗、庙儿湾、盐路湾、大小红沙石梁、营盘梁、

---

① 光绪《定边乡土志》第一编《历史》之《政绩录》，陕西师范大学图书馆古籍部藏，未刊印。
② 刘映元：《天主教在河套地区》，中国人民政治协商会议内蒙古东胜市委员会文史资料研究委员会编：《东胜文史资料》，内部资料，1988 年。
③ 李林：《拳祸记》，上海：土山湾印书馆，1905 年。
④ 马占军：《晚清时期圣母圣心会在西北的传教（1873—1911）》，博士学位论文，暨南大学，2005 年。

大小滩、窑子坑、内滩海、把子梁一带），草山梁及红柳河以东生地三处抵押于圣母圣心会①。而八里河灌区恰好与"赔教地"相交错，其中，补杜滩以南土地为定边民众所耕种，补杜滩以北土地则为圣母圣心会所有。圣母圣心会起初并未对八里河灌区加以重视，只是于光绪二十八年（1902 年）在堆子梁一带放种土地，向沿河民众请商一、二日水期，为教堂浇灌菜园地及泥水工程所用②。随后，传教士通过对八里河水文状况的了解和利用，组织教民填封上段水口，迫水下流，广漫教区碱地。其具体的做法虽缺少史料记录，不过在20 世纪 50 年代的田野调查中可以找到佐证。八里河灌区以八里河上游的贾西台所在位置的河道为顶点，向两侧铲削出较为趋缓的斜度，延伸到灌区边缘。从淤积厚度来看，沿河两岸厚 6～10 米，向两侧逐渐变薄，最边缘不过 0.8 米厚，中间为过渡地段，淤泥厚 3～5 米。顺河道向上下游看，上段和下段平均淤积厚 4～7 米，中段不过 1.7～3.2 米，这是在洪水来袭时，八里河多从上段决口，洪水从两侧向低地沉积的结果③。

这种灌溉田亩的方法虽然在很大程度上有助于教区内盐碱滩地的整饬和耕地面积的扩大，但同时也引发教区外民众的不满，以致此后相当长的一段时间内讼事不休。光绪三十二年（1906 年），定边县知县吴命新为解决当地民众和圣母圣心会就八里河灌区水源的使用问题，对八里河进行踏勘，重新勘验河身，丈量地亩，厘定水章（定八条，以防争执，后续九条，以扩水利），规定八里河两岸二百

---

① 《光绪二十七年六月初四日》，全宗号 4，目录号 1，卷号 77，陕西省档案馆藏。
② 《三边收回教区失地运动大事年表》，陕西省人委办公厅"旧政权档案"目录号 008，案卷号 0318，陕西省档案馆藏。
③ 周鸿石：《利用洪水泥沙，改良土壤，发展农业生产——陕西省定边县八里河淤灌区介绍》，《人民黄河》1964 年第 3 期。

丈内为淤灌范围，分河道为两大段、十二小段、三十六股。随后又和圣母圣心会签订具体的使用合同，将三分之一的水源让给圣母圣心会，使民、教两方各遵水章，以息争端①。虽然具体水章内容尚未找到文献证明，但可以从周鸿石和黄委会规划设计处中游组的调查中窥其端倪：水章规定将来水来泥情况分成三类，即常流水、洪水、湫水。常流水是常年都有的水，一年当中虽有些偏大偏小的变化，但并没有洪水那样悬殊。洪水，是上游降了暴雨形成的，一般大于常流水十几倍到几百倍，不易预测，每次洪水不过 7~8 小时。湫水是上游破湫而形成的洪水。灌区居民多能事先掌握规律，按计划配水。对常流水来说，因水量较小，每次淤灌的面积和范围是有一定限制的，因此，必须按定量分水。水章中指出，一昼夜分成三等份，每份水即相当于八小时的水量，每月按 29 天计算（阴历），剩余的天数为活水日②。此外，又将水量按全年的季节分为"春水""游苗水""冬水"三种，根据不同时期作物生长的情况，有计划地进行漫灌③。灌溉技术的日臻完善促成八里河灌区面积的稳定发展。表7-2 即为清代末年八里河灌区圣母圣心会教区主要村庄及地亩统计情况。

---

① 《三边调查材料》，陕西省人委办公厅"旧政权档案"目录号 005，卷号 185，陕西省档案馆藏。

② 周鸿石：《利用洪水泥沙，改良土壤，发展农业生产——陕西省定边县八里河淤灌区介绍》，《人民黄河》1964 年第 3 期。

③ 黄委会规划设计处中游组：《八里河引洪淤灌调查》，《人民黄河》1964 年第 11 期。

表7-2　清末八里河灌区圣母圣心会教区主要村庄地亩统计　　单位：亩

村庄名称	住户	滩地	沙地	村庄名称	住户	滩地	沙地
大红沙石梁	5	450		朱家圈	11	570	170
周家庙	4	270		三十里井	6	420	
赵家墩	11	540	150	祁家圈	15	750	150
邹家圈	9	510	120	傅家寨	12	620	130
屈家圈	9	510	180	张家寨	9	700	120
钟家圪	9	510	130	陈家寨	4	510	
张家寨	11	760	140	王家圈	7	470	130
堆子梁	5	400		杨家圈	2	100	
羊圈沟	3	250		李家寨	12	900	150
庙儿湾	16	630	170	薛家圈	10	540	160
韩家营	2	300		邹家寨	11	620	130
臭水圪	3	300		任家圈	3	370	
石洞沟	11	610	190	郭家寨	11	770	
高家圈	4	420		总计	215	13 800	2 220

资料来源：民国《陕绥划界纪要》卷八《定边县口外》。

　　表 7-2 为民国八年（1919 年）前后陕西查界委员会委员巫岚峰协同定边县知事刘迪裕对八里河灌区实地调查所得结果。经过调查认为，定边县口外"惟第四区边地沿八里河流域，土地肥美，树木笼郁。亩田宅宅，棋布星罗。昔为绝塞草茅之域，今化为人烟鸡犬之场"[①]。由于八里河可以淤灌田地的有限性，仅能维持沿河一带的农业生产所需灌溉用水，其余三区以及第四区其余地域的土地状况和农牧业发展状况仍然相对滞后。

---

① 民国《陕绥划界纪要》卷二，榆林市图书馆藏，未刊印。

三、民国时期八里河灌区农业生产分析

圣母圣心会在获取"赔教地"后招纳教民，兴修水利，组织移民从事农牧业生产，逐步构成了相对稳定的经济社会发展局面。如从圣母圣心会之小桥畔分教区的教民规模来看，该分教区教民数量从光绪二十九年（1903 年）的 1 183 人增长到宣统三年（1911 年）的 3 014 人[①]。教民规模的扩大，需要添设的生产、生活物资也相应增加，其中，可耕土地的增加则显得格外重要。民国四年（1915 年），圣母圣心会率众将八里河下游河道较上游加宽 2 倍，横开沟渠 10 余里，将近两百余顷的草滩地淤漫为上好水地。此外，教民开挖南、北两条支渠，并在仓房梁新开长渠一道[②]。时隔八年，民国十二年（1923 年）前后，曾有在鄂托克调查矿产的周颂尧从土地开发的角度对八里河灌区进行详细记录，"八里河……流入鄂旗堆子梁教堂地东南十余里。河身宽有一丈二尺，深约八尺，水色与黄河相同，环绕境内长约四十余里"。周氏认为，如果开发过程合理，可以利用八里河浇灌地亩一千余顷。不过，由于洪水时有不足，加之"遇天旱水缺"，八里河灌区上下游民教争水纠纷不断，并愈演愈烈，继而引发对整个赔教地领土归还的争议。在这次为时持久的争议过程中，由于国际形势的影响[③]，上自国民政府外交部、法国驻华使馆，下至地

---

① Patrick Taveirne：Han-mongol Encounters and Missionary Endeavors：A History of Schout in Ordos（Hetao），1874—1911，Leuven Chinese Studies（V.15），Leuven University Press.

②《三边收回教区失地运动大事年表》,陕西省人委办公厅"旧政权档案"目录号 008，案卷号 0318，陕西省档案馆藏。

③ M.H.Hunt，The American Remission of The Boxer Indemnity：A Reappraisal. The Journal of Asia Studies. 1972，（3）．

方政府、乡绅、基层民众和小桥畔分教区传教士，纷纷介入进来。其中，尤以民国十六年（1927 年）的"三七惨案"的发生以及由此而出现的一系列连锁反应备受关注[①]。

这一系列连锁反应直接促成陕西省政府委派新任定边县县长刘开和靖边县县长张志立联合地方士绅和鄂托克旗王公改组原陕西省定边县挽回领土大会[②]，并扩大为陕西三边挽回领土总会[③]，"以恢复失地，挽回拯救人民为宗旨"向天主教堂及蒙旗往返办理交涉[④]。同时，该系列事件的发生逐步引起了国民中央政府和宁夏天主教主教区的关注，并在随后的几年中陆续就"赔教地"问题做出阶段性处理。

最终，民国三十五年三月（1946 年），安边新民主政府召开临时参议会，原陕西三边挽回领土总会成员刘文卿、陈俊山等二十二人联名提出"三边教产整理意见书"，主张收回教区土地[⑤]。陕甘宁边区第二届参议会第一次大会于同年四月通过了《收回三边教区土地案》，并立即着手组成由三边专署会同靖、安二县政府暨地方人士与边区政府少数民族事务委员会驻城川办事处组成委员会进行交涉，

---

① 《陕西省定边县挽回大会致南秘书长关于庚子赔款及失地之说明书》，1931 年，陕西省人委办公厅"旧政权档案"目录号 008，案卷号 0311，陕西省档案馆藏。

② 《陕西省定边县挽回大会致南秘书长关于庚子赔款及失地之说明书》，1931 年，陕西省人民委员会办公厅"旧政权档案"目录号 008，卷号 311，陕西省档案馆藏。

③ 《转呈挽回领土总会简章及职员表请鉴核立案由》，1942 年 7 月 11 日，陕西省人民委员会办公厅"旧政权档案"目录号 008，卷号 313，陕西省档案馆藏。

④ 《陕西省政府批字第 392 号》，1942 年 4 月 18 日，陕西省人民委员会办公厅"旧政权档案"目录号 008，卷号 313，陕西省档案馆藏；《转呈挽回领土总会简章及职员表请鉴核立案由》，1942 年 7 月 11 日，陕西省人民委员会办公厅"旧政权档案"目录号 008，卷号 313，陕西省档案馆藏。

⑤ 《整理陕西三边天主堂教产协定》，1935 年 1 月 9 日，陕西省人民委员会"旧政权档案"目录号 008，案卷号 0320，陕西省档案馆藏。

并最终收回"赔教地"，收归国有①。

在此期间，洪水时有发生，灌区水漫地数额也逐渐增多。民国二十二年（1933 年），八里河洪水暴发，灌区水漫地增至 2.7 万亩（约合 270 顷）②。至民国三十一年（1942 年），灌区水漫地得到进一步扩大，其中，圣母圣心会所占灌区水漫地已达到 3 万余亩（约合 300 余顷）。如表 7-3 所示。

表 7-3　民国三十一年（1942 年）八里河灌区圣母圣心会地亩、教民统计

教堂名	水漫地/亩	沙地/亩	教民/人	望道友/人	人均占有量/（亩/人）
堆子梁本堂	10 000 余		814	350	8.59
仓坊梁公所		7 000 余	354	410	9.16
白土岗子公所	10 000 余		346	150	20.16
红沙石梁公所		8 000 余	259	220	16.70
黑梁头公所	10 000 余		397	210	16.47
总计	30 000 余	15 000 余	2 170	1 340	

注：碱地不能耕种，未列入本表之内。

资料来源：陕西省档案馆藏：全宗号 2，目录号 21，案卷号 1766《三边教区土地问题》，1942 年 9 月 27 日。

由表 7-3 可得，圣母圣心会所辖堆子梁、白土岗子和黑梁头三处有水漫地 3 万余亩（约合 300 余顷），人均占有 8.59～20.16 亩，仓坊梁和红沙石梁两处人均占有 9.16 亩、16.70 亩。其中，堆子梁本堂和仓坊梁公所由于地处外来移民汇集的交通枢纽，且建堂时间早，因此教民相对较多，农业生产状况较为突出。

---

① 《三边收回教区失地运动大事年表》，陕西省人民委员会办公厅"旧政权档案"目录号 008，案卷号 0318，陕西省档案馆藏。
② 《照详石主教送调查教产可耕亩数原函》，1944 年 10 月 13 日，陕西省办公厅档案室"旧政权档案"目录号 008，案卷号 031，陕西省档案馆藏。

民国三十三年（1944年），"八里河水案"得以最终解决，圣母圣心会无条件归还庚子年所占土地，此时期八里河的洪漫地发展到3.6万亩（360顷）[1]。其主要村落分布如图7-2所示。

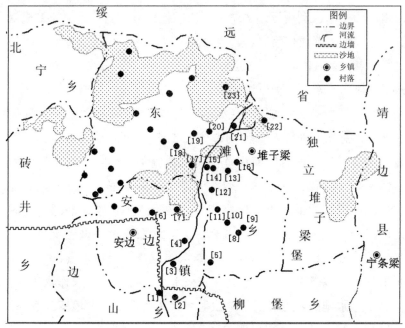

图7-2 1949年八里河灌区示意图

[1]南梁[2]黄梁[3]安四滩[4]红沙石梁[5]石洞沟[6]北园子[7]汪家坑[8]郭家寨[9]邹寨子[10]杨庙[11]赵墩[12]王圈[13]陈寨[14]邹园[15]屈园[16]西堆梁[17]钟家圿[18]东陈圈[19]杨圈圿[20]树庙[21]庙湾[22]臭水圿

资料来源：陕西省档案馆藏：陕西省人委办公厅"旧政权档案"，目录号008，案卷号0311，《陕西省三边教产界限暨教堂分布图》《三边教产区域图》《天主教堂分布图》；嘉庆《定边县志》之《定、靖两县界址图》；谭其骧：《中国历史地图集》第8册（清时代），地图出版社，1982年10月。

---

① 《三边调查材料》，陕西省人委办公厅"旧政权档案"目录号005，卷号185，陕西省档案馆藏。

由图 7-2 可得，尽管在 1949 年前后，八里河的洪漫地发展到近 4 万亩（400 顷），但是主要村庄仍然具有临河分布的特点。这主要体现了在八里河灌区形成之初，多数民众因地制宜，为了有效把握河水泛滥季节，利用泛起的淤泥肥田，他们多在主干河道的支流附近修建房舍，渐成聚落。1949 年以后，人民政府引导民众对八里河进行了整治，其中开挖了 3 道排洪渠，新增洪漫地 2 万余亩，自此，八里河洪水与常流水得以进一步的合理利用。

在发展农业生产的过程中，当地民众采取与相邻区域相异的农业生产方式，即引浑淤灌的方式[①]。经过长期淤灌的土体出现明显的重叠层次，而且随着引浑淤灌土质纵剖面的变化，土壤的物理性质也有变化。其中，在引浑淤灌上半畦土壤的容重低，孔隙度高，而引浑淤灌的下半畦则相反。故而当地民众在淤灌一定时间后改变引洪淤灌的方向，改良灌区内沙质土壤和碱性土壤。许多河滩、沙地因砾石、沙质土而漏水漏肥或者起沙，漫淤一层几厘米到一米或者更厚的泥，上游的来水来沙既不影响农作物生长，又等于施水施肥，还消灭了草虫等害，从而使不毛之地变为良田。八里河灌区土地质量得以明显改善，农业生产方式的抉择并未带来生产的衰退和自然条件的恶化。因此，该区域在民国时期并不存在沙地扩大化问题。

---

① 引浑淤灌可分为引洪漫地和引浑淤灌两种。前者以漫地为主，改良河滩、沙漠、低洼地和盐碱地等，如杨桥畔、曲峪大队；后者是以灌溉为主，在灌溉的过程中淤积一定数量的沙泥，如陕西省泾、洛、渭灌区。引洪漫地一般说来洪水含泥沙量高，一次引浑淤灌的土层厚度几厘米到几十厘米，甚至一米以上，而引浑淤灌，一般说来淤灌土层的厚度较薄，一年仅为几厘米，甚至不到一厘米。

第四节　基本认识和初步结论

地理环境包括自然环境和人文环境两个方面，当地理环境中任何一个要素发生变化时，会对人类活动产生或直接或间接的影响。因此，地理环境的变迁过程是一个反复交替、错综复杂的过程，各地理要素之间存在相互影响、相互制约的关系。就黄土—沙漠边界带而言，自清康熙中期边禁开放至民国末年的 200 余年间，大量晋陕边民不断涌入并逐步融入当地社会。经济主体地位和生产制度都在发生着或多或少的变化，有的地区在生产方式上因地制宜地出现农牧结合、兼收并蓄的混合式发展趋势。农牧边界地带逐渐北移错位，原有的草原景观也逐步向田园风光过渡。这里的社会状况渐趋复杂，经过相互间的摩擦、融合，得以重新定位。更为重要的是，边外移民自发的谋生状况促使其自身对农业生产技术进行改变，逐步适应当地的生产生活环境，继而促成特色农业的形成。所有的一切都给黄土—沙漠边界带增添了新鲜的血液。

八里河灌区的形成和发展不是一个纯粹的自然现象。它不仅取决于地貌类型、土壤状况和气候条件等自然因素，更有着在人口、社会、政治、经济等人文条件影响下所呈现的千姿百态的变化。道光二十三年（1843 年）八里河的出现成为研究区内农牧业生产的重要节点。在清代前中期，定边县口外多为沙丘沙地和草滩盆地，汉族移民进入后除从事一些牧业生产外，长期采用"游农制"和原始撂荒制进行粗放的农事活动。而道光二十三年（1843 年）后，由于八里河的出现，长期的"淤岸""河决"，使得"民不能耕田，遇大雨时，下河两岸竟成泽国"。自然环境发生了重大改变，而这也在某种程度上促使来自乡绅民众、地方政府、圣母圣心会、蒙古贵族等人为因素的介入。他们对八里河进行整治，"修堤筑坝，放水灌溉"。当地民众在淤灌一定时间后改变引洪淤灌的方向，改良灌区内沙质土壤和碱性土壤，反害为利，这不仅促成历史时期八里河灌区农牧业生产的进一步发展，也为中华人民共和国成立后黄土—沙漠边界带的土壤改良工作提供了必要的借鉴和支持。

第八章 区域社会、谋生方式和环境变迁的关系

众所周知，在人地关系系统中，"人"是最为活跃的、主动性很强、居于能动主导性地位的一方，但"地"（自然资源与环境）也并不总是处于被动地位，而是在很大程度上影响、制约乃至"决定"着人类活动的方式及其结果。在清至民国陕北黄土高原人地关系的演变过程中，人口的增长是引发该研究区土地利用恢复、发展的重要契机，也是该研究区人地关系演变的根本性因素；土地利用方式则是人地关系的集中体现，也是人地关系演变的中心环节；而土壤侵蚀、沙漠化则是环境变化过程中较为突出的环境问题，同时，历史时期以来，环境变化与人类活动相互影响，遂成为自然演化与人类活动共同作用的结果。

第一节　土地承载力判断

一、生产条件

陕北黄土高原地貌特征空间差异较大，自南至北，分别呈现为高原沟壑区、丘陵沟壑区和黄土—沙漠边界带等地貌特征。在这种南北景观存有明显差异的条件下，许多地方出现"山谷罗列，半不可耕，舟车阻绝，商贾不通"[①]，"农无余积，则土地之硗瘠可知，虽有洛川而不能灌田，是无水利也，虽有商贩而鲜货奇赢，是无舟车也"等情形[②]。当地民众为了维持生计，多数"以农业为生计根本，而工商次之"[③]。以洛川县为例，该县"农民，则几占百分之九十，斯社会之经济概况可知也。各种工匠，人数均微，且多客籍，而农户又少习副业，则今后政治应有之趋向又可知矣"[④]。往往在一县之中，富户很少，"千金之产，辄推上户"[⑤]。因而，即便是在县城内居住的非农职业的民众也会存有从事农业生产的情况，即"绅士、富户及诸生均作苦田间"[⑥]。由此可以得出，清至民国时期，在陕北

---

① 顺治《绥德州志》卷四《田赋志》之《地亩》，陕西师范大学图书馆古籍部藏，未刊印。

② 民国《洛川县志》卷二三《风俗志》之《民情概述》，《中国地方志集成·陕西府县志辑》，南京：凤凰出版社，2007 年影印本，第 508 页。

③ 乾隆《延长县志》卷五《风俗志》之《生活》，《中国地方志集成·陕西府县志辑》，南京：凤凰出版社，2007 年影印本，第 125 页上。

④ 民国《洛川县志》卷六《人口志》之《职业分类及教育》，《中国地方志集成·陕西府县志辑》，南京：凤凰出版社，2007 年影印本，第 126-127 页。

⑤ 乾隆《宜川县志》卷一《方舆》之《风俗》，《中国地方志集成·陕西府县志辑》，南京：凤凰出版社，2007 年影印本，第 230-231 页上。

⑥ 民国《保安县乡土志》之《民质》，陕西师范大学图书馆古籍部藏，未刊印。

黄土高原的民众中，绝大多数从事农事活动，完全脱离农牧业生产的人口还是相对较少的。

通过对上述主要几个地貌类型区的案例分析，笔者发现，在研究区内，虽然在人均土地占有量上存有区域间的差距。但总体来看，陕北黄土高原的民众可以从事农业生产耕地面积往往较大，有数十至上百亩。以人口密度相对较高的绥德县为例，行政院农村复兴委员会曾在该县进行实地调查。经统计得出，该县在民国二十三年（1934 年）前后，由于地价低廉，购置地亩相对容易，故而佃农相对较少，仅占 10%左右，半自耕农仅占 15%左右，自耕农则占到了70%～80%[①]。

在自然环境制约、土地相对辽阔和传统生产习惯的影响下，多数民众从事"广种薄收"的撂荒生产，仅有部分民众根据不同的地貌、土地条件，因地制宜地选择不同的生产方式。在一些水利条件较好的地方，如延长县，当地民众多采取兴修水利设施以引水漫灌的方式，并利用河水泛滥产生的肥沃淤泥从事农业生产，而这种农业生产相对于在坡地、旱地上的农业活动来说，要相对细致一些。不过，就陕北黄土高原总体而言，除了定边、榆林等地出现过和延长县相近的较大规模水利建设外，多数地区的水利设施建设尚不普遍。

二、土地生产力

黄土—沙漠边界带为中温带半干旱大陆性季风气候区，其余地

---

① 行政院农村复兴委员会编：《陕西省农村调查》，上海：商务印书馆，1934 年；[美]卜凯主编：《中国土地利用——中国 22 省 168 地区 16786 田场及 38256 农家之研究》，南京：金陵大学农学院农业经济系出版，1947 年。

区基本属暖温带半干旱大陆性季风气候区。因此，该区的农作物种类及其产出除局部区域存有较为明显的差异外，总体状况颇为相似。

在陕北黄土高原沟壑区，研究区内以大小麦、豌豆、玉米、糜谷、高粱、棉花为当地的主要作物。农业生产实行夏、秋两季作物制，即"春耕于谷雨前后，夏收在阴历五六月间，主要作物为小麦，秋收在寒露前后，主要作物为苞谷"[①]。这里的作物产量相对丘陵沟壑区要高一些，亩产多在二、三斗左右[②]。以宜川县为例，该县"如遇丰稔，每亩平均收获三斗，即可自给"[③]。与宜川县相近的延长县，其"一塬所获粮除川地外，余原地带不能满市斗一石，计每亩止二斗内外"[④]。

自陕北黄土丘陵沟壑区以至黄土—沙漠边界带，由于"天时则热短寒长，风多雨少"，"得霜最早，且多冰雹，年岁往往歉收"[⑤]，农作物多为一年一熟。在这种恶劣的自然条件下，当地农业作物的品种受到了很大的局限，这些农作物必然带有耐寒、耐旱的特性。在这些农作物中，粟、高粱和马铃薯为当地的主要粮食作物，它们生长季节短，耐寒耐霜，于山坡峭瘠之地，均可生长。其中，马铃

---

① 民国《洛川县志》卷七《物产志》之《植物》，《中国地方志集成·陕西府县志辑》，南京：凤凰出版社，2007 年影印本，第 130 页。

② 光绪《保安志略》之《物宜篇·种植》载，保安县丰稔之年的亩产多在 1 斗/亩～1.76 斗/亩（《中国地方志集成·陕西府县志辑》，南京：凤凰出版社，2007 年影印本，第 199 页上）；道光《安定县志》卷一《舆地志》之《习尚》载，"计地不以亩而以塬，一塬三亩，每塬遇丰年所收约五斗"（《中国地方志集成·陕西府县志辑》，南京：凤凰出版社，2007 年影印本，第 19 页下）。

③ 民国《宜川县志》卷八《地政农业志》之《土地利用》，《中国地方志集成·陕西府县志辑》，南京：凤凰出版社，2007 年影印本，第 147-152 页。

④ 乾隆《延长县志》卷三《赋役志》之《杂课》。该县志另载有"地税应无定额，因邑属山丛，俗懒卤耕，土性越薄，故科粮以五亩折正一亩，呼为一塬"（《中国地方志集成·陕西府县志辑》，南京：凤凰出版社，2007 年影印本，第 117 页）。

⑤ 道光《秦疆治略》之《府谷》《怀远》，《中国地方丛书·华北地方·陕西省》，台北：成文出版社有限公司，1970 年，第 181-182 页、第 185-186 页。

薯的产量最多，其水地亩产竟达一千斤至二千斤，因此成为当地居民的主要食物。而粟的产量虽然只在二斗至七斗五升，但由于"能耐旱、耐霜、耐热，凡干燥异常，夏日温度过高之地，为种植谷物所不能生长者，而小米则颇优为之，无须灌溉，自可成熟，除供食料外，尚可供给饲料"[①]，因此，也成为当地的主要粮食作物之一。此外，由于该地区昼夜温差大，一年四季早晚皆冷，不能栽桑、养蚕、种麻、植棉，农业与家庭手工业的结合已视为不可能，传统小农经济的自给自足特点在这里不能完全体现。不过，值得一提的是，当地民众曾在榆林横山边外"近于腹内河边之地，间有筑坝引渠"种植水稻，但是由于"其地皆高阜，而灌溉诚难也"，以至于"罕有种者"[②]。

总体来说，上述各种农作物的分布存在相对稳定，是长期以来农作物与境内水土条件双向选择和适应的结果，具有一定的必然性和地域性。

三、被承载人口的生活水平

1. 灾害强度

受暖温带半干旱大陆性季风气候影响，陕北黄土高原区域性气候因地形及地表状况的差异而有所不同。由于黄土高原沟谷密度较大，尽管塬面与沟谷相对高差不大，但对区域气候仍有明显影响。

就降水情况而言，该区域的降水情况呈现年际的不均衡性和季

---

① 廖兆骏编著：《绥远志略》，上海：正中书局，1937 年。
② 道光《增修怀远县志》卷二《种植》，《中国地方志集成·陕西府县志辑》，南京：凤凰出版社，2007 年影印本，第 517-519 页。

节的不均衡性。这会导致区域内旱涝分明，一旦中雨、大雨骤然而
至，夏季降水量往往集中在几天之内降完，极易引发较为严重的水
土流失现象。就霜降情况而言，研究区受冬季风控制，时有冷空气
侵入，出现霜降现象，从而引起局部地区的急剧降温，并造成大量
农作物植株茎秆受害或者死亡。如果在抽穗期出现明显的霜降情况，
则往往导致穗部遭受冻害，严重影响产量[1]。因此，当地民众唯有利
用从谷雨到秋分期间仅五个月的无霜期从事农业生产，"然雨泽稀
少，而春耕时尤难调匀，播种失时，即收获难望……故旱干之年，
衣食恒多不给"[2]。

　　当自然灾害波及范围相对较小、持续时间相对较短时，粮食价
格有所增长，民众尚可自救。当地政府也会向中央政府呈报灾情，
通过对受灾地区进行蠲免赋役和实施赈灾的方式减轻灾后民众的负
担[3]。但当自然灾害影响程度有所加深，并得以蔓延时，则往往会出
现"父子相食，几无遗类"的情形[4]。以康熙六十年（1721 年）为例，
陕北黄土高原普遍出现较大的自然灾害，在清涧县，该县"春无雨，
夏禾绝，六月乃雨，民荒极多逃亡男女，孩易米二三升，夫妇不相
顾，复多疫死者相枕藉，南门外掘万人坑。奉恩旨赈济，存活者十
二三，是岁有秋"[5]。在安定县，该县"春，不雨，狂风四塞，雨土
两月。麦豆绝粒，斗米千钱，大饥。人削树皮、木叶食，道殣重积，

---

① 李国桢：《陕西小麦》，西安：陕西省农业改进所，1948 年，第 15 页。
② 光绪《绥德州志》卷四《学校志》之《习俗》，《中国地方志集成·陕西府县志辑》，
南京：凤凰出版社，2007 年影印本，第 388 页下。
③ 顺治《安塞县志》之《田赋志》之《田赋》；嘉庆《续修中部县志》卷二《荒政》，《中
国地方志集成·陕西府县志辑》，南京：凤凰出版社，2007 年影印本，第 40-41 页上。
④ 雍正《陕西通志》卷八六《艺文二》之《奏疏》，（清）杨素蕴：《延属丁徭疏》，陕西
师范大学图书馆古籍部藏，未刊印。
⑤ 乾隆《清涧县续志》卷八《武备志》之《灾祥》，陕西师范大学图书馆古籍部藏，未
刊印。

相割啖，城外掘乱人坑。先是沿边一带数载歉收，皆仰食安定，乡人争出粟卖之。至是米价腾贵，十倍其值，仓廪皆不可救矣"①。

2．食物

陕北黄土高原民众的日常食品多以糜、谷、高粱为主，有的地方"因地属山岳，不宜种麦，故面食甚少，农家终岁以软黍和谷壳磨细蒸饼，俗唤窝窝"，当收成歉收时，"则采沙米、蒿子、棉蓬、秕子、孟莠子为度荒要品"②，更有甚者，"私家已磬，老幼掘野蔬熟而碓之，和糠以食"③。此外，如"马铃薯、番瓜、萝卜、蔓青，家必播种，充日用菜蔬"。当然，上述民众日常食品多是在收成丰稔和平常年份加以食用。灾患之年，"颗粒无收，斗米千钱，饿殍枕藉于道，卖鬻男女，邑民散亡大半"④。如遇连年大旱，大量民众奔逃在外，虽有地方政府加以赈济，但全活之民毕竟有限，"老弱转乎沟壑，壮者散而之四方"⑤。

据侯甬坚研究，历史时期渭河流域民众为保证基本的生计，多采取求神拜佛、节俭度日等方式。这些方式重在平时的积累和教育，重在人心的塑造和稳定。在遭遇灾害等不测之事时，均能有所准备，不致失去了生活的依托。如果出现了难以抵御的社会灾难，就会有人铤而走险或参加革命⑥。在陕北黄土高原，上述方式在当地民众的

---

① 雍正《安定县志》之《灾祥》，陕西师范大学图书馆古籍部藏，未刊印。
② 民国《横山县志》卷三《风俗志》之《习惯》，《中国地方志集成·陕西府县志辑》，南京：凤凰出版社，2007年影印本，第408页。
③ 雍正《安定县志》之《艺文》，王光祖，《土田说》，陕西师范大学图书馆古籍部藏，未刊印。
④ 顺治《安塞县志》之《灾异志》，陕西师范大学图书馆古籍部藏，未刊印。
⑤ 民国《米脂县志》卷四《风俗志》之《农业》，《中国地方志集成·陕西府县志辑》，南京：凤凰出版社，2007年影印本，第117页。
⑥ 侯甬坚：《一方水土如何养一方人？——以渭河流域人民生计为例的尝试》，《中日文化交流的历史记忆与展望》，西安：陕西师范大学出版社，2008年，第361-384页。

生活中多有体现，而且，由于村落组成多为聚族而居，故而存有一种名为"丁田制"的宗族风险自救方式，这种生产方式在绥德、米脂、佳县、子洲一带多有体现。其具体内容为"乡村居民多属同姓，村周田地统归所有，迨生齿日繁，子姓分时。言明，凡建筑、羊斋、殡葬、营墓不分彼此。是为庄伙田地，即古昔盛时，死徙无出乡之意乎"，这样的田地因家族所在的地理位置不同，还被称为"庄寨田地"①。

3．居所

陕北黄土高原的居所大致可以分为厦房（瓦房）、窑洞和菴子等三种规制。

在黄土高平原区和黄土丘陵沟壑区，当地民众多根据自身生活的地形部位而修建不同的居所。由于当地民众多聚族而居，故而多呈现为比户筑寨的情形②。具体的住所"有原上、沟川之别：在原上者多为瓦房，亦有筑成窑式，顶上覆土而不盖瓦者，因气寒风烈，取其冬温夏凉也。在沟川者则就土崖挖窑洞以居，前置门窗，以通气纳光；或数窑错综排列，庭阶落落，亦不失为高尚房舍也"③。因此形成的村落由于受到地形的限制，同时为了就近水源，多沿沟谷两侧分布，呈线状延伸。在塬区或地形条件较好的城镇中，聚落的平面布局与规模受地形的限制较小，因此在人口密集处能形成规模

---

① 民国《米脂县志》卷四《风俗志》之《附古道可风》，《中国地方志集成·陕西府县志辑》，南京：凤凰出版社，2007 年影印本，第 137 页；子洲县志编纂委员会：《子洲县志》，西安：陕西人民教育出版社，1993 年。

② 民国《洛川县志》卷二三《风俗志》（《中国地方志集成·陕西府县志辑》，南京：凤凰出版社，2007 年影印本，第 509 页）和民国《中部县志》卷一八《风俗谣言志》（《中国地方志集成·陕西府县志辑》，南京：凤凰出版社，2007 年影印本，第 369 页）亦载"率比户而居"。

③ 民国《洛川县志》卷二三《风俗志》之《日常生活》，《中国地方志集成·陕西府县志辑》，南京：凤凰出版社，2007 年影印本，第 509 页。

可观的窑洞聚落，如葭州乌龙铺就有"居民百余户"[①]。

在黄土—沙漠边界带，当地民众多建有一种简易的居所，名为菴子，又名"柳笆庵子"。这种住所多为刚进入黄土—沙漠边界带的"雁行人"居住。其作工简陋，常常是筑土围墙，在左右围墙上部内侧开多道凹槽，将采伐来的粗沙柳条扎成直径15～20厘米的柳条笆子，并将柳笆圈成半圆形，两头分别插入土墙相对槽内。一般纵距1.5米处架插一道拱形柳笆，然后用粗柳条或柳笆纵向将各拱形柳笆捆扎联系。在菴子顶部搭铺柴柳茅草，白黏泥覆盖抹顶，内壁不抹泥，成外形如同拱形窑洞式柳笆庵。从柳笆庵的建筑工艺来看，其用料多取之于当地的沙柳。由于降水量小，干旱不雨，这种简陋住所勉强可以过活[②]。当然，随着"雁行人"逐步定居下来，窑洞、厦房等居所也开始逐步普及。

4．燃料

在黄土—沙漠边界带，区域气候"寒早而暑迟，三月而冰未泮，四月而草始萌……霜降或中秋之期"[③]，在这种天寒地冻的情形下，大多数居民待在家中，抗寒过冬。但是该地既无煤炭资源作燃料，又无大面积森林足供柴薪。居民只好像蒙古人那样捡拾牲畜的粪作燃料，成块的牛羊粪用于烧灶煮饭、煨炕御寒[④]。这一现象非独乡村如此，城镇居民亦然。即便在20世纪60年代初，定边、安边两处除机关用煤外，大部分居民仍以蒿柴、牛羊粪作燃料，舍此无

---

① 李云生《榆塞纪行录》卷二，陕西师范大学图书馆古籍部藏，未刊印。
② 民国《续修陕西通志稿》卷二八《田赋》之《鄂尔多斯蒙部述略》，陕西师范大学图书馆古籍部藏，未刊印。
③ 嘉庆《定边县志》卷一《地理志·风俗》，《中国地方志集成·陕西府县志辑》，南京：凤凰出版社，2007年影印本，第20页上。
④ 嘉庆《定边县志》卷一三《艺文志》之《诗选·煨炕御寒》，《中国地方志集成·陕西府县志辑》，南京：凤凰出版社，2007年影印本，第111页下。

以为炊[1]。

在高原沟壑区和丘陵沟壑区，燃料因木材采伐不易，故多用"石炭、禾秸、柳条等类"作为燃料之需[2]。不过，在高原沟壑区，由于洛川塬、宜川塬和黄龙山区相毗邻，故而燃料资源比较丰富。据统计，宜川县"西南林区人民用薪柴，中北部塬区、草场区用农作物秸秆或野生草类，有些甚至挖根为柴，致使林地、草场严重退缩。农民和城市居民每年用作燃料的薪柴达三万立方米以上。生产、生活用煤均来自山西吉县和本省的黄陵、子长、小寺庄和韩城等地。生活燃料分布极不平衡，西南林区薪柴多，人口少。人口密度为十三点七八五人/平方千米。县城东北残塬非林区人口密度五十四点八二人/平方千米，树木稀疏，薪柴奇缺，曾被称为三料（饲料、燃料、肥料）缺乏地区，群众直接燃用庄稼禾秆"[3]。

第二节　人口变动和土地利用

在人地关系的演变过程中，人口一直是人地关系系统中最为活跃的因素。而人口变动是一个社会的历史的过程，是在特定的历史环境中进行的，因而受到一定的生产方式及其上层建筑的制约和影响。在人口变动过程中，人口的增长是引发区域土地利用恢复、发展的重要契机；人口的减少又是导致区域土地利用紊乱、下降的主要驱动，因此，人口变动则成为区域人地关系演变的根本性因素。而土地利用是人类活动影响生态环境的最主要、最直接的方式，它

---

① 《定边县志》编纂委员会编：《定边县志》，北京：方志出版社，2003 年。

② 民国《横山县志》卷三《风俗志》，《中国地方志集成·陕西府县志辑》，南京：凤凰出版社，2007 年影印本，第 409 页。

③ 宜川县地方志编纂委员会编：《宜川县志》，西安：陕西人民出版社，2000 年。

可以通过改变一系列的自然现象和生态过程，从不同尺度对环境产生重要的影响。

在清至民国时期的陕北黄土高原，人口变动和土地利用具有显著的时代特性和地域差异。就时代特性而言，人口变动和土地利用过程在近 300 年时间里先后经历了四次较大的波动期，即明末清初的战乱和自然灾害、顺治末年的兴屯垦殖政策、"同治回变"以及光绪"丁戊奇荒"。在此期间，政治环境稳定、社会经济发展、宽松的政治环境促进人口的增长；而灾害、战乱频仍则导致人口的下降。土地利用随人口的变动而发生变化，当人口繁衍超过自然资源所能够提供的限度时，必然会出现人口的迁移或土地利用方式的改变；反之，当自然资源尚能承受定量的人口压力时，土地利用对土壤侵蚀的影响便具有相对稳定的持续性，而且土地利用的力度在不同程度上还具有变幅较大的可逆性。就地域差异来讲，陕北地区人口规模呈现自黄土高原沟壑区→黄土丘陵沟壑区→黄土—沙漠边界带逐渐递减的趋势；人口密度则呈现由葭州、绥德州向外延伸的半圆形递减趋势。与之对应的，土地利用的规模、强度、方式等方面亦具有明显的变化。

一、人口规模

清至民国时期，陕北黄土高原的人口规模在每次下降后，总有一个恢复的周期，而这一周期恢复的过程，实际上是人类从维持生计到恢复生产，继而谋求发展的三个不同时期的土地利用过程。在这一变化过程中，人口因素和土地的实际承载能力通过土地利用变化而作用于环境本身，进而引起人为影响下的土壤侵蚀现象。从一定程度上来说，土地利用变化又可视为人口和土地承载力之间、人类活动和环境变化之间的变量。笔者大致可以按陕北黄土高原沟壑区、丘陵沟壑区和黄土—沙漠边界带分别进行分析。

陕北黄土高原沟壑区，以洛川县为例，该县自明清鼎革之际，由于长年的自然灾害和战乱因素，人口数量呈递减的趋势。顺治十年至十二年（1653—1655 年）兴屯垦殖政策在陕北南部的影响，使得该区域的社会经济状况更为混乱。随着清政府"盛世滋生人丁，永不加赋"和"摊丁入亩"等政策的颁行，该区人口数量有明显增长，社会经济状况逐步恢复，此时期的土地垦殖率也逐次递升。至咸丰年间，由于太平天国运动的影响，西北地区成为大量战区民众重点移民的区域，因此，在此期间，陕北黄土高原沟壑区人口规模仍然保持较高的增长水平。伴随着人口数量的逐次递增，人地矛盾日益凸显。同治年间以至光绪初年，该区域屡遭战乱和自然灾害的影响，其人口数量大幅下降，土地的利用率也呈明显下降趋势。随后，虽经外来移民的大量移垦，地方社会经济状况有所改善，但是至清末，该地的人口数统计为 64 760 余口[①]，该区域人口数量直到民国三十年（1941 年）前后才与乾隆二十年（1755 年）前后的人口数量持衡[②]。

在陕北黄土丘陵沟壑区，以绥德为例，该地自明代洪武年间便设有绥德卫以巩固西北军事防御体系[③]，防御蒙古游牧民族的入侵。

---

① 嘉庆《洛川县志》卷九《民数》，《中国地方志集成·陕西府县志辑》，南京：凤凰出版社，2007 年影印本，第 414 页上-416 页上；道光《秦疆治略》之《洛川县》《中国地方志丛书·华北地方·陕西省》，台北：成文出版社有限公司，1970 年，第 161 页；民国《洛川县志》卷六《人口志》，《中国地方志集成·陕西府县志辑》，南京：凤凰出版社，2007 年影印本，第 112 页。

② 民国二十七年（1938 年），洛川县东境划归龙山垦区，土地和人口相应减少。

③ 雍正《陕西通志》卷三五《兵防》，陕西师范大学图书馆古籍部藏，未刊印。

该区自明末清初之际，由于长期的自然灾害和战乱因素，人口数量和土地利用率呈骤减的趋势。虽经清政府的多方筹措，颁行招抚法令，但是人口数额始终处于低迷状态。顺治后期，清政府为了加快恢复和发展社会经济，鼓励垦荒，除了制定垦荒兴屯之令外，还利用前明遗留下的卫所体系，推动军屯事宜的迅速展开。康熙年间以降，军屯卫所内部的"民化"、辖地的"行政化"进程加快，绥德卫因其所在区域人口相对稠密、州县行政机构密集，故在裁撤之后，将辖地并入附近州县。此后，随着国家政策的调整，当地社会的日趋稳定，绥德的人口数量有一定增长，社会经济状况逐步恢复，此时期的土地垦殖率也呈逐次递升的趋势。至道光三年（1823 年），绥德直隶州人口数量达到了 331 300 余口的规模[①]。至咸丰年间，由于太平天国运动的影响，西北地区成为大量战区民众重点移民的区域，因此，在此期间，绥德人口规模仍然保持较高水平。伴随着人口数量的逐次递增，人地矛盾日益凸现。同治年间以至光绪初年，绥德屡遭战乱和自然灾害的影响，人口数量大幅下降，土地的利用率也呈明显下降趋势。其后，经过战乱后地方政府的多方筹措，外逃民众多回至原籍。加之大量外来移民的移垦，地方社会经济状况有所改善，至光绪二十八年（1902 年），该地"民、屯户口居然与乾隆间等"[②]。

　　总体来看，在明末至民国时期的近 300 年中，洛川和绥德的耕地数额都随着不同时期人口数量的变化而呈现出类似的变化，即耕地数额和人口数额之间呈正相关关系。不过，具体到某些特定时期，

---

① 道光《秦疆治略》之《绥德直隶州》，《中国地方志丛书·华北地方·陕西省》，台北：成文出版社有限公司，1970 年，第 167-168 页。
② 光绪《绥德州志》卷三《民赋志》之《户口》，《中国地方志集成·陕西府县志辑》，南京：凤凰出版社，2007 年影印本，第 359 页上。

也都呈现较为复杂的变化趋势。如自清初至康熙中期，绥德人口增长情况的变化仍是受兴屯垦殖政策的影响，而土地垦殖率的下降则反映了当社会趋于稳定时人口增长影响下正常的土地垦殖情况。这一情况和洛川相比，存有较为明显的相似性。此外，土地利用方式的固化和延续推动两地民众的耕垦区域发生变化，耕作部位越来越陡。不过，有所区别的是，在洛川塬墹面人口压力到一定的限度、土地难以维持生计时，民众便会有一部分从原居地迁到人地矛盾相对缓和的黄龙山区进行垦殖。而地处丘陵沟壑区的绥德民众虽然也有举族迁徙至其他地区，但更多的则是开发的耕作部位越来越陡，甚至根据形态各异的地貌状况而划分等级，并出现由植被较好、土壤相对肥沃、水分条件相对较好的梁顶和沟掌地向梁峁斜坡和沟缘缓坡，最后到地形陡、土层薄并有基岩出露陡坡或裸岩薄土部位的发展态势。

而黄土—沙漠边界带，该区明末清初之际，有一部分农民军越过陕北长城，继续进行抗清活动。另一部分则投降了清政府，但仍保持着强烈的反清色彩，并在顺治、康熙年间先后有两次较大的绿营军反清活动，这些军队在兵变失败后，也退至长城以北地区。故而，清政府于顺治年间在蒙陕农牧交错带沿长城外侧划定出一条宽50 余里，长 2 000 余里的禁留地，同时又在顺治十二年（1655 年）规定"各边口内旷土听兵垦种，不得往口外开垦土地"[1]。至康熙年间，一些无地、少地农民违反禁令，进入黄土—沙漠边界带进行私垦，被称为"雁行人"，不过，他们为数有限，并未对当地的生态造成明显的影响。但"雁行人"一旦在新的地区通过辛勤的劳作，达到了维持生计的最基本的需要，那么，他们不仅在这里安家落户，

---

[1]《钦定大清会典事例》卷一六六《户部十五》之《田赋》，嘉庆二十三年（1818 年）刻本。

而且还鼓动原来的亲朋故旧前来就食。因此,更多的人口接踵而至,这就导致了前往该区域的移民越来越多。而这些进入黄土—沙漠边界带的移民以晋陕一带的无地、少地农民为主。经过两百余年的辛苦劳作,伙盘地居民逐步习惯了当地的自然环境,组建家庭,营建村落,一代代繁衍下去。图 8-1 即为自康熙三十六年至光绪三十三年(1697—1907 年)陕北长城外伙盘地大规模的移民情况。

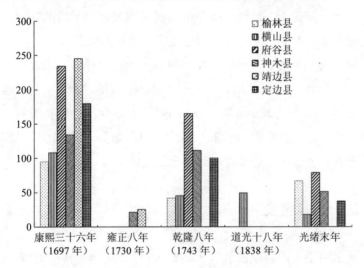

图 8-1 清代陕北长城外伙盘地村庄分布统计/处

资料来源:民国《陕绥划界纪要》卷三至卷八。

民国《陕绥划界纪要》所涉及的户数虽然为民国的统计数字,不能作为体现当时移民规模的直接依据。但该文献翔实地记录了所列村庄建村年代。康熙年间,在陕北沿边六县长城外伙盘地中,出现村庄数最多的,为靖边县口外伙盘地,该县口外伙盘地村庄占到了该县在整个清代所建伙盘地村庄的 90.7%,最少的如神木县口外伙盘地，也占到了 42.3%，其余四县大致持平在 46.6%～56.8%。康熙年间以后，清政府自乾隆年间至光绪末年 150 余年中一直推行禁令，严令禁止汉民流入蒙古地区，黄土—沙漠边界带自然也在严禁的地区之中。但是迫于生计的人们甘冒政府禁令闯入禁留地，从事农牧活动。这一时期共有 512 个村庄建成，其村庄数额相对较少，自然与政府的禁令紧密相关。而到清光绪末年，由于"移民实边"政策的推行，黄土—沙漠边界带的移民垦殖又掀起了新的高潮。虽然此时期建村不多，但开垦的土地数额确实相当惊人①。

移民人数增加了，土地自然也得到了大量的开垦，粮食不断增收，当地便增建仓庾②，这显然是一个经济发展的时期。从乾隆四十年（1775 年）到道光十九年（1839 年）的 65 年间，榆林府的户口数字稳步上升，户数增加了 21 360 户，口数增加了近 20 万③。统属于延安府的靖边、定边二县也有相应的变化④。

二、人口密度

揭示清至民国时期陕北黄土高原人口变动和土地利用的关系，一方面需要从研究区域的人口规模入手探讨土地利用因子的波及范

---

① 王晗：《清至民国陕北长城外伙盘地的土地状况——以定边县、靖边县为例》，陕西师范大学西北环发中心编：《统万城遗址综合研究》，西安：三秦出版社，2004 年，第 277-285 页。
② 道光《榆林府志》卷二三《食志》，《中国地方志集成·陕西府县志辑》，南京：凤凰出版社，2007 年影印本，第 348-350 页。
③ 道光《榆林府志》卷二二《食志·户口》，《中国地方志集成·陕西府县志辑》，南京：凤凰出版社，2007年影印本，第346页（这些人口数据包含口外近边遥治的人口）。
④ 康熙《靖边县志》卷五《赋役志》，陕西师范大学图书馆古籍部藏，未刊印；嘉庆《定边县志》卷二《建置志》，《中国地方志集成·陕西府县志辑》，南京：凤凰出版社，2007 年影印本，第 21 页上。

围和影响程度，另一方面则需要从人口密度出发考察土地利用变化的强度和力度。如前文所述，该研究地区的人口规模呈现自黄土高原沟壑区至黄土丘陵沟壑区，再至长城沿线风沙草滩区逐渐递减的趋势；而人口密度则呈现由葭州、绥德州向外延伸的半扇形递减趋势。

为更好地弄清人口密度和土地利用之间的关系，笔者选取道光三年（1823年）为横断面，选择史家认同的陕西巡抚卢坤编辑的《秦疆治略》所辑人口数字作为人口统计数据来源，以民国《续修陕西通志稿》卷一《府厅州县分图》中所辑各府、厅、州、县舆图为土地面积估算的依据，以推演清代中后期陕北黄土高原人口密度的大致趋势[①]，如表8-1所示。

表 8-1　清代中后期陕北黄土高原人口数量、土地面积、人口密度统计

等级/（人/km²）	行政区划	人口	面积估算/km²	密度/（人/km²）
>100	神木县	109 900	730	150.5
50~100	绥德州本州	113 300	1 400	80.9
	清涧县	90 800	1 780	51.0
	吴堡县	26 400	500	52.8
	延长县	86 100	1 130	76.2
40~50	府谷县	143 000	2 880	49.7
	葭州	89 400	1 980	45.2
	肤施县	61 200	1 380	44.3
30~40	榆林县	101 200	2 750	36.8
	米脂县	109 000	3 250	33.5
	安定县	85 600	2 280	37.5

---

① 民国《续修陕西通志稿》卷三一《户口》对清代陕西各府、州、县的户口数有较为详尽的记载，但鉴于该志所载各州县户口数字来源庞杂，数字质量，尤其是准确性难以把握，且无统一标准年代，故而本文并未采用该志所载户口数字。

等级/（人/km²）	行政区划	人口	面积估算/km²	密度/（人/km²）
20～30	怀远县	87 600	3 200	27.4
	洛川县	98 400	3 470	28.3
	靖边县	74 800	2 750	27.2
	延川县	49 100	1 800	27.3
	宜君县	63 900	2 430	26.3
10～20	宜川县	79 100	5 600	14.1
	定边县	81 300	4 950	16.4
	安塞县	36 900	2 450	15.0
	甘泉县	24 100	1 850	13.0
	保安县	51 500	2 800	18.4
	鄜州本州	72 600	4 620	14.1
<10	中部县	37 500	4 000	9.4
	陕北各区	1 772 700	59 960	29.6

资料来源：道光《秦疆治略》；民国《续修陕西通志稿》卷一《府厅州县分图》。

注：卢坤所辑《秦疆治略》中虽未记录陕西各州县的户数，但该书所载口数系道光三年（1823年）调查所得，准确性相对较高。

　　由表 8-1 可得，道光三年（1823 年）前后，陕北黄土高原的人口平均密度为 29.6 人/平方千米，共有 11 个府、州、县高出人口平均密度。而在其余低于人口平均密度的府、州、县中，鄜州所属的鄜州本州、洛川县、宜君县、中部县均徘徊于 9.4～28.3 人/平方千米。此外，地处"东据黄河，南扼孟门，峻岭广阜，名胜要区"[①]的宜川县人口密度仅为 14.1 人/平方千米，尚不及人口平均密度的一半。而这些地区地处陕北黄土高原沟壑区，人口规模相对丘陵沟壑区的陕北各县为多，但由于这些地区多以破碎塬及长梁为主，土地状况相

---

① 乾隆《宜川县志》卷一《方舆志》之《疆域附形胜》，《中国地方志集成·陕西府县志辑》，南京：凤凰出版社，2007 年影印本，第 219 页下-220 页上。

对良好，宜耕土地相对较多，故而人口密度要低于陕北丘陵沟壑区其余诸县。

此外，笔者可以根据表 8-1 所示陕北各府、州、县所统计的人口密度进行制图，如图 8-2 所示。

图 8-2　道光年间陕北黄土高原人口密度趋势图

由图 8-2 不难看出，道光三年（1823 年）前后，陕北黄土高原的人口密度呈现由葭州、绥德州向外延伸的半圆形而逐步递减。人口密度相对集中的地方，如绥德一带，该地人口变动骤增骤减，这固然反映了战乱的频仍、自然灾害的肆虐，进而导致了人类活动强度和广度在时段上的明显差异，但更重要的则是突出了该地严峻的土地生态承载能力问题。而生态承载能力的高低则主要是通过该区域民众的人类活动过程中所引发的环境问题来体现。不过，图 8-2 中所标示的绥德县、肤施县、神木县、府谷县、延长县等五县的人口密度表现得较为突出。就绥德县和肤施县而言，此两地都是府、州一级的治所所在地，故而人口密度和其他地区相比较为集中。而神木、府谷两县的人口密度普遍较高，其中，神木县人口密度高达 150.5 人/平方千米，这多与清代中后期大量晋陕边民纷纷涌入陕北长城外谋生直接相关，因而，上述两县人口数量相对较多，而神木理事厅的设置也恰好印证了这一问题①。最后，延长县的人口密度为 76.2 人/平方千米，是继神木县和绥德直隶州本州之后的最高人口密度分布点。该地之所以出现较为集中的人口，这多是和此地存有较为密集的水利设施可供大量农田灌溉之需有关②。

三、人口迁移

由于陕北地区所处的独特地理位置，加之战乱和自然因素的作用，人口波动频繁，大起大落；在人口增长时期增长趋势相对缓慢，而在人口下降时期则呈剧烈趋势。其中，政治环境稳定、社会经济发展、宽松的政策因素促进人口的增长；而灾害、战乱频仍则导致人口的下降。

---

① 道光《秦疆治略》之《神木理事厅》，《中国地方志丛书·华北地方·陕西省》，台北：成文出版社有限公司，1970 年，第 175-176 页。
② 乾隆《延长县志》卷二《建置志》之《水利》，《中国地方志集成·陕西府县志辑》，南京：凤凰出版社，2007 年影印本，第 107-110 页。

　　以发生在陕北黄土高原沟壑区的兴屯垦殖政策为例，该项政策
的症结便是迫使被招徕的农民大量逃亡，使得"耕者复荒"，更促使
被勒令垦荒的原居民"或父子偕奔，或兄弟离散，甚有全家全户扶
老携幼弃乡背井者"①，沦为新的流民。这些民众中虽有部分远离"近
官民田"②，继续从事农业生产，但更多的民众为了维持生计而出现
了分流。有的"啸聚为乱"，成为地方上的不稳定因素。

　　以延安府同治年间的战乱和光绪初年的灾害为例，延安府治下
的肤施、甘泉、保安、安塞等四县在两次动乱中表现尤为突出。在
肤施县，该地在咸丰十一年（1861 年）尚有民口 6.9 万，至宣统元
年男女大小统计，仅为 18 198 口，损失近 5.1 万人③。在保安县，据
史料载，该县在光绪二十二年（1896 年）有男女大小共 5 241 口，
和战前相比，损失人口高达 92%④。如此高的人口损失，并不意味着
人口都死亡了，而更多的是反映了人口多已逃亡。不过，据后来的
文献反映，人口损失最大的地区，灾后的人口增长速度最快，反之，
增长速度即低。当然，此时期的人口增长包括了原有逃亡在外的民
众重新著籍和外地移民的涌入⑤。

　　那么，因苛刻的政策和战乱、灾害的影响而逃亡的民众又是怎
样维持生计的？有的民众留守在原有土地上，继续从事农业生产。
但当地民众的生产积极性不高，一味开垦而不惜地力，以致"屡垦

---

① 雍正《陕西通志》卷八六《艺文二》之《奏疏》，（清）贾汉复《秦地折正宜仍旧额疏》，
陕西师范大学图书馆古籍部藏，未刊印。
②《皇朝经世文编》卷一一《治体五》之《治法上》，（清）魏禧：《论治四则》。
③ 民国《续修陕西通志稿》卷三一《户口》，陕西师范大学图书馆古籍部藏，未刊印。
④ 光绪《保安志略》之《田户篇》之《户口》，《中国地方志集成·陕西府县志辑》，南
京：凤凰出版社，2007 年影印本，第 175-176 页。
⑤ 饶智元编：《陕西宪政调查局法制科第一股第一次报告书》之《民情类》，稿本，南京
图书馆藏。

屡荒"，导致"山经践踏"，则会导致表层土体发生碎裂，形成碎土和岩屑，"遇大雨，浊浪下冲，亦为居民患"[①]。有的离开耕作的土地奔赴陕北长城以外的蒙古草原进行新的垦殖[②]；有的躲至洛川县境西侧的黄龙山区进行开荒垦种[③]。

以离开原籍越过陕北长城从事新的垦殖的民众为例，这些民众刚开始时多以"雁行人"的身份出现在蒙陕农牧交错带这一片生境脆弱的土地上，他们初来时，用泥巴、沙柳建成简陋的住所，即所谓的"柳笆庵子"。建筑用料取之于当地的沙柳，由于降水量小，干旱不雨，这种简陋住所勉强可以过活，一旦内地条件好转，他们便会放弃这种"春出冬归"，让原籍一家老小牵肠挂肚的"雁行人"生活，退回原籍。但内地人口的日益膨胀，土地兼并的日益加剧，以及赶上连年旱涝灾害，多数"雁行人"也就逐渐定居于此，既然他们选择了定居生活，必定挈妇将雏，在他们认为环境稍微好些的地方定居，当年窝棚式的临时住所自然不能满足一个家庭的需要，他们的住所也就开始发生更替，在府谷、神木等边外，由于土质与黄土高原相近，内地人自然会将原有的建房办法利用其中，即在黄土高原的断垣上建筑窑洞，而在定边、靖边等边外则仿照蒙古人的蒙古包类型建房，可谓因地制宜。

在康熙三十六年（1697年）前后，便有大量民户定居于蒙陕农牧交错带。在《陕绥划界纪要》中所标注的村庄中，有 55.1%的村庄建村于康熙三十六年（1697年）前后。康熙三十六年（1697年）

---

① 雍正《安定县志》之《山川》，陕西师范大学图书馆古籍部藏，未刊印。
② 王晗：《"界"的动与静：清至民国时期蒙陕边界的形成过程研究》，《历史地理》（第25辑），上海：上海人民出版社，2011年，第149-163页。
③ 嘉庆《洛川县志》卷二〇《艺文志》之《拾遗》，《中国地方志集成·陕西府县志辑》，南京：凤凰出版社，2007年影印本，第526页下-527页。

后，虽然雍正、乾隆、嘉庆各朝都严令禁止，但仍有新的"雁行人"出现①。他们选择居所的余地也就越来越小，他们要么冲出政府硬性划定的界线，另觅新地；要么在已有的村落旁，另行建村。在这种情势下，一方面，新的移民不断违背禁令，闯入新的地区进行农牧业活动，迫使清政府不断进行重新划界。据王晗《"界"的动与静：清至民国时期蒙陕边界的形成过程研究》统计，自康熙三十六年（1697 年）"雁行人"大量出现开始，至清末的 200 多年中，就有四次大型的划界行为②。另一方面，新的移民在已有村落之侧，又营建新村。据《陕绥划界纪要》统计，自康熙年间建有 996 个村庄外，雍正八年（1730 年）、乾隆六年（1741 年）、道光十三年（1833 年）、光绪二十八年至三十三年（1902—1908 年）等不同时期都有"雁行人"不断定居的情况发生，而且所占比例都不在少数，此时的移民之多，得窥一斑③。

新的生态环境在人口承载力适当的情况下，能够正常的运转，脆弱生境亦然。蒙陕农牧交错带原有居民的生产制度是粗放的，这与劳动者的素质，或者说是和劳动者的主观能动性，以及其环境意识紧密相连。这两者极大影响土地利用的合理程度，主观能动性强的劳动者会致力于精耕细作，努力提高粮食的单位产量，土地利用的经济效益也会因此而提高，而环境意识的程度决定了土地利用生态效益的高低。一般而言，土地利用的经济效益通过劳动者个人的努力得到提高，而生态效益的实现则需要劳动者文化水平的提高，

---

① 道光《增修怀远县志》卷四《边外》，《中国地方志集成·陕西府县志辑》，南京：凤凰出版社，2007 年影印本，第 697-700 页。
② 王晗：《"界"的动与静：清至民国时期蒙陕边界的形成过程研究》，《历史地理》（第 25 辑），上海：上海人民出版社，2011 年，第 149-163 页。
③ 民国《陕绥划界纪要》卷三至卷八，榆林市图书馆藏，未刊印。

甚至需要政府部门发挥强制性作用。经济发展程度低的社会，土地的经济效益和生态效益往往以矛盾的形式表现；而高度发展的社会，土地的经济效益和生态效益是紧密结合在一起的。俄国人尼·维·鲍戈亚夫连斯基在《长城外的中国西部地区》一文中曾记载在伊犁地区新迁居的汉族农民和维吾尔族农民的生产制度，"无论汉人还是塔兰奇人都使用原始的工具，用原始的方法耕地播种。汉人原先在缺少耕地的内地家乡时，本以讲究耕作技术著称，但他们来到地广水多的伊犁地区后，就放弃了靠双手精耕细作的种田方法，而采用了当地原始的粗放的耕作方式，土地如此之多，产量如此之高，他们便觉得不必像在家乡那样牛马般孜孜不息地耕种土地了。工具是原始的木犁，它由一块尖形木块做成，其尖端包以铁皮，然后把这个木块钉在驾着马或牛的辕杆上，这样，伊犁式木犁便做成了。这种木犁不能深耕，只能扒开土地的表面，而且不深，在耕地之后还留下好多没有犁到的地方"[①]。黄土—沙漠边界带的土地自然状况与伊犁地区相近，这里的伙盘地居民所采取的生产制度与伊犁地区村有很大的相似性。在环境恶化与人口压力的情况下，原有的土地利用方式发生改变，成为广种薄收式的利用体系，而这种土地利用方式又为传统农业的特征所强化和固化。因而，人地关系与环境变化的关系可表达为，人地矛盾形成人口压力下的土地利用方式，土地利用方式决定了传统的农业特征，强化和固化了传统的土地利用方式。萧正洪在《环境与技术选择》一书中曾指出，广种薄收的种植方式作为一种相当固定的技术观念已经由来已久。清前期曾有人认为"边民之病，莫甚于广种薄收之说，动曰不种百饷不收百石。然不壅不锄，止知一耕一种已无余事，其收成厚薄则听之天矣。……盖广种

---

① ［俄］尼·维·鲍戈亚夫连斯基：《长城外的中国西部地区》，北京：商务印书馆，1980 年。

则粪不足，力不至而苗根不深，枝干不茂，微旱已成灾伤，即丰收亦属有限，何如积粪勤锄以少胜多之为愈乎"①。进行开垦的汉族农民"知生趣可省粪田之利，但择生者而种之"，他们受制于劳动力资源、农业工具和经济能力等社会经济条件的束缚，因而对土地的肥料和资金投入较少。为了生存，他们唯有采取广种薄收的方式来获取较多的人均产出，单位面积产量一般很低，故而出现"今年种于此，明年种于彼，车至生者熟，而熟者荒"的现象，如此往往是"东辍西耘，地多荒废"。这种对生态系统的破坏，不仅意味着生存基础的破坏，还意味着一系列直接后果。

第三节　土地垦殖和环境变化

黄土高原的环境变化过程虽然是几百万年来的地质现象，但在近万年尺度内的环境变化尤为剧烈，这表明在此阶段，人类活动是引起黄土高原环境变化的主要因素，即人类对全球变化的影响更为重要。土地利用是人类社会和生产活动的一种主要方式，它是人地关系的集中体现，同时也是人地关系演变的中心环节。而土壤侵蚀、沙漠化则是环境变化过程中较为突出的环境问题，同时，在历史时期以来，又受到人类活动的深刻影响，遂成为自然演化与人类活动共同作用的结果。

一、土地垦殖与土壤侵蚀

陕北黄土高原的土壤侵蚀问题主要是针对黄土丘陵沟壑区和黄

---

① 乾隆《怀远县志》卷一《种植》，陕西师范大学图书馆古籍部藏，未刊印。

土高原沟壑区而言。经研究表明，在该区域中，当地民众通过土地利用对地理环境的影响是逐步发展的，并不是自从初始状态时就表现出强烈的作用。这一方面是因为当地民众早期影响的规模和程度有限，不足以破坏自然界的物质能量相对平衡；另一方面也是因为生态本身具有一定的弹性，只有当人施加给自然的影响超越了生态的忍耐能力，才会表现出明显的影响效果[①]。

陕北黄土高原居民的农牧业活动影响自然过程的程度是因地而异的。由于各区域的自然条件、生产活动的方式、人口密度和文化水平、社会经济以及社会发展历史等因素不同，即使在相对较小的区域中亦存在较为明显的差异。而当地民众的农牧业活动促使侵蚀加速的方式较多，如砍伐森林、破坏草原、陡坡耕垦等，其中，以坡地耕垦的影响最大。因此，从某种意义上说，区域的土地开垦史，基本上就是人为加速侵蚀的发展史。而陕北黄土高原居民影响地理环境的趋势和演进模式，则可以从聚落形态、耕作部位和耕作半径等三方面加以集中体现。

1. 聚落形态

陕北黄土高原民众在从事土地垦殖过程中，往往根据当地特定的地貌条件和生活环境对自身所在的居所进行命名，其中多有以沟、梁、峁、台、崖、岔、峪、崂、塬（原）、坪、湾、嘴等命名的村庄。其中，除城镇附近、交通要道、平川有较大的村庄外，大多数村庄分布在山、峁、梁、沟里，居住异常分散。在这种破碎分割的地形条件下，乡村聚落分布不均，由大河谷地到次一级河谷，再到支毛沟、梁峁坡面，沿树枝状水系呈现出有规律的变化，即聚落密度由

---

① 陈永宗、景可、蔡强国：《黄土高原现代侵蚀与治理》，北京：科学出版社，1988 年。

河谷平原→川台地→支毛沟→梁峁坡，呈现出树枝状的递减[①]。随着人口的发展，聚落开始扩展，民众从较为集中的塬面开始向山地、坡地进行开发，并根据耕作范围营建村庄，从而形成规模小且分散的乡村聚落形态。如靖边县，该县"县属向无里甲，旧分五堡一镇……五堡均近边墙，蜿蜒一带，错互不齐，略分四乡，村少丁稀，相地联络，或三村编一牌，或五村编一牌，其相距每在十里、八里或十余里之遥"[②]。如表8-2所示。

表8-2　光绪年间靖边县村庄规模

	村	户	口	户均	村均户	村均人口
靖城	121	776	4 564	5.9	6.4	38
东乡龙州堡	65	352	1 956	5.6	5.4	30
南乡镇罗堡	153	561	3 511	6.3	3.7	23
西南乡新城堡	110	397	2 409	6.1	3.6	22
西乡宁塞堡	140	406	2 445	6.0	2.9	17
西北乡宁条梁镇	70	618	3 226	5.2	8.8	46
合　计	659	3 110	18 111	5.8	4.7	27

资料来源：光绪《靖边县志》卷一《户口志》。

从表8-2可以看出光绪二十六年（1900年）前后，靖边县虽然人口规模达到了3 110户，18 111口，但每村庄仅4.7户，27口。就各堡镇而言，村均人口多维持在17～46口，其中，以西北乡宁条梁镇尤为突出，该地在清代中后期，"夙称繁富，客商辐辏，民人数十

[①] 甘枝茂、甘锐、岳大鹏等：《延安、榆林黄土丘陵沟壑区乡村聚落土地利用研究》，《干旱区资源与环境》2004年第4期。

[②] 光绪《靖边县志》卷一《户口志》，《中国地方志集成·陕西府县志辑》，南京：凤凰出版社，2007年影印本，第288页下。

万，为延绥边外第一大汛"①。虽然文献记载带有夸大成分，但亦可看出，宁条梁镇处于鼎盛时期的状况。经"同治回变"中回汉民众之间的仇杀，回民军"屠杀民人殆尽，间有逃出者，而百年雄镇一旦丘墟"②。至光绪二十六年（1900 年）前后，该地人口已下降到618 户，3 226 口的规模③。就总体而言，靖边县境内村庄规模之小与农民居住之分散，甚至出现由几户人家组成的村落有关，"村庄廖落，有一二十家相聚一处者，有三五家零星散居者"④。

2．耕作部位

陕北黄土高原地形复杂多变，耕作部位随人口增长而逐渐陡峻。在明末清初之际，由于地广人稀，多数民众从事对原有耕地的复垦，因此，虽也有部分民众选取山地、坡地作为垦殖的对象，但民众的首选仍为农作物产量相对较高、地形较缓的塬面和河流阶地。伴随着人口规模的逐步增大，民众开始选择坡度较大的山坡地从事开发。在此过程中，首先选择植被较好、土壤相对肥沃、水分条件较好的梁顶和沟掌地，而后是梁峁斜坡和沟缘缓坡，最后是地形陡、土层薄并有基岩出露的陡坡或裸岩薄土部位。上述土地的耕作部位多杂处于起伏不平的圆堆状峁和连续成鱼脊形的梁之间。而峁或梁上分布有众多大小不等的冲沟。一遇暴雨，水土便由峁、梁上顺着细沟流到毛沟，由毛沟流到支沟，再由支沟流到干沟。由此可见，开发

---

① 民国《续修陕西通志稿》卷七一《名宦八》之《杂录》，陕西师范大学图书馆古籍部藏，未刊印。

② 民国《续修陕西通志稿》卷七一《名宦八》之《杂录》，陕西师范大学图书馆古籍部藏，未刊印。

③ 光绪《靖边县志》卷一《户口志》，《中国地方志集成·陕西府县志辑》，南京：凤凰出版社，2007 年影印本，第 289 页。

④ 道光《秦疆治略》之《靖边县》，《中国地方志丛书·华北地方·陕西省》，台北：成文出版社有限公司，1970 年，第 157-158 页。

部位的构成随耕作部位和社会经济因素的变化而变化。而人口密度、地貌类型和植被覆盖等条件，决定了开发程度、特点及其对侵蚀的影响。

就不同的耕作部位而言，塬面、河流阶地、梁顶沟掌地、梁峁斜坡和沟缘缓坡地土壤侵蚀形式、强度和程度都有明显的差异。一个小流域，不同地貌部位的侵蚀也表现出空间分异。据江忠善等在陕北的研究，在黄土丘陵沟壑区，小流域的沟间地以雨滴溅蚀、小流片蚀、细沟侵蚀和浅沟侵蚀为主。而沟谷地除了具有某些沟间地侵蚀特征外，主要是沟蚀，其次是重力侵蚀。此外，在侵蚀环境相对恶劣的地域，土壤侵蚀的空间分异主要受梁峁沟壑等地形因子的空间分异控制，流域侵蚀产沙主要来源于沟缘线附近的谷坡。在侵蚀环境相对良好的地域，土壤侵蚀与土地利用的关系密切，产沙以沟谷地的侵蚀为主[1]。

3．耕作半径

陕北黄土高原大多数村庄分布在山、峁、梁、沟里，村庄分布异常分散。甘泉"群山环叠，可耕之地百无一二，居民零落，或十数里一村庄，间有因荒山阻隔，五六十里一村庄者"[2]。同时，耕作部位因地形复杂多变，随人口增长而逐渐陡峻。在有的地方，"土地、人民在峰崖、溪涧中，或断或续，所谓华离之地，不仅犬牙相错已也"[3]。

① 江忠善、刘志：《降雨因素和坡度对溅蚀影响的研究》，《水土保持学报》1989年第2期；江忠善、王志强、刘志：《黄土丘陵区小流域土壤侵蚀空间变化定量研究》，《水土保持学报》1996年第2期；张刑昌、卢宗凡：《陕北黄土丘陵区坡耕地土壤肥力退化原因及防治对策》，《水土保持研究》1996年第2期。
② 光绪《甘泉乡土志》之《实业》，《中国地方志丛书·华北地方·陕西省》，台北：成文出版社有限公司，1970年，第18页。
③ 光绪《米脂县志》卷一《舆地志二·疆域》，《中国地方志集成·陕西府县志辑》，南京：凤凰出版社，2007年影印本，第345页上。

在这种支离破碎的地貌景观下，当地民众所耕种的土地便呈现出"峰崖委蛇，田难以顷亩计"的特点。

由于陕北黄土高原的民众多采用广种薄收的耕作方式，通过扩大耕地面积，谋求更多的作物产出，他们"春耕秋获，三时皆勤，相习至冬稍暇，犹以粪种奔走田间"①，以致耕作半径仍然较大。在耕作期，民众不得不翻山过梁，上坡下沟，耕作比平原加倍辛苦，且耕作时往往要走一两个小时才能到达耕作地②，而且由于土地过于零碎，实际用于耕作的时间势必耗费在往返途中。此外，当地民众根据所开垦的坡地、塬地、河滩地的利用程度、地形部位、土地产出以及耕地面积而进行相应的土地买卖。如表8-3所示。

表 8-3　陕北杨家沟马维新、马瑞唐土地买卖情况

年代	村名	地质	垧数	总价/千文	单价/千文
咸丰八年（1858 年）	周家沟	圪地、峁地	10	72	7.2
咸丰十年（1860 年）	吕家沟	圪地、峁地	26	157	6.0
同治三年（1864 年）	何家石碥	梁地、圪地、峁地	12	58	4.8
同治三年（1864 年）	何家石碥	塌地	10	47	4.7
同治四年（1865 年）	李家寺	阳圪地	5	30	6.0
同治十一年（1872 年）	桑沟子	阴背地	12	110	9.2
光绪元年（1875 年）	艾家渠	一段地	20	110	5.5
光绪十年（1884 年）	李家寺	圪地、湾地	9	75	8.3
光绪十一年（1885 年）	艾家峁底	小圪塔地	7	51	7.3
光绪十一年（1885 年）	本村	圪地	4	55	13.8

① 光绪《绥德州志》卷四《学校志》之《习俗》，《中国地方志集成·陕西府县志辑》，南京：凤凰出版社，2007年影印本，第388页下。
② 秦燕：《清末民初的陕北社会》，西安：陕西人民出版社，2000年，第115页。

年代	村名	地质	垧数	总价/千文	单价/千文
光绪十八年（1892年）	叶家岔	沟条地	8	75	9.4
光绪十八年（1892年）	周家沟	沟条地	5	55.3	11.1
光绪二十六年（1900年）	侯家沟	圪塔地、坬地、梁地	6	53	8.8
光绪二十七年（1901年）	元儿塌	一股子地	16	122	7.6
光绪二十八年（1902年）	背道里	一股子地	37	435	11.8
光绪三十年（1904年）	宫家圪堵	梁地	4	75	18.8
光绪三十三年（1907年）	本村	峁地	4	80	20.0
宣统元年（1909年）	新舍窠	河塌地	10	200	20.0

资料来源：张闻天《张闻天晋陕调查文集》，北京：中共党史出版社，1994年，第158页。

由表8-3不难看出，咸丰八年（1858年）至宣统元年（1909年）的52年间，在杨家沟一带的土地交易中，共出现了18次将大块土地分割出卖的情况，每次交易的土地数量在4、5垧至20余垧。这样一来，则会造成土地人为的零碎分割，进而引起土地零细化现象的出现。这样的做法在理论上缩小了由于土地的分散而造成的耕作半径过大问题，并减小了农民进行农耕活动时的空间活动范围。但是从实际情况来看，由于当地民众实际占有土地的数量多为几十亩至上百亩，很难保证农民能够进行统一的田间管理。

二、土地利用和沙漠化

陕北黄土高原的沙漠化问题主要是针对黄土—沙漠边界带而言，该区域是历史时期沙漠变化较明显的地区。同时也是游牧文明与农耕文明的交融地带。历史时期，该地区"沙漠化的进程表现为愈趋晚近愈为剧烈，沙漠化的原因应是自然和人文因素相互叠加、共同作用的结果，是在半干旱气候和丰富的沙源物质等因素的基础上叠加上人为不合理的活动而产生的"①。从这一评价中，可以得到这样的认识，第一，该地区为沙漠化的典型区域；第二，沙漠化的成因除了自然因素外，还叠加了人为因素在内。

1. 区域的吸引力判断

（1）商贸活动对旅蒙商人的吸引

17 世纪初，清政府出于对中国北部和东北、西北边疆地区蒙古等游牧部落征战的需要，由政府调集内地曾在长城边塞"马市"经营蒙古贸易的部分商贾，随军深入蒙古高原地区进行军马供应、军需物品的贸易，时人称之为"旅蒙商"。这些商人在完成政府任务的同时，还开辟了贯穿南北东西纵横交叉的商路交通网络，这些商路使中原和北疆边陲、长城内外通途畅行，进一步密切了中原内地农耕经济与塞外草原游牧经济之间互通有无的交流联系。与此同时，一部分中原地区失业的农民、手工业生产者循蹈商贾的通途足迹，纷纷来到草原地区承租蒙古人的土地，从事农牧业生产。

（2）广阔、平坦的土地对汉族农民的吸引

正如前文所述，当陕北边民在原籍生活压力的逼迫下，带着对塞外的美好向往，闯入黄土—沙漠边界带时，第一批"雁行人"应运而生。他们春出冬归，每年将收获品卖给当地的蒙古人或旅蒙商人，带着辛苦一岁的所得回到原籍，他们带回原籍的，不仅仅是可以养家糊口的金钱，还带来了塞外的真实信息。这样一来，在第一批"先行者"的描述下，内地汉民逐步改变了对黄土—沙漠边界带的印象，出于对食物的渴求和对原居住地的不满情绪，更多的贫困农民来到长城以外租种蒙古人的土地，这里所指的"不满情绪"可

---

① 邹逸麟、张修桂、王守春编：《中国历史自然地理》，北京：科学出版社，2013 年。

以理解为原居住地难以提供维持生计的基本条件。

乾隆年间，清政府推行禁垦令，对越界垦殖的民众加以限制，但是仍然无法阻滞汉族移民的涌入，而且这些移民中携眷出关者开始增多，这就意味着大量的"雁行人"开始向定居人口过渡。这种移民队伍渐趋稳定的状况折射出移民运动已形成惯性，开始抛开"重土禁迁"等传统因素的干扰，主要受动于塞外移入区的恒久吸引力。正如潘复在《调查河套报告书》中所说的，"沿黄河一带及长城附近，地稍平坦，土质较佳。自康熙末年，晋陕北部贫民，由土默特渡河而西，私向蒙人租地垦种。……于是伊盟七旗境内，凡近黄河长城处，所在（皆）有汉人足迹"[①]。

（3）土地对蒙古族牧民的吸引

从元代至清初的近四百年间，鄂尔多斯一带基本上处于游牧民族的活动范围，虽然明朝势力曾有一段时间渗入鄂尔多斯地区，但开垦的范围很小，开垦的时间也很短，随着明政府的势力退到长城沿线，这一地区又成为农牧交错地带。至清代初年，清政府在这里实行恢复经济，发展畜牧业的政策，以至于鄂尔多斯地区的植被在这几百年时间里很少受到来自农耕民族的侵扰，故而该区域在范围上和质量上都达到了最近几十年来最好的时期。

当然，这种最佳状态也是相对而言的。一方面，这种好的形势是针对历史时期而言；另一方面，这种好的形势也并非指代鄂尔多斯所有的地域。鄂尔多斯中部由于"砂山连亘，高出黄河水面约一千尺，地势高亢，水分缺乏，沙砾弥漫，蓬蒿满目"[②]，很难称得上是水草丰美的理想居所。而此时期，横亘在陕北长城北侧的禁留地

---

① 潘复：《调查河套报告书》，北平：京华书局，1923年。
② 潘复：《调查河套报告书》，北平：京华书局，1923年。

由于清政府长期的封禁政策，"稽草腐朽地面色黑"，地表植被自然成长，且又有榆溪河、无定河等黄河支流川流不息，以至备受蒙古游牧民的关注。康熙二十一年（1682 年），蒙古贝勒达尔查以游牧处蔓生药草，不宜牧畜为由，请求在陕北长城北侧四十里之外的空闲地方暂借游牧，但实际上，游牧不像农耕那样可以对使用的场所进行硬性规定，一旦放牧，便很难区分四十里边界的状况。因此，慢慢地，禁留地成为蒙古牧民的游牧场所。

汉族移民的大量涌入，伙盘地村庄的相继出现，使得蒙古牧民的游牧场地受到了一定限制，但是，汉族移民按期缴租不但弥补了蒙古牧民因牧场受限而带来的经济损失，还保证了蒙古牧民对农产品的需求。此外，由于黄土—沙漠边界带长期处于"寒早而暑迟，三月而冰未泮，四月而草始萌，麦成在夏至之后，霜降或中秋之期"[①]的气候条件下，因此许多地方只能种植一年一熟的农作物。到冬季来临时，当地居民多不外出，居于暖室，不再从事农业生产。而此时，蒙古牧民则将牲畜从夏营地赶到这里，把这里作为冬营地。这样一来，既可不废农时，又可放牧牲畜，两相便宜。

（4）区域特殊性对清政府的吸引

黄土—沙漠边界带自古以来，便是游牧民族和农耕民族竞相争夺的场所，对于农耕民族而言，占有陕北长城外地区，进可以打击游牧民族的实力，退可以拱卫内地、俯控边陲。对于游牧民族而言，亦有异曲同工之妙。因此，该地区的地理特殊性使得清政府更多的是从政治的视角来处理发生在黄土—沙漠边界带的问题。

明末清初之际，部分农民起义军越过陕北长城，继续进行抗清

---

① 嘉庆《定边县志》卷一《地理志·风俗》，《中国地方志集成·陕西府县志辑》，南京：凤凰出版社，2007 年影印本，第 20 页上。

活动。部分则投降了清政府，但仍然保持着强烈的反清色彩。在顺治、康熙年间先后有两次较大的绿营军反清活动，这些军队在兵变失败后，也退至长城以北地区。边疆的动荡不安促使清政府出于政治目的的需要，沿陕北长城北侧与鄂尔多斯高原之间划定了一条南北宽五十里，东西延伸两千多里的长条禁地，即见于文献记载的禁留地。而后来伙盘地的最初产生，相应发展乃至极度扩张都是以禁留地的存在为基础和参照的。

　　随着偷越陕北长城汉族移民人数的增加，伙盘地村落的相继建立，伙盘地自身的经济发展引起了清政府对这一地区的关注。但是由于对伙盘地认识的局限性，使得清政府对此地的看法也不一致，以至出现政策上的"朝令夕改"。就在陕北沿边四县相继设置的前一年，也就是雍正八年（1730年），经理藩院尚书特古忒奏，边墙外"五十里禁留之地，何得蒙古收租"，于是经过议处，决定让陕北沿边六县的地方官吏征收粮草归地方官仓储备。然而时隔不到两年①，伊克昭盟发生荒歉。鉴于伙盘地所带来的经济效益足以应付，于是，清政府又准许蒙古贵族收取伙盘地的租银，以减缓灾荒所带来的经济损失②。从这一点上不难看出，清政府对伙盘地的认识仍然存有局限性，同时，该区域在实际治理上仍处于混乱状态。伙盘地民众则在这种上级政策不明、下级无以应对的情况下，推动伙盘地界石不断扩张，而地方官模棱两可，难以自处。这也成为清代中后期乃至民国初年不断有伙盘地勘定事情发生的先导性因素。

　　清代末年，整个中国社会处于一种极不稳定的状态之中，民族

---

① 实际上，从政令颁布到地方官吏付诸实施，不过一年而已。
② 道光《增修怀远县志》卷四下《边外》，《中国地方志集成·陕西府县志辑》，南京：凤凰出版社，2007年影印本，第697-700页。

矛盾、阶级矛盾日益尖锐，需要偿付的不平等条约的款项日益增多，国家财力消耗殆尽。为了摆脱这种困境，清政府加大了对民间剥削的力度和广度，鄂尔多斯地区也成了其所关注的重点之一。清政府大力推行"移民实边"政策，试图以民代兵，保证边疆地区的政治稳定。

光绪二十七年（1901 年），山西巡抚岑春煊奏准开放山西沿边一带包括乌兰察布盟、伊克昭盟、归化城土默特、察哈尔蒙古的蒙荒，至此，清廷改变了沿袭近 200 年的禁垦政策。宣统二年（1910 年）又废止了针对蒙旗的所有封禁政策，从而开始了对蒙荒的全面开垦。同时，清政府在新开垦的地区设立治所，招徕内地民人，设立有关的机构以办理对外交涉、监视蒙古王公，这些措施都是作为"实边"的主要手段来实施的。"边地之建置在防外，故必有官吏然后可以系人民，由人民而后可以辟地利，有地利而后可以固边防"[1]。从这一点上着眼，清政府试图在把握对这一地区经济开发的同时，加强对该区域的政治控制。

总体来看，对于不同的阶层而言，黄土—沙漠边界带伙盘地的存在、发展乃至壮大，都带有不同的意义。对于民间来说，无论是商人、汉族移民，还是蒙古牧民，他们所关注的，更多是来自经济因素的驱动力。在经济因素的促使下，来自民间的力量通过自己独特的方式，或通商蒙古，或佃租蒙地来达到自己的目的。而对于政府而言，一方面是由于该地区的经济发展的确能够为地方政府提供经济支持，但其更为重要的，始终是该地区所引发的政治问题。

---

[1] （清）廷杰：《奏为热河新开蒙旗地方亟宜添改州县等缺以资治理而固边防折》，光绪二十三年（1897 年）四月三十日，转引自薛智平：《清代内蒙古地区设治述评》，《内蒙古垦务研究》（第一辑），呼和浩特：内蒙古人民出版社，1990 年，第 73 页。

2．环境变迁的典型：伙盘地特色农业和沙漠化过程

黄土—沙漠边界带伙盘地特色农业的形成可以视为一个由牧变农的过程，而这个所谓的特色农业又不同于一般意义上的农业。许多学者在描述由牧变农的过程时，通常将它和"农进牧退"等同，即有两层含义：其一，农业区的不断拓展，牧业区的相应萎缩；其二，农业技术的普遍应用，牧业技术的逐步淘汰。这种说法相对于陕北长城外的伙盘地而言，存有一定的局限性。为何会有这样的看法呢？这样的看法，其依据是什么呢？笔者以为应当认同的是，在由牧变农的过程中，的确有许多来自内地的新物质要素在这里崭露头角。

"游农制"和原始撂荒制的普遍应用，大量的牧场成为耕田，"风吹草低见牛羊"的草原景致演变成"阡陌相连，鸡犬相闻"的田园风光。农业技术的推广，农业区得以不断扩展，牧业区相应萎缩，但这并不意味着牧业技术的逐步淘汰。相反地，牧业技术为更多的伙盘地居民所吸收和利用。

起初，闯入伙盘地的移民多属于"雁行人"，这些"雁行人"有的承租蒙古人的土地，有的则放弃原有的农业技术，专门为蒙古人放牧牛羊。时间一长，"雁行人"逐渐从蒙古牧民那里学会了放牧牲畜的方法。当"雁行人"定居下来后，他们虽然可以在新的环境下从事农业生产，但是也有许多居民认识到放牧牲畜所带来的经济效益。因此，他们在完成农业耕作的同时，继续从事牧业生产，"亦有以孳生羊只为主要，而辅之以农业者"。由于陕北长城外伙盘地中存有一定的"水草平滩，最宜牧畜，且较农事省工利厚，而足以赡身家，于是因力乘便，多则百数十只，少或至数只。量力购牧，反复蕃滋"。在从事牧业生产的过程中，汉族民众逐步形成对牧放牲畜的

选择，即"以牛马群牧日多，而养羊者逐日渐减少"。并且由于长期的摸索，伙盘地居民逐渐掌握了放牧的技巧，以至出现牧放者"常在马上执竿牧放，以驱逐群畜，其有距离稍远，或险峻不能到处，则于竿端曲处，置小石，时抛放之，以制群畜之纵逸。故一人能牧畜数百"的情形①。更有甚者，部分蒙古族牧民在失去牧场的情况下，在长城外"屯住，代牧汉民牛羊"②，以谋求生计。

当然对于许多汉族移民而言，他们依然采用传统的耕作制度，或者采用"游农制"（游耕制），或者采用原始撂荒制。先来看"游农制"，运用"游农制"生产方式的移民多为非定居的"雁行人"。他们四处游耕，频频撂荒，这种掠夺式开垦对土壤沙化过程起了推波助澜的作用。许多游耕的农民种地时，不但不施肥料，收获时还有将庄稼连根拔起的习惯，对于保护地力更为不利③。更有甚者，许多经验丰富的农民专门挑选蒿草密布的地块，焚烧之后，进行开荒。而这些地块多分布在土壤疏松、土质瘠薄的半流动沙丘和固定沙丘之上，即前文所提及的"沙漠田"。这种沙漠田的土壤成土母质为沙蒿芥和黄沙土，两者结构松散，保水保肥力弱，不耐寒，如果仅用作恢复地力，保持生态环境，还是可以的，一旦用作耕田，势必导致地力的不足，出现弃耕现象。据西北农学院林学系在定边县长茂滩林场观测可得，通过现代科学技术设置沙蒿活沙障，三至四年后，地表才形成结皮，八至十年后，0～50 厘米沙层的腐殖质含置达 1.4%以上，十余年后方可增至 2%左右。一旦在这些土地上从事农业生产，即"仅种黍两年后，复令生蒿，互相辗转，至成黄沙而止"。随着移

---

① 民国《绥远通志稿》卷四二《农业》。
② 光绪《靖边县志》卷四《艺文志》，《中国地方志集成·陕西府县志辑》，南京：凤凰出版社，2007 年影印本，第 339 页。
③ 曾雄镇：《绥远农垦调查记》，《西北汇刊》第 1 卷第 8 期，1925 年。

民数的增加，伙盘地的范围不仅限于可耕之地，而且对诸如"沙漠田"的不可耕之地也进行了农业垦殖。

而处于定居状态的伙盘地居民则更多地采用原始撂荒制，实行轮作休耕法。不可否认，这种耕作制度也给地表造成了不同程度上的破坏，特别是在休耕期，由于没有"播种绿肥作遮盖物，一遇暴雨冲洗或狂风吹刷，上层细土即被洗去或飞扬。惟粗砂尚存地面"[①]。在这种脆弱的生态条件下，许多地方由于盲目开垦，几乎是"一年开草场，二年打点粮，三年变沙梁"。民国初年，黄土—沙漠边界带大部起沙，流沙随西北风"二十年一打滚"，向东南侵入长城以内。神木边外伙盘地，东西相距 250 里，南北相距 140 里，面积 21 000余方里[②]，到民国初年，"近边数十里间，半成不毛之地，登高一望，平沙无垠，唯有河之处，资水溉田，房民尚多"[③]。不过也有些地方，如定边县八里河灌区，由于自然环境发生了重大的改变，当地政府、乡绅民众、蒙古贵族和圣母圣心会等人为因素纷纷介入其中，对八里河及其灌区进行整治。当地民众在淤灌期结束后，改变引洪淤灌的方向，进而改良灌区内的沙质土壤和碱性土壤，变害为利。

第四节　讨论和结论

伴随全球生态环境问题的日益严重，人类生存环境的自然变化与因人类活动而引起的环境变化问题已受到国际学术界的普遍关注。而"土地利用/土地覆盖变化"（LUCC）研究作为全球环境变化

---

① 曾雄镇：《绥远农垦调查记》，《西北汇刊》第 1 卷第 8 期，1925 年。
② 1 方里=0.25 平方千米。
③ 民国《神木乡土志》卷一《编外属地疆域》载，"边外有沙漠田者，能生黄蒿，名沙蒿，生既密，频年叶落于地，籍以肥田，如是或六七年或七八年，蒿老而地可耕矣"。

科学关注的核心内容之一，既是构建人类活动和环境变化之间的中心环节，也是人地关系的集中体现。中国的黄土高原既保留着历时最长（约 2 200 万年）、最完整的古气候记录，同时也是人类过去和正在居住的地球的陆地表面。区域内的环境变化过程虽然是几百万年来的地质现象，但在近万年尺度内尤为剧烈。这表明在此阶段，人类活动是引起黄土高原环境变化的主要因素，即人类对全球变化的影响更为重要。那么，历史时期人类活动对该区域环境变化有着哪些贡献？这些贡献又通过什么样的方式予以表达？同时，又应当用什么方式才能减轻？针对上述科学问题，中国科学院院士刘东生提出"黄土高原水土流失和土地利用的历史，彼此之间的关系尚待建立"的科学命题[①]，以作为未来科学工作的重点研究领域。将这一科学命题进行推演，即可表达为"历史时期人口变动、土地利用和环境变化的关系"研究有待深入。

　　该项科学命题的研究，需要不同学科背景的研究者立足于本学科的知识体系，结合相关学科的科学方法和手段，选取研究时段为小尺度的典型区域，进行多学科、综合性的研究。作为历史学研究者，尤其是历史地理学研究者，应当立足于本学科的知识体系，运用地貌学和人口统计学等相关的科学方法，选取黄土高原典型地貌条件下的典型区域，将个案研究和宏观研究相结合，通过对发生在黄土高原的重大历史事件进行复原，认真分析历史事件背后的自然要素，从中提取典型研究尺度内与人口变动和土地利用有关的历史信息，做出相应的人口数据和土地数据关系的定量表达，探求人为因素影响下的土地利用变化和环境变化之间的关系，并进而总体把

[①] 刘东生：《黄土与全球变化》，《科技和产业》2002 年第 2 卷第 11 期（源于"中国社会科学院第十一次院士大会学术汇报"内容）。

握此类研究对历史时期黄土高原环境变化的贡献。

　　通过研究，笔者认为，较好地理解和把握"历史时期黄土高原人口变动、土地利用和环境变化的关系"研究，还应当在今后的科学工作中对以下几个方面的研究有所侧重。

　　第一，对历史时期的人口、土地数据进行细致梳理和深入分析。

　　第二，对重大历史事件进行剖析，以有助于对环境变化过程中人文因素的界定。探索社会生产史同环境变化的相互关系，区域生态环境对社会经济发展的制约程度，再现历史上环境变化的进程。研究主要针对以下三点来展开：①选取典型时段，考察研究区的自然环境是怎样变化的；②这种变化在多大程度上又受到人类活动本身的影响；③这种变化对当地居民的生存和发展究竟有多大影响。以制度、政策为例，制度、政策与权力的结合对区域以及全球环境变化的影响具有根本性的驱动作用。在人地关系过程中，制度、政策作为一种解决问题的途径，具有牵一发而动全身的深远意义。深入人类行为背后的相关制度和政策中，去细致考察社会内部各种政策的运行机制，以及如何形成可作用于人的利益驱动规定及其调节手段，也就可以完整而准确地揭示人类行为如何作用于环境的问题[1]。在此基础上，侯甬坚提出近代以前中国西部社会发展中制度政策的运行模式，以揭示制度、政策和环境变化的内在联系[2]，如图8-3所示。

---

[1] 侯甬坚：《环境营造：中国历史上人类活动对全球变化的贡献》，《中国历史地理论丛》2004年第4辑。
[2] 侯甬坚：《历代制度和政策因素对西部环境的影响：途径、方式和力度》，北京：国家自然科学基金重大研究计划：中国西部环境和生态科学北京交流会，2007年1月。

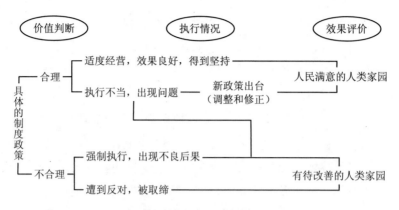

图 8-3　近代以前中国西部社会发展中制度政策的运行状况[1]

　　第三，加强历史地貌学的学习，把握不同地貌条件下的个案研究途径。自全新世以来，尤其是历史时期以来，人类参与到地理环境的变化过程中。伴随着人类能动行为的加强，人类活动所起的作用愈加明显和重要。通过对历史地貌学的学习，我们工作的重点应该是在个案研究中将地貌形成年代、演变过程以及对人类社会经济政治活动所起的历史作用等方面进行深入探究，从中找到区域内部、区域间，乃至全球体系内地貌状况的演变规律。就本项研究而言，人类活动对环境所造成的影响，引起沙漠地貌的正反演化过程和黄土高原的日趋破碎过程。人们就需要通过对历史地貌的认知和把握，吸取历史经验教训。黄土高原的破碎是愈演愈烈，不存在反复的过程，研究的重心应当是原始塬面形态初期、不同时段的侵蚀量计算以及搬运和堆积过程等[2]。

　　第四，查明土地利用和环境变化的中间环节，区分环节中各要

---

① 此处暂不考虑区域自然环境的差异性。
② 张修桂：《中国历史地貌与古地图研究》，北京：社会科学文献出版社，2006 年。

素的着力层面和影响力度。这里所指的中间环节包括土地利用的方式、半径、部位等。就土地利用方式而言，传统土地利用方式受地貌条件复杂、土质疏松、多季节性暴雨和地表植被相对稀少等自然条件的限制而存有显著的区域差异。不过，在区域内部，土地利用方式并未因经验的积累而发生明显的改变，也没有引入任何新农业要素。通过长期的经验，他们熟悉了自己所依靠的生产要素，而且正是在这种意义上，传统的土地利用方式得以固化和延续。因此，从一定程度上来看，土地利用方式对土壤侵蚀的影响具有相对稳定的持续性，而土地利用的力度则具有变幅较大的可逆性。就土地利用的半径而言，耕作半径和人口聚落的分布、地貌状况以及作物种类等方面关系密切。居住地与耕作地合理布局，耕地散于居地周围，也使耕作半径处于农民易于接受的范围内，便于农民耕作，使其有更多的时间用于田间管理。作物种类的不同，要求民众予以的关注度也有所区别，继而影响到土地利用方式的选择。就土地利用的部位而言，塬面、河流阶地、梁顶沟掌地、梁峁斜坡和沟缘缓坡地的土壤侵蚀形式、强度和程度都有明显的差异。当人口繁衍在当时的生产技术条件下，超过当地自然资源所能够提供的限度时，民众为了维持基本的生计，必然从原居地中分离出来，去寻找新的可利用资源。在这种日趋恶化的情况下，民众选择开垦的土地耕作部位越来越陡，甚至根据形态各异的地貌状况而划分等级。对上述各个方面的考察，有助于研究者在具体问题分析中更加有效地进行研究。

米脂县姬家沟、贺寨则、年家沟
实地调查

　　历史时期流域环境演变的相关性研究长期以来为学术界所关注。目前，学术界关于历史时期人类活动和流域环境演变的研究形成一个固定的模式，即历史时期人类活动使天然植被遭到破坏→生态平衡失调→水土流失加剧→河流含沙量增加→河流改道变得频繁[①]。对于这一模式现在虽然在原则上不存在分歧，但是在某些具体问题上则存有不同认识。如对历史上黄河相对安流时期的存在是否与中游地区人文要素的变化有关；历史上黄河含沙量是否有较大幅度变化，中游地区人文要素的变化对黄河含沙量有多大程度的影响等问题上存在不同见解。实际上，上述研究的矛盾集结点在于如何认识历史时期黄土高原的环境变化过程。黄土高原的环境变化虽然是几百万年来的地质现象，但在近万年尺度内尤为剧烈。这表明在此阶段，人类活动是引起黄土高原环境变化的主要因素之一。那么人类活动对该区域环境变化有着哪些贡献？这些贡献又通过什么样的方式予以表达？同时，又应当用什么方式才能减轻？还有很多前

---

① 王守春：《论历史流域系统学》，《中国历史地理理论丛》1988 年第 3 辑。

沿性的问题需要深入考究。目前，伴随着土地利用与土壤侵蚀的关系研究逐渐成为当前自然地理学研究中的热点领域和重要方向①，中国科学院院士刘东生先生提出"黄土高原水土流失和土地利用的历史，彼此之间的关系尚待建立"的科学命题②，以作为未来科学工作的重点研究领域。

　　针对上述问题，笔者提取人类活动较为频繁的时段，选择典型地貌条件下的典型区域进行个案研究。2006 年 9 月，通过近一年的文献解读和相关论著的研读，笔者初步选取了现代科学研究普遍关注的陕北黄土丘陵沟壑区作为尝试研究的区域。同时，选择无定河的二级支流米脂县东沟河作为考察对象，着重分析明末清初以降当地民众在该流域的土地垦殖行为，探明这种土地垦殖行为对流域环境，尤其是对流域内土壤侵蚀的影响。

　　首先来梳理无定河基本的流域环境状况，无定河流域除无定河及其支流大理河、榆溪河沿岸川地水土条件较好外，其他大部分地区的主要地貌形态为黄土丘陵沟壑。流域内的主要河段比降普遍平缓，加之汇水面积比上游大，河水流量自然大于上游，因此河流左右摆动，侧蚀剧烈，形成宽谷。下游河段由于受侵蚀基准面黄河下切的影响，比降显著增大，河流下切剧烈，形成峡谷③。作为无定河二级支流的米脂县东沟河，旧名米脂水、流金河、金堰河，又名南河、银河。该河"在县东南百步，西南流入无定河，源出张家山，地沃宜粟，米汁如脂，故名。自张家岔西南流，经三里楼、宋家崄，

---

① 吴秀芹、蔡运龙：《土地利用/土地覆盖变化与土壤侵蚀关系研究进展》，《地理科学进展》2003 年第 3 期。

② 刘东生：《黄土与全球变化》，《科技和产业》2002 年第 2 卷第 11 期（源于"中国社会科学院第十一次院士大会学术汇报"内容）。

③ 甘枝茂主编：《黄土高原地貌与土壤侵蚀研究》，西安：陕西人民出版社，1990 年。

又经县南文屏山下，为流金河，合县西之饮马河，入于无定河"①。东沟河全长 16 千米，常年流量 0.13 立方米/秒，沟道比降 1∶150，流域面积 108 平方千米②。流域东部是黄河和无定河分水岭为主梁的梁状丘陵沟壑区，西部为峁状丘陵沟壑区，中部为无定河谷区。地势东西高，中间低，呈西北—东南倾斜。此外，东沟河流域属中温带半干旱大陆性季风气候区，年、季、月降水的变率较大，易旱易涝，不稳定性明显，属于土壤侵蚀研究的典型区域。研究区域的相关史料中多存有"水冲""水崩""水浸"等自然记录。而且伴随"水冲""水崩""水浸"等自然现象而来的，往往是水土的流失、城池的坍塌和道路的阻塞。

2006 年 10 月，笔者初步撰写了题为《1631—1911 年黄土丘陵沟壑区小流域土地利用及其对水土流失的影响——以米脂县东沟河流域为例》的文章③。该文对王守春《论历史流域系统学》一文所提出的人类活动和流域环境演变研究模式进行了探讨。该文认为这一模式在研究中虽然在总的原则上不存在分歧，但是在某些具体问题上则存在不同。尤其是人文要素的变化对流域土壤侵蚀量有多大程度的影响等相关问题存有不同的看法。具体到米脂县东沟河流域，主要是针对流域上游民众的土地利用过程对东沟河水患问题、土壤侵蚀问题的影响来谈。

在文章的论证过程中，通过将史料和光绪《米脂县志》、民国《米脂县志》中的古地图以及现代地图相比对，笔者发现现存史料对东

---

① 民国《米脂县志》卷二《地理志》之《山河》，《中国地方志集成·陕西府县志辑》，南京：凤凰出版社，2007 年影印本，第 623 页。
② 《米脂县志》编纂委员会编：《米脂县志》，西安：陕西人民出版社，1993 年。
③ 王晗、侯甬坚：《1631—1911 年黄土丘陵沟壑区小流域土地利用及其对水土流失的影响——以米脂县东沟河流域为例》，《干旱区资源与环境》2008 年第 10 期。

沟河上游聚落点的土地利用过程和环境变化过程存有较为翔实的定性描述。至清代中后期，人口逐步增多，必然带来土地资源的相对匮乏，"人浮于地，租佃维艰，租课频增"，外加上该区域"山多土松，车轨弗行，……五日雨则低田涝，十日晴，则坡地旱，……沃壤平畴不过千百之一"，民众的耕作方式仍然处于原始撂荒的状态。因此，这就迫使民众不得不沿着东沟河从狭窄的川地向贫瘠的坡地进行开垦。至民国时期，东沟河上游已经陆续有 32 处村庄先后营建，如图附录-1 所示。

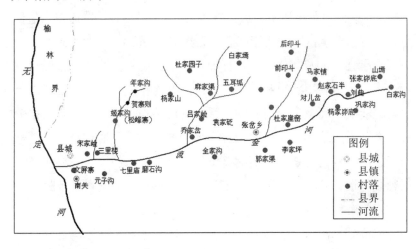

图附录-1　米脂县东沟河（流金河）流域居民点分布示意图

　　图附录-1 虽然是根据民国《米脂县志》改绘，但在笔者所走访的宋家峁、姬家沟、年家沟、吕家崄、张岔乡等五处村庄的实地调查中，沿河村庄多有祭祀庙宇，且从遗留下的碑刻、神龛、石墩等实物情况来估计，民国时期所存的 32 处村庄应多为清代中后期所建。这些村庄分布具有沿河分布的特点，这主要是和当地居民的生产技术有关。当地居民的生产工具多为土犁、锄等基本的生产工具。他们的生产技术多是沿用原始撂荒的生产方式，生产技术的滞后就要求这些新的移民在选址建村的问题上，多选取靠近河道的地方来营建村庄。这样一来，当地居民便可以获取便利的灌溉用水和因定期河水泛滥而淤积的肥沃泥沙以尽可能地增加土地产出。然而，土地利用方式的不当很可能带来土壤侵蚀问题的频繁出现，而大量耕作层土壤的流失又限制了居民对土地的有效利用，增加了环境的压力，引发当地自然生态的进一步破坏。

那么，图附录-1 所示和清代中后期相比，其内在关联何在？是否存有一定的继承性？如将康熙《米脂县志》、光绪《米脂县志》和民国《米脂县志》及其他文献进行梳理，是否可以推断清初至民国时期该区的土地利用状况和环境变化之间的内在关系？进而展现出流域人类活动和环境变化之间的关系？凡此种种，一方面需要对相关史料进行更为细致的研读和考究，另一方面则需要通过对实地进行调查，搜寻室内无法获取的调查资料，这里所指的调查资料应当包括民众的地方经验，现代科学工具的实测资料及散落在各乡村的碑刻、遗迹资料。

如位处东沟河上游、米脂县城东北的宋家崂乡姬家沟村便存有这一特点。姬家沟位于米脂县城东北 7 里所在，光绪《米脂县志》卷之十一《艺文志四》载有康熙十六年（1677 年）该邑廪生常学乾所作《重修松峰寨记》，原文如下：

……况我银州，地居边陲，接壤塞外，无拔地依天之险，无金城汤池之固，一有不虞，蹂躏难免，而四野之人民何所持而不恐？此寨之不可不修也。然山之有寨，故所以庇人，而寨之有神，实所以护山，则修寨又不可不立庙也。今邑之东北，村名姬家沟，有寨曰松峰者，山甚险峭，势若削成，虽未若东峦、西华、南衡、北恒接踵海内之名山，乃余尝登其上，见夫群岗皆俯，一峰独峻，四面壁立，攀挤无路，亦巍巍乎！

由上文不难看出，姬家沟在清初因地势险峻，可以构成护卫米脂县东北侧安全的天然屏障，故而设立松峰寨。那么，除了地势险要外，是否还有其他的地理要素可以构成险要的依据呢？光绪《米脂县志》卷之九《物产志二》之《木属》载，"县东乡有松峰寨，多产松，今山皆童赤，无复遗蘖"。可见，在清代中后期以前，这里的植被状况应该是良好的，甚至松峰寨的得名也应该是缘自此处多产松树。然而至光绪年间，这里的植被状况逐渐下降，"山皆童赤，无复遗蘖"。植被状况的下降，有自然的因素，也有人文的因素。到底是哪种因素更加突出呢？

2007 年 4 月，我开始有计划地对米脂县东沟河流域进行实地调查。2007 年 4 月 17 日，我由清涧县转行至米脂县，并于 4 月 24 日沿米脂县城东北行，前往宋家崅乡姬家沟、贺寨则、年家沟等村庄进行调查。

从米脂县城出发时间为 2007 年 4 月 24 日 7 时 51 分，到达宋家崅乡的时间为 8 时 10 分，该地有宋崅大桥，特有 GPS 测点一处（北纬 37°45′31.1″，东经 110°11′11.6″，海拔 876 米）。宋家崅乡所在地北临东沟河而设，由于时值春季，沟中水量较小，流速 0.5 米/秒，沟宽为 5.67～6.46 米。从该处观察沿河两岸的景观，东沟河南岸多有一、二级阶地，存有一定数量耕地，北岸则零星地存有部分滩地，且面积普遍较小。由宋家崅乡沿公路乘车东北行，经过三里路（三里楼），时间为 8 时 18 分，该处 GPS 测点为（北纬 37°45′11.7″，东经 110°11′36.7″，海拔 871 米）。

由于姬家沟村地处偏僻，山路难行，到 8 时 52 分始至，该村口的 GPS 测点为（北纬 37°46′40.2″，东经 110°12′30.9″，海拔 913 米），自此，开始弃车步行。村内有东沟河支流自沟尾东北—西南流向东沟河。此时，沟内水已经断流，仅在个别低洼之处存有一定积水，从河道两岸可以清晰看到季节洪水冲击过的痕迹，即多有基岩外露，两岸的河滩地较窄小。经实测沟道宽度，无季节洪水时，河道宽 2.3～2.8 米，至季节洪水来袭时，根据洪水后所留痕迹测得河道宽 4.1～5.2 米（每年的 6、7 月份降水最多、最集中，季节性洪水时测得的 GPS 点有东、西两点，东测点北纬 37°46′39.3″，东经 110°12′30.8″，海拔 908 米；西测点北纬 37°46′40.7″，东经 110°12′30.5″，海拔 918 米）。

村内东、西坡皆有农户分布，从初入沟口至沟尾陆续可见零散分布的农户，西坡（阳坡）农户数量多于东坡，但农户所处地势相对低于东坡农户。采访当地农民（李庆林，男，51 岁）得知，该村纵向延伸可达 3 里左右，100 余户，460 余人，很多民居时代久远，有不少窑洞已成为危房，同时也有不少已经废弃的窑洞。就该地物候指示物——梨花而言，尚待 3～4 日方能盛开，以此推断，该地比洛川晚半月余，比延安晚一周左右。就降水情况而言，自年后以来，仅在正月里曾有少量降雪，至三月初有少量雨夹雪，至考察日止尚无降水过程。在三月初的降水过程中，由于降水量少，东坡（阴坡）只有表层为湿土，而表层以下仍为干燥土层，很难用于春耕；西坡（阳坡）相对好于东坡，在风调雨顺时产量高于东坡，不过，一旦出现旱情，产量则低于东坡。至于农作物，则分具体的耕作部位，山坡地多种扁豆、谷子、马铃薯，在坝地、陡坬地则多种马铃薯。马铃薯的根系多在 30 厘米左右，大约有一镢头的深度，其产量是 70～80 袋（化肥袋）/垧（一垧=五堆）。其他作物，如谷子，山坡地为 1.5 石/垧，平地为 4～5 石/垧；扁豆，阳坡地为 1 石/垧，阴坡地为 0.8～1 石/垧，如遇旱年，阳坡地在 0.7 石/垧，而阴坡地则相对持衡。上述作物的产量在 1965 年陕北地区普遍使用化肥之前会更低。

　　沿着姬家沟北行，测得坡耕地一处，该地 GPS 测点为北纬 37°46′53.7″，东经 110°12′31.7″，海拔 931 米，坡度为 25°34′。该处有旱井两口，经询问当地老乡，得知诸如此类的旱井深度多在 24～30 丈（80～100 米），更有甚者，深达 140 余米。距离坡耕地下方不远处有临时性窑洞一所，盖为当地民众耕作过程中的暂息地。

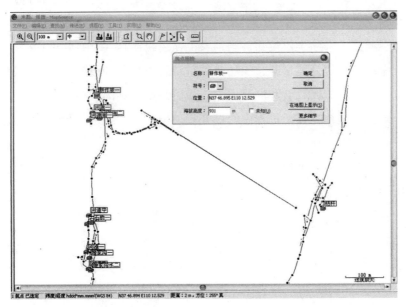

图附录-2 米脂县姬家沟峁耕地位置（GPS 截图）

峁耕地坡度较大，每至雨季，降雨产流初期在临近分水岭地带，在由地面的薄层水流向坑洼中汇集，或者坑洼积水向下坡漫溢过程中，对地面发生不均匀侵蚀。地表的耕作层被大量的冲刷殆尽，土地质量不同程度的下降。而姬家沟又恰好位于东沟河的上源，这就很可能在强降雨的冲刷下，出现较为严重的土壤侵蚀现象，进而有可能造成下游的河床不断下切，河床比降增大，水流冲蚀能力增强，对沿岸堤防形成严重的侧蚀，促成河道逐渐加宽、加深，同时，下游的河水水质下降，河道壅塞，河水不断泛溢，冲蚀米脂县城的沿岸土地和居民聚居地，并对城垣造成威胁。如光绪《米脂县志》载，在光绪年间的一次东沟河洪水来袭时，米脂县城"东南角临流金河之大炮台亦全坍……城之垛墙，凡七百二丈有奇，全坍无遗"[①]。

经采访当地老农得知，当地农民在退耕还林（草）的过程中，首先退下来的是地形陡、土层薄并有基岩出露的陡坡或裸岩薄土部位，随后是梁峁斜坡和沟缘缓坡，最后是梁顶和沟掌地。这恰好和当地民众最初在开荒过程中的选择相逆。不过，经进一步实地调查发现，在退耕还林（草）的过程中，尽管有许多坡度较陡的土地已经不再进行农业种植，但是仍有部分土地会在雨水较好的年景被利用于农业垦殖[②]。

笔者继续向沟尾深入，测得水闸一处，GPS 测点为北纬 37°46′52.2″，东经 110°12′31.2″，海拔 921 米，水闸内所蓄水已经干涸。沿水闸继续东北行，有佛庙一处（北纬 37°47′02.1″，东经 110°12′31.2″，海拔

---

① 光绪《米脂县志》卷一一《艺文志四》，曾捷宗《重修米脂城垣记》，《中国地方志集成·陕西府县志辑》，南京：凤凰出版社，2007 年影印本，第 481-482 页。
② 王晗：《姬家沟、西贺家石村实地调查》，《米脂县、绥德县考察日记》，2007 年 4 月 24 日。

930 米），从该处返回，重至姬家沟村口。

由姬家沟东行 35 分钟，至贺寨则村，该村和姬家沟村一山之隔，村入口有 GPS 测点（北纬 37°46′29.0″，东经 110°12′40.4″，海拔 904 米），这里的河道相对姬家沟要宽，而且河道两侧有发育较好的阶地。河道东侧一级阶地测有 GPS 测点（北纬 37°46′32.7″，东经 110°12′50.1″，海拔 901 米），二级阶地测有 GPS 测点（北纬 37°46 33.4″，东经 110°12′50.9″，海拔 908 米）；西侧一级阶地测有 GPS 测点（北纬 37°46′33.5″，东经 110°12′50.1″，海拔 899 米），二级阶地测有 GPS 测点（北纬 37°46′33.4″，东经 110°12′49.4″，海拔 902 米）。在一、二级阶地的连接处有樏桿一处（北纬 37°46′44.2″，东经 110°12′56.2″，海拔 914 米）。

从观察到的景观来看，当地民众对该河两侧的小块阶地进行了较为精细的利用，一来这里靠近水源，便于灌溉；二来这里多接近农户聚落，耕作半径相对较小；三来沿河两岸的土地相对肥沃，土地产出农作物产量相对较高。此外，我观察到当地民众多利用河道两岸的石块垒砌护卫两岸阶地，以防止河水对两岸土地的侧蚀，达到土地的充分利用。经采访当地老农（贺俊亮，男，55 岁）可知，这些土地多用来种植玉米和蔬菜，产量相对高于山坡地。在坡圪地、陡圪地仅能种植扁豆和马铃薯，相对而言，旱梯田的产量相对较多，可利用旱井浇灌，可种植玉米等作物。

沿沟深入，至年家沟村，村头即为淤地坝[①]，并蓄有小型水库一

[①] 唐克丽主编：《中国水土保持》，北京：科学出版社，2004 年，第 440 页言："淤地坝，是指在沟壑中筑坝拦泥，巩固并抬高侵蚀基准面，减轻沟蚀，减少入河泥沙，变害为利，充分利用水沙资源的一项水土保持治沟工程措施。淤地坝是我国黄土高原独特的一项治理措施，由于淤成的坝地水肥条件优越，已成为黄土高原建设稳产高产基本农田的一项重要内容"。

座，始建于 1963 年。该处测有 GPS 测点（北纬 37°47′18.0″，东经 110°13′02.3″，海拔 936 米），水库目测面积有 400 平方米左右。在淤地坝后部可以看到尚在淤积过程中的部分。

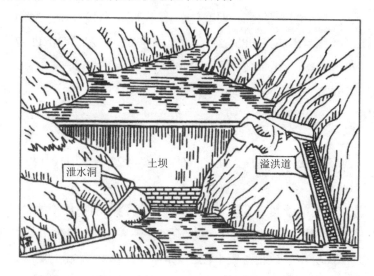

图附录-3　年家沟淤地坝之平面示意图

淤地坝是横筑于沟道，用于拦泥淤地的工程设施。一个完整的淤地坝的情况如图附录-3 所示，由坝体、溢洪道和泄水涵洞"三大件"组成。其中，坝体是主体，因建筑的材料不同而又可分为土坝和石坝，陕北地区多筑土坝，其主要作用是拦泥、蓄水。对于大型淤地坝来说，溢洪道和泄水（涵）洞是两个必不可少的组成部分。溢洪道主要功能是排除洪水，保证坝体不因洪水过大引起的漫顶而垮塌。泄水洞，主要在淤地坝的库容没有淤满之前发挥作用，其功能是把经过坝体澄清的清水排出坝体。因其排出的水较流入坝体的水的含泥沙量要小，所以被称当地人称为清水洞。泄水洞因其入水口的设计形式不同而又分为卧管式与竖井式。从外形上来看，卧管式泄水洞像阶梯，而竖井式泄水洞像炮楼。

从某种意义上来说，淤地坝在很大程度上类似于水库。甚至在建成后的一定时期内亦发挥着水库的作用。但淤地坝和水库又是不一样的。从修建目的来说，淤地坝的主要目的是拦截泥沙、削减洪峰，而水库是以蓄水为主要目的。在修建地点的选择上来说，淤地坝建于洪水流量大的沟道，而水库主要建于有常流水的沟道。所以，淤地坝和梯田村有差异。在陕北，水库往往会变成淤地坝。因为陕北河流，特别是洪水季节的河流含泥沙量很大，水库不易排出，天长日久，亦会被淤满而成为事实上的淤地坝。

深入年家沟村，发现村中有水神娘娘庙一座（北纬 37°47′27.8″，东经 110°13′04.0″，海拔 954 米），该神庙位于旧有河道的当口，庙前有神龛一处，另有咸丰年间碑刻一处，1986 年碑刻一处，前者题为《创修年家沟水神娘娘庙碑记》，其内容如下：

尝考水关解厄为洞阴大帝，自天官紫微大帝、地官清虚大帝而下继以水官，盖五行相生之序莫先于水，自水官而下又有水神。水神者，佐水官而泽润生民者也，夫水神之为灵昭昭也。无论大而为河、海、江、湖，故足以通行人、占利涉，即小而为泉、涓、滴，亦能以施灵药、渡慈航，无不有神灵主宰于其间。记名之曰：水神娘娘显盖本神母之德，顺承天道而导德载物者也。米邑距城十里许年家沟村中旧有水神娘娘石楼一座，下出水泉，屡施神药。去秋初，吾米传染瘟疫，伤人不少，幸赖斯地乞药、沾神惠得灵丹药立愈焉。既有以庇泉人，人岂可不敬神乎？是神止有石楼，素无庙宇，何以为棲神之所，见之者心皆恻然□□□□□，募钱

创修新庙，幸我同人各输己财，共成盛事。于咸丰九年（1870 年）
孟秋兴工，咸丰十年（1871 年）盛夏告竣。□□□庶堪常荷神床
于无疆，是序。

邑岁贡生候补训导圆川书院主讲弟子艾长垣

碑刻资料所反映的是咸丰八年（1869 年）米脂县发生瘟疫后，
年家沟泉水活人的情形。除此，从碑刻资料中还可看出咸丰年间以
前便有供祭祀水神娘娘的石楼一座，泉水具有特殊药效的信仰由来
已久。神庙东北方向也有一神龛，该神龛坐东朝西，面对自北而南
的河流，而现在神庙则坐南朝北，位于河道当口以阻塞河道。笔者认
为，现在神庙东北方向的神龛附近应当是原神庙位置。由于此时村口
的年家沟水库和淤地坝的修成，河道逐渐阻断、干涸，同时，原有神
庙所处地势陡峻，不适于神庙重建，故而现有的神庙选择在河道当口
修成。这一推断可在现有神庙的 1986 年所立碑刻中找到印证[1]。

考察即将结束时，笔者沿沟道西南行，发现姬家沟和贺寨则交
汇处存有抽水站一处。经采访当地老乡，得知，该抽水站兴建于 1977
年，而且至今仍在使用之中。

考察至此告一段落，总结考察过程，得出初步看法：

①姬家沟、贺寨则和年家沟三处村落在清代中后期便已经有人
类居住，并呈现出点状的村落分布格局，至今已有近 150 余年。在
此期间，季节性洪水时有发生，洪水来袭时，姬家沟两岸的沟道被
多次冲刷后，表面基岩大面积裸露。究其成因，实为自然因素和人
为因素综合作用的结果，其中，自然因素起到主要作用，而人为因

---

[1] 1986 年的碑记中载"水神娘娘庙公元一九六六年神像推倒，于一九八六年全村人重塑
绘制神像，四月二十八日开光大吉"之句。

素则在不同程度上使得水土流失现象加剧。

②1949 年以来，尤其是"大跃进"和人民公社化时期以来，由于人为因素的影响，淤地坝得以兴建，天然河道逐渐被堵塞，人造景观逐渐呈现出来。1977 年，这里增设东风抽水站一处，加大了农业垦殖的力度。

③退耕还林（草）政策实行初期，多数坡度较陡的土石山地逐渐得以退耕，而且当地农民在退耕还林（草）的过程中，首先退下来的是地形陡、土层薄并有基岩出露的陡坡或裸岩薄土部位，随后是梁峁斜坡和沟缘缓坡，最后是梁顶和沟掌地。这恰好和当地民众最初在开荒过程中的选择相逆。不过，经进一步实地调查发现，在退耕还林（草）的过程中，尽管有许多坡度较陡的土地已经不再进行农业种植，但是仍有部分土地会在雨水较好的年景被利用于农业垦殖。

参考文献

一、历史资料

1. 正史、政书

清史稿[Z]. 北京：中华书局，1974.

清实录[Z]. 北京：中华书局，1986.

（清）托律，等. 钦定大清会典事例[Z]. 嘉庆二十三年（1818 年）刻本.

（清）嵇璜，等. 清朝文献通考[Z]. 光绪八年（1882 年）浙江书局刊本.

（清）贺长龄，魏源. 清经世文编[Z]. 北京：中华书局，1992.

（清）贺长龄. 皇朝经世文补编[Z]. 咸丰元年（1851 年）来鹿堂刻本.

（清）嵇璜，等. 续文献通考[Z]. 光绪二十六年（1900 年）北洋石印馆书局石印本.

（清）琴川居士. 皇清奏议[Z]. 内府藏抄本.

2. 地方志书、历史地图

明一统志[Z]. 西安：三秦出版社，1990.

钦定八旗通志[Z]. 嘉庆年间武英殿刻本.

嘉庆重修一统志[Z]. 四部丛刊续编.

嘉庆延安府志[Z]. 光绪十年（1884 年）补刻本复印.

全国公共图书馆古籍文献编委会. 中国西北稀见方志续集（1-10 卷）[G]. 中华
　　全国图书馆文献缩微复制中心，1997.

康熙陕西通志[Z]. 康熙年间刻本.

雍正陕西通志[Z]. 雍正十三年（1735 年）刻本.

（清）王志沂. 陕西志辑要[Z]. 道光七年（1827 年）刊本.

（清）卢坤. 秦疆志略[Z]. 清道光年间刻本.

续修陕西省志稿[Z]. 民国二十三年（1934 年）刻本.

（民国）白眉初. 中华民国省区全志[M]. 上海：世界书局，民国十五年（1926 年）.

（清）杨江. 咸丰河套图考[Z]. 咸丰七年（1857 年）刊本/民国二十三年（1934
　　年）陕西通志排印.

（民国）张鼎彝. 绥乘[Z]. 上海：泰东图书局，民国十年（1921 年）.

（民国）廖兆骏. 绥远志略[Z]. 正中书局，民国二十六年（1937 年）.

（民国）黄奋生. 蒙藏新志[Z]. 中华书局，民国二十七年（1938 年）.

嘉庆重修延安府志[Z]. 嘉庆七年（1802 年）刻本.

康熙重修延绥镇志[Z]. 康熙十二年（1673 年）刻本.

康熙守榆纪略[Z]. 康熙十二年（1673 年）刻本.

道光榆林府志[Z]. 道光二十一年（1841 年）刻本.

咸丰榆林府志辨讹[Z]. 咸丰七年（1857 年）刻本.

光绪图开胜迹[Z]. 光绪元年（1875 年）刻本.

民国延绥揽胜[Z]. 民国三十四年（1945 年）刻本.

民国榆林县志[Z]. 民国十八年（1929 年）稿本.

榆林乡土志[Z]. 民国六年（1917 年）稿本.

榆林地方简志[Z]. 民国三十五年（1946 年）稿本.

乾隆怀远县志[Z]. 乾隆十二年（1747 年）刻本.

道光增修怀远县志[Z]. 道光二十二年（1842 年）刻本.

横山县志[Z]. 民国十八年（1929 年）榆林东顺斋石印本.

康熙靖边县志[Z]. 乾隆年间传抄康熙二十二年（1683 年）本.

光绪靖边志稿[Z]. 光绪二十五年（1899 年）刻本.

道光神木县志[Z]. 道光二十一年（1841 年）刻本.

神木乡土志[Z]. 民国二十六年（1937 年）稿本.

乾隆府谷县志[Z]. 乾隆四十八年（1783 年）刻本.

府谷县志[Z]. 民国三十三年（1944 年）石印本.

府谷乡土志[Z]. 光绪年间修、清末稿本.

嘉庆定边县志[Z]. 嘉庆二十五年（1820 年）刻本.

光绪定边乡土志[Z]. 光绪三十二年（1906 年）抄本.

嘉庆葭州志[Z]. 嘉庆十五年（1810 年）刻本.

光绪葭州志[Z]. 光绪二十年（1894 年）刻本.

民国葭州志[Z]. 民国二十二年（1933 年）石印本.

道光神木县志[Z]. 道光二十一年（1841 年）刻本复印本.

民国神木县乡土志[Z]. 民国二十六年（1937 年）铅印《乡土志丛编第一集》本.

乾隆府谷县志[Z]. 乾隆四十八年（1783 年）刻本.

民国府谷县志[Z]. 民国三十三年（1944 年）石印本复印本.

道光吴堡县志[Z]. 道光二十七年（1847 年）刻本抄本.

乾隆绥德州直隶州志[Z]. 乾隆四十九年（1784 年）刻本传抄本.

康熙米脂县志[Z]. 康熙四十二年（1703 年）刻本抄本.

光绪米脂县志[Z]. 光绪三十三年（1907 年）铅印本.

民国米脂县志[Z]. 民国三十二年（1943 年）本版/铅印.

乾隆清涧县志[Z]. 乾隆十七年（1752 年）刻本复印本.

道光清涧县志[Z]. 道光八年（1828 年）刻本.

嘉庆重修延安府志[Z]. 光绪十年（1884 年）补刻本复印.

顺治安塞县志[Z]. 顺治十八年（1661 年）抄本复印.

民国安塞县志[Z]. 民国三年（1914 年）铅印本.

道光安定县志[Z]. 道光二十六年（1846 年）刻本复印.

咸丰保安县志[Z]. 咸丰六年（1856 年）刻本复印本.

光绪保安县志略[Z]. 光绪二十四年（1898 年）抄本复印本.

乾隆宜川县志[Z]. 乾隆十八年（1753 年）刻本.

民国宜川县志[Z]. 民国三十三年（1944 年）铅印本.

道光重修延川县志[Z]. 道光十一年（1841 年）刻本复印本.

康熙鄜州志[Z]. 康熙五年（1666 年）刻本抄本.

道光鄜州志[Z]. 道光十三年（1833 年）刻本复印/民国十八年（1929 年）石印本.

嘉庆续修中部县志[Z]. 民国二十四年（1935 年）铅印本.

民国中部县乡土志[Z]. 民国二十六年（1937 年）铅印本.

嘉庆洛川县志[Z]. 嘉庆十一年（1806 年）刻本复印.

民国洛川县志[Z]. 民国二十年（1941 年）铅印本.

民国洛川县志[Z]. 民国三十三年（1944 年）铅印本.

民国中部县乡土志[Z]. 民国燕京大学图书馆影印本.

民国中部县志（黄陵县志）[Z]. 民国三十三年（1944 年）铅印本.

雍正宜君县志[Z]. 雍正十年（1732 年）抄本.

嘉靖耀州志[Z]. 嘉靖三十六年（1557 年）刊本.

乾隆续耀州志[Z]. 乾隆二十七年（1762 年）刻本.

嘉庆耀州志[Z]. 嘉庆七年（1802 年）刻本.

乾隆同官县志[Z]. 乾隆三十年（1765 年）刻本.

民国同官县志[Z]. 民国三十三年（1944 年）铅印本.

边疆政教制度研究会. 清代边政通考[M]. 边疆政教制度研究会，民国二十三年（1934 年）.

舆地学会. 中外舆地全图[M]. 光绪三十一年（1905 年）.

光绪陕西全省舆地图[M]. 台北：成文出版有限公司影印本，1967.

丁文江，翁文灏，曾世英. 中国分省新图（申报六十周年纪念）[M]. 上海：申报馆，民国二十二年（1933 年）.

童世亨. 中国形势一览图[M]. 上海：商务印书馆，民国二十二年（1933 年）.

谭廉，陈镐基. 开明本国地图[M]. 上海：开明书店，民国二十五年（1936 年）.

屠思聪，王振编. 新中国分省图[M]. 上海：生活书店，民国二十八年（1939 年）.

3. 档案、文史资料、统计资料

故宫博物院明清档案部. 清代档案史料丛编（1～14 辑）[M]. 中华书局，1978—1990.

杨虎城主席训令、孙蔚如主席训令[A]. 归档号 341，案卷号 439. 陕西省档案馆藏.

土地（过接、典当、租种、征用、兑换）文约[A]. 未归档. 榆林市榆阳区藏.

1958 年孟家湾区党委、区委关于蒙地放牧问题解决的报告[A]. 归档号 11，案卷号 62. 榆林市榆阳区档案馆藏.

中国人民政治协商会议陕西省委员会文史资料研究委员会. 陕西文史资料[M]. 第 20 辑，西安：陕西人民出版社，1988.

内蒙古自治区文史研究馆. 内蒙古文史资料选辑[Z]. 第六辑，1993.

中国人民政治协商会议榆林市委员会文史资料委员会. 榆林文史资料[Z]. 名胜古迹专辑，1984.

中国人民政治协商会议榆林市委员会文史资料委员会. 榆林文史资料[Z]. 第七

辑，1988.

中国人民政治协商会议榆林市委员会文史资料委员会. 榆林文史资料[Z]. 第八
辑，1988.

中国人民政治协商会议榆林市委员会文史资料委员会. 榆林文史资料[Z]. 第九
辑，1989.

中国人民政治协商会议米脂县政协文史资料委员会. 米脂文史[Z]. 二辑，2004.

中国人民政治协商会议，陕西省黄龙县委员会文史资料研究委员会. 黄龙文史
资料[Z]. 第一辑，1986.

道光二十七府州县屯卫赋役金书[Z]. 道光二十四年（1844 年）刊本影印.

陕西实业考察团. 陕西实业考察[M]. 陇海铁路管理局，1933.

行政院农村复兴委员会. 陕西省农村调查[M]. 行政院农业复兴委员会丛书，上
海：商务印书馆，民国二十三年（1933 年）.

[美] 卜凯. 中国土地利用——中国 22 省 168 地区 16786 田场及 38256 农家之
研究[M]. 南京：金陵大学农学院农业经济系出版，民国三十六年（1947
年）.

榆林县各界人民代表常务会. 榆林城古迹调查[R].（油印本）1954 年印，榆林市
档案馆藏.

西北农学院赴榆调查组. 榆林县农业资源调查[R].（油印本） 1958 年印，存榆
林市档案馆.

陕西省农业厅. 陕西省 1949—1965 年农业生产统计资料提要（榆林专区）[A]. 绥
德县档案馆藏.

中国科学院黄河中游水土保持综合考察队. 黄河中游黄土高原地区的调查研究
报告·黄河中游的农业[M]. 北京：科学出版社，1959.

彭泽益. 中国近代手工业史资料[M]. 第三卷，北京：中华书局，1962.

陕西省气象局气象台. 陕西省自然灾害史料[A]. 西安：陕西气象局气象台，1976.

梁方仲. 中国历代户口、田地、田赋统计[M]. 上海：上海人民出版社，1980.

中央气象局气象科学研究院. 中国近五百年旱涝分布图集[M]. 北京：地图出版
　　社，1981.

中国第一历史档案馆，中国社会科学院历史研究所. 清代地租剥削形态[M]. 北
　　京：中华书局，1982.

榆林县畜牧局. 榆林县盖沙黄土区飞播牧草试验成果汇编[M]. 1984 年印，畜牧
　　局印存.

彭启乾. 畜牧业常用数据手册[M]. 呼和浩特：内蒙古人民出版社，1985.

《内蒙古历代自然灾害史料》编辑组. 内蒙古历代自然灾害史料（公元前 244 年—
　　1949 年）[M]. 内部编印，1982.

中国社会科学院历史研究所资料编纂组. 中国历代自然灾害及历代盛世农业政
　　策资料[M]. 北京：农业出版社，1988.

丁世良，赵放. 中国地方志民俗资料汇编[M]. 西北卷，北京：北京图书馆出版
　　社，1989.

陈振汉，熊正文，等. 清实录经济史资料[M]. 北京：北京大学出版社，1989.

中国社会科学院中国边疆史地研究中心. 清代蒙古史地资料汇萃[M]. 北京：全
　　国图书馆文献缩微复制中心，1990.

彭雨新. 清代土地开垦史资料汇编[M]. 武汉：武汉大学出版社，1992.

张闻天. 张闻天晋陕调查文集[M]. 北京：中共党史出版社，1994.

康兰英. 榆林碑石[M]. 西安：三秦出版社，2003.

中国科学院地理科学与资源研究所，中国第一历史档案馆. 清代奏折汇编——农
　　业・环境[M]. 北京：商务印书馆，2005.

4. 文集、笔记及史料丛刊

（宋）潘自牧. 记纂渊海[Z]. 北京：北京图书馆出版社，2004.

（明）魏焕. 皇明九边考[Z]. 济南：齐鲁书社，1996.

（清）朱彝尊. 曝书亭集[Z]. 光绪寒梅馆精写刻本.

（清）钱仪吉. 碑传集[Z]. 北京：中华书局，1993.

（清）余缙. 大观堂文集[Z]. 济南：齐鲁书社，1996.

（清）孙承泽. 春明梦余录[Z]. 北京：北京古籍出版社，1992.

（清）王命岳. 耻躬堂文集[Z]. 济南：齐鲁书社，1997.

中国西北文献丛书[Z]. 兰州：兰州古籍书店，1990.

（清）蒋廷锡，等. 古今图书集成[Z]. 北京：中华书局，1986.

（清）潞河渔者. 榆塞纪行录[Z]. 兰州：兰州古籍书店，1990.

（清）杨守敬. 支那地志摘译·蒙古之部[Z]. 清代边疆史料抄本汇编，国家图书馆藏，北京：线装书局，2003.

潘复. 调查河套报告书[R]. 北京：京华书局，1923.

马渥天. 陕西舆程考[Z]. 西安：西安印刷局排印，1926.

樊士杰，等. 陕绥划界纪要[Z]. 1932年铅印本.

安汉. 西北垦殖论[M]. 南京：国华印书馆，1932.

杨钟健. 西北的剖面[M]. 北京：地质图书馆，1932.

戴季陶，等. 西北[M]. 上海：新亚细亚学会，1932.

杨增之，郭维藩，等. 绥远省调查概要[M]. 绥远：绥远省民众教育馆，1934.

谭惕吾. 内蒙之今昔[M]. 上海：商务印书馆，1935.

贺扬灵. 察绥蒙民经济的解剖[M]. 上海：商务印书馆，1936.

王金绂. 西北之地文与人文[M]. 上海：商务印书馆，1935.

庞树森. 地政通诠[M]. 上海：上海印刷所，1935.

韩德章. 中国农具改良问题[M]//中国农村经济论文集. 北京：中华书局，1936.

张寄仙. 陕西省保甲史[M]. 陕西长安县政府保甲研究社，1936.

黄河志编纂会，胡焕庸. 黄河志·气象[M]. 北京：国立编译馆出版，1936.

黄河志编纂会，侯德封. 黄河志·地质志略[M]. 北京：国立编译馆出版，1937.

全国经济委员会陕西省水利处. 陕西省水利概况[M]. 内部资料，1937.

［美］拉铁摩尔. 中国的边疆[M]. 赵敏求译. 上海：正中书局印行，1942.

孙文郁. 农业经济学[M]. 南京：金陵大学农学院农业经济系印行，1942.

李国桢. 陕西植棉[M]. 西安：陕西省农业改进所，1947.

李国桢. 陕西小麦[M]. 西安：陕西省农业改进所，1948.

二、今人著述

1. 专著

戴秉珍. 五谷[M]. 上海：生活、读书、新知三联书店，1949.

唐启宇. 中国的垦殖[M]. 上海：永祥印书馆，1951.

中国科学院治沙队. 沙漠地区的综合调查研究报告[M]. 北京：科学出版社，
　　1958.

崔友文. 黄河中游植被区划及保土植物栽培[M]. 北京：科学出版社，1959.

北京农业大学，河北农业大学，河南农学院，山西农学院，山东农学院，内蒙
　　古农牧学院. 耕作学[M]. 北京：农业出版社，1961.

A.A. 罗戴. 土壤水[M]. 北京：科学出版社，1964.

陕西省榆林地区革命委员会，陕西省水土保持局. 陕北治沙[M]. 西安：陕西人
　　民出版社，1975.

郭永明，巴雅尔. 鄂尔多斯民歌[M]. 呼和浩特：内蒙古人民出版社，1979.

柴树藩，于光远，彭平. 绥德、米脂土地问题初步研究[M]. 北京：人民出版社，
　　1979.

[俄]尼·维·鲍戈亚夫连斯基. 长城外的中国西部地区[M]. 北京：商务印书馆，
　　1980.

翁笃鸣，陈万隆. 小气候和农田小气候[M]. 北京：农业出版社，1981.

[英] A. 高迪. 环境变迁[M]. 邢嘉明，等译. 北京：海洋出版社，1981.

陕西省农勘察设计院. 陕西农业土壤[M]. 西安：陕西科学技术出版社，1982.

《内蒙古农业地理》编纂委员会. 内蒙古农业地理[M]. 呼和浩特：内蒙古人民出
　　版社，1982.

西北大学地理系《陕西农业地理》编写组. 陕西农业地理[M]. 西安：陕西人民
　　出版社，1982.

范楚玉，荀萃华. 悠久的中国农业[M]. 北京：农业出版社，1983.

黄龙县地名委员会. 陕西省黄龙县地名志[M]. 内部资料. 1983.

陕西师范大学地理系《延安地区地理志》编写组. 陕西省延安地区地理志[M].
　　西安：陕西人民出版社，1983.

湖春. 内蒙古自治区农牧林业气候资源[M]. 呼和浩特：内蒙古人民出版社，
　　1984.

陕西省农牧厅. 陕西农业自然环境变迁史[M]. 西安：陕西科学技术出版社，
　　1985.

[美]何炳棣. 南宋至今土地数字的考释和评价[M]. 北京：中国社会科学出版社，
　　1985.

史念海，曹尔琴，朱士光. 黄土高原森林与草原的变迁[M]. 西安：陕西人民出
　　版社，1985.

彭启乾. 畜牧业常用数据手册[M]. 呼和浩特：内蒙古人民出版社，1985.

唐启宇. 中国作物栽培史稿[M]. 北京：农业出版社，1986.

[日] 田山茂. 清代蒙古社会制度[M]. 潘世宪译. 北京：商务印书馆，1987.

陕西省农牧厅畜牧局，陕西省农业勘察设计院. 陕西牧草[M]. 西安：西北大学

出版社，1987.

陈永宗，景可，蔡强国. 黄土高原现代侵蚀与治理[M]. 北京：科学出版社，1988.

梁冰. 鄂尔多斯历史管窥[M]. 呼和浩特：内蒙古大学出版社，1989.

刘胤汉. 综合自然地理学原理[M]. 西安：陕西师范大学出版社，1988.

甘枝茂. 黄土高原地貌与土壤侵蚀研究[M]. 西安：陕西人民出版社，1990.

唐克丽，陈永宗，等. 黄土高原地区土壤侵蚀区域特征及其治理途径[M]. 北京：
　　中国科学技术出版社，1990.

齐矗华. 黄土高原侵蚀地貌与水土流失关系的研究[M]. 西安：陕西人民教育出
　　版社，1991.

[法] 古伯察. 鞑靼西藏旅行记[M]. 耿昇译. 北京：中国藏学出版社，1991.

葛剑雄. 中国人口发展史[M]. 福州：福建人民出版社，1991.

左大康. 黄河流域环境与水沙运行规律研究文集（第一集）[G]. 北京：地质出
　　版社，1991.

中国科学院黄土高原综合考察队. 黄土高原地区自然环境及其演变[M]. 北京：
　　科学出版社，1991.

中国科学院黄土高原综合考察队. 黄土高原地区综合治理与开发[M]. 北京：中
　　国科学技术出版社，1991.

钢格尔. 内蒙古自治区经济地理[M]. 北京：北京出版社，1992.

梁冰. 伊克昭盟的土地开垦[M]. 呼和浩特：内蒙古大学出版社，1992.

周清澍. 内蒙古历史地理[M]. 呼和浩特：内蒙古大学出版社，1993.

唐克丽，熊贵枢，等. 黄河流域的侵蚀与径流泥沙变化[M]. 北京：中国科学技
　　术出版社，1993.

黄河水利委员会黄河志总编辑室. 黄河水土保持志[M]. 郑州：河南人民出版社，
　　1993.

马长寿. 同治年间陕西回民起义历史调查记录[M]. 西安：陕西人民出版社，

1993.

蒋定生,等. 黄土高原水土流失治理模式[M]. 北京：中国水利水电出版社,1997.

吴传钧,郭焕成. 中国土地利用[M]. 北京：科学出版社,1994.

詹玉荣,谢经荣. 中国土地价格及估价方法研究——民国时期地价研究[M]. 北京：北京农业大学出版社,1994.

黄龙县地方志编纂委员会. 黄龙县志[M]. 西安：陕西人民出版社,1995.

陈泮勤,孙成权. 国际全球变化研究核心计划（三）[M]. 北京：气象出版社,1996.

耿占军. 清代陕西农业地理研究[M]. 西安：西北大学出版社,1996.

朱国宏. 人地关系论——中国人口与土地关系问题的系统研究[M]. 上海：复旦大学出版社,1996.

萧正洪. 环境与技术选择——清代中国西部地区农业技术地理研究[M]. 北京：中国社会科学出版社,1998.

孙进己. 东北亚研究——东北亚历史地理研究[M]. 郑州：中州古籍出版社,1998.

中国科学院西北水土保持研究所. 中国科学院西北水土保持研究所集刊[M]. 第17集,西安：陕西科学技术出版社,1998.

朱士光. 黄土高原地区环境变迁及其治理[M]. 郑州：黄河水利出版社,1999.

史念海. 黄河流域诸河流的演变与治理[M]. 西安：陕西人民出版社,1999.

黄秉维,郑度,赵名茶,等. 现代自然地理[M]. 北京：科学出版社,1999.

王人潮. 农业资源信息系统[M]. 北京：中国农业出版社,2000.

史培军,宫鹏,李晓兵,等. 土地利用/覆盖变化研究的方法与实践[M]. 北京：科学出版社,2000.

谭其骧. 长水粹编[M]. 石家庄：河北教育出版社,2000.

黄春长. 环境变迁[M]. 北京：科学出版社,2000.

钟甫宁. 农业政策学[M]. 北京：中国农业大学出版社，2000.

[美] 何炳棣. 明初以降人口及其相关问题（1368—1953）[M]. 北京：生活·读
　　书·新知三联书店，2000.

蔡昉. 中国人口流动方式与途径[M]. 北京：社会科学文献出版社，2001.

马敏，王玉德. 中国西部开发的历史审视[M]. 武汉：湖北人民出版社，2001.

高吉喜. 可持续发展理论探索——生态承载理论，方法与应用[M]. 北京：中国
　　环境科学出版社，2001.

曹树基. 中国人口史·清时代[M]. 上海：复旦大学出版社，2001.

牛敬忠. 近代绥远地区的社会变迁[M]. 呼和浩特：内蒙古大学出版社，2001.

侯甬坚. 中国北方沙漠——黄土边界带陆地环境演化的复原研究[D]. 北京：中
　　国科学院地球环境研究所，2001.

薛平拴. 陕西历史人口地理[M]. 北京：人民出版社，2001.

陕西省地方志编纂委员会. 陕西省志·地理志[M]. 西安：陕西人民出版社，2000.

成崇德. 清代西部开发[M]. 太原：山西古籍出版社，2002.

杜鹰，唐正平，张红宇. 中国农村人口变动对土地制度改革的影响[M]. 北京：
　　中国财政经济出版社，2002.

傅伯杰，陈利顶，等. 黄土丘陵沟壑区土地利用结构与生态过程[M]. 北京：商
　　务印书馆，2002.

中国地理学会自然地理专业委员会. 土地覆被变化及其环境效应[M]. 北京：星
　　球地图出版社，2002.

贺国建. 西贺家石村志[M]. 内部资料. 西安：西安建文印刷厂，2002.

秦大河. 中国西部环境演变评估[M]，王绍武，董光荣. 中国西部环境特征及其
　　演变[M]. 北京：科学出版社，2002.

赵云田. 北疆通史[M]. 郑州：中州古籍出版社，2003.

马智堂. 马家山村志[M]. 内部资料. 榆林：榆林瀚海艺术公司彩印厂，2003.

绥德县史志编纂委员会. 绥德县志[M]. 西安：三秦出版社，2003.

林卿. 农地利用问题研究[M]. 北京：中国农业出版社，2003.

秦燕，胡红安. 清代以来的陕北宗族与社会变迁[M]. 西安：西北工业大学出版社，2004.

闫天灵. 汉族移民与近代内蒙古社会变迁研究[M]. 北京：民族出版社，2004.

唐克丽，等. 中国水土保持[M]. 北京：科学出版社，2004.

朱红. 方圆百里——清代陕西农民经济与社会生活的空间特征[D]. 西安：陕西师范大学，2004.

郝文军. 畜牧业生产的环境效应分析——以清至民国时期的伊克昭盟为例[D]. 西安：陕西师范大学，2005.

倪根金. 生物史与农史新探[M]. 台北：万人出版社有限公司，2005.

复旦大学历史学系，复旦大学中外现代化进程研究中心. 近代中国的乡村社会[M]. 上海：上海古籍出版社，2005.

邹逸麟. 椿庐史地论稿[M]. 天津：天津古籍出版社，2005.

[美] 西奥多·W. 舒尔茨. 改造传统农业[M]. 北京：商务印书馆，2006.

张修桂. 中国历史地貌与古地图研究[M]. 北京：社会科学文献出版社，2006.

中央研究院台湾史研究所. 环境史研究第二次国际学术研讨会论文集[M]. 台北：中央研究院台湾史研究所，2006.

[美] 李丹. 理解农民中国：社会科学哲学的案例研究[M]. 南京：凤凰传媒集团，2009.

路伟东. 清代陕甘人口专题研究[M]. 上海：上海世纪出版集团，2011.

侯甬坚. 历史地理学探索（第二集）[M]. 北京：中国社会科学出版社，2011.

赵珍. 资源，环境与国家权力[M]. 北京：中国人民大学出版社，2012.

刘志伟. 在国家与社会之间：明清广东地区里甲赋役制度与乡村社会[M]. 北京：中国人民大学出版社，2013.

邹逸麟. 椿庐史地论稿续编[M]. 上海：上海人民出版社，2014.

鲁西奇. 中国历史的空间结构[M]. 桂林：广西师范大学出版社，2014.

许倬云. 历史分光镜[M]. 北京：中华书局，2016.

葛兆光，徐文堪，汪荣祖，等. 殊方未远：古代中国的疆域，民族与认同[M]. 北京：中华书局，2016.

哈斯巴根. 清初满蒙关系演变研究[M]. 北京：北京大学出版社，2016.

钞晓鸿. 环境史研究的理论与实践[M]. 北京：人民出版社，2016.

何炳棣. 黄土与中国农业的起源[M]. 北京：中华书局，2017.

2. 论文

Wehrwein，G. S.，Research in Agricultural Land Tenure：Scope and Method，Social Science Research Council[J]. Bulletin，1933（20）.

Maddox，J. G. Land Tenure Research in a National Land Policy[J]. Journal of Farm Economics，1937，XIX（1）.

Stanley S W，Pierre C.U.S. soil erosion rates –myth and reality[J]. Science，2000，289.

曾雄镇. 绥远农垦调查记[J]. 西北汇刊，1925，1（8）.

石笋. 陕西灾后的土地问题和农村新恐慌的展开[J]. 新创造，1932，2（1）.

卢兆斑. 一月来陕西之灾情与赈务 •绥德灾民待赈孔函[J]. 新陕西月刊，1932.1.

黄秉维. 关于西北黄土高原土壤侵蚀因素的问题[J]. 科学通报，1954（6）.

黄秉维. 编制黄河中游流域土壤侵蚀分区图的经验教训[J]. 科学通报，1955（12）.

朱显谟. 黄土区土壤侵蚀的分类[J]. 土壤学报，1956，4（2）.

谭其骧. 何以黄河在东汉以后会出现一个长期安流的局面[J]. 学术月刊，1962（2）.

任伯平. 关于黄河东汉以后长期安流的原因[J]. 学术月刊，1962（9）.

邹逸麟. 读任伯平《关于黄河在东汉以后长期安流的原因》后[J]. 学术月刊，1962（11）.

罗尔纲. 太平天国革命前的人口压迫问题[C]//国立中央研究院社会研究所. 中国社会经济史集刊. 上海：商务印书馆，1949.

侯仁之. 历史地理学在沙漠考察中的任务[J]. 地理，1965（1）.

侯仁之，俞伟超，李宝田. 乌兰布和沙漠北部的汉代垦区[C]. 治沙研究 7 号，科学出版社，1965.

侯仁之. 从红柳河上的古城废墟看毛乌素沙漠的变迁[J]. 文物，1973（1）.

史念海. 周原的变迁[J]. 陕西师范大学学报（哲学社会科学版），1976（2）.

史念海. 周原的历史地理及周原考古[J]. 西北大学学报（社会科学版），1978（2）.

竺可桢. 中国近五千年来气候变迁的初步研究，竺可桢文集[C]. 北京：科学出版社，1979.

史念海. 两千三百年来鄂尔多斯高原和河套平原农林牧地区的分布及其变迁[J]. 北京师范大学学报（社会科学版），1980（6）.

戴英生. 从黄河中游的古气候环境探讨黄土高原的水土流失问题[J]. 人民黄河，1980（4）.

史念海. 历史时期黄河中游的森林，河山集·二集[C]. 北京：生活·读书·新知三联书店，1981.

史念海. 黄土高原及其农林牧分布地区的变迁，历史地理[C]. 创刊号，上海：上海人民出版社，1981.

赵永复. 历史上毛乌素沙地的变迁问题，历史地理[C]. 创刊号，上海：上海人民出版社，1981.

张德二，朱淑兰. 近五百年我国南部冬季温度状况的初步分析，全国气候变化学术讨论会文集[C]. 北京：科学出版社，1981.

陈加良，文焕然. 宁夏历史时期的森林及其变迁[J]. 宁夏大学学报（自然科学版），1981（1）.

王绍武. 近代气候变化的研究，纪念科学家竺可桢论文集[C]. 北京：科学普及出版社，1982.

郭松义. 论"摊丁入地"，清史论丛[C]. 第三辑，北京：中华书局，1982.

陈永宗，等. 黄土高原沟道流域产沙过程的初步分析[J]. 地理研究，1983（1）.

景可，陈永宗. 黄土高原侵蚀环境与侵蚀速率的初步研究[J]. 地理研究，1983（2）.

马正林. 人类活动与中国沙漠地区的扩大[J]. 陕西师大学报（哲社版），1984（3）.

陈加良. 论六盘山林区的兴衰和展望[J]. 宁夏大学学报（农业科学版），1984（1）.

鲜肖威，陈莉君. 历史时期黄土高原地区的经济开发与环境演变[J]. 西北史地，1985（2）.

陈育宁. 鄂尔多斯地区沙漠化的形成和发展述论[J]. 中国社会科学，1986（2）.

董光荣，李保生，高尚玉，等. 鄂尔多斯高原晚更新世以来的古冰缘现象及其与风成沙和黄土的关系，中国科学院兰州沙漠研究所集刊[C]. 1986（3）.

景可. 论黄河中游的侵蚀与地理环境的关系[J]. 地理学与国土研究，1986（1）.

郭松义. 清朝政府对明军屯田的处置和屯地的民地化[J]. 社会科学辑刊，1986（4）.

齐矗华，甘枝茂，惠振德. 陕北黄土高原晚更新世以来环境变迁的初步探讨（续）[J]. 山西师大学报（自然科学版），1987（2）.

[日]菊地利夫. 历史地理学的逻辑结构[J]. 辛德勇译. 中国历史地理论丛，1988（2）.

史念海. 历史时期森林变迁的研究[J]. 中国历史地理论丛，1988（1）.

顾诚. 卫所制度在清代的变革[J]. 北京师范大学学报（社会科学版），1988（2）.

陆中臣，袁宝印，等. 安塞县的侵蚀及地貌演化趋势预测，黄土高原遥感调查试验研究[C]. 北京：科学出版社，1988.

骆毅. 清代人口数字的再估算[J]. 经济科学，1998（6）.

王守春. 论历史流域系统学[J]. 中国历史地理论丛，1988（3）.

史念海. 我国森林地区的变迁及其影响，辛树帜先生诞生九十周年纪念论文集[C]. 北京：农业出版社，1989.

曹尔琴. 论唐代关中的农业[J]. 中国历史地理论丛，1989（2）.

江忠善，刘志. 降雨因素和坡度对溅蚀影响的研究[J]. 水土保持学报，1989（2）.

王守春. 论古代黄土高原的植被[J]. 地理研究，1990（4）.

韩茂莉. 历史时期无定河流域的土地开发[J]. 中国历史地理论丛，1990（2）.

洪业汤，朴河春，姜洪波. 黄河泥沙的环境地质特征. 中国科学（B 辑），1990（1）.

赵永复. 再论历史上毛乌素沙地的变迁问题，历史地理第 7 辑[C]. 上海：上海人民出版社，1990.

张洲. 周原地区新生代地貌特征略论[J]. 西北大学学报（自然科学版），1990（3）.

王守春. 古代黄土高原"林"的辨析兼论历史植被研究途径，左大康主编.黄河流域环境演变与水沙运行规律研究文集（第一集）[C]. 1991.

唐克丽，张平仓，王斌科. 土壤侵蚀与第四纪生态环境演变[J]. 第四纪研究，1991（4）.

李华章. 中国北方农牧交错带全新界环境演变的若干特征[J]. 北京师范大学学报（自然科学版），1991（1）.

王宗太. 天山中段及祁连山东段小冰期以来的冰川及环境[J]. 地理学报，1991（2）.

左大康，叶青超. 黄河流域环境演变与水沙运行规律研究[J]. 中国科学基金，1991（1）.

景可，王斌科. 黄土高原现代侵蚀环境及其产沙效应[J]. 人民黄河，1992（4）.

王斌科，唐克丽. 黄土高原开荒扩种时间变化的研究[J]. 水土保持通报，1992
（2）.

陈育宁. 宁夏地区沙漠化的历史演进考略[J]. 宁夏社会科学，1993（3）.

李令福. 清代山东省粮食亩产研究[J]. 中国历史地理论丛，1993（2）.

陈渭南，等. 毛乌素沙地全新世孢粉组合与气候变迁[J]. 中国历史地理论丛，
1993（1）.

侯仁之. 历史地理学研究中的认识问题[J]. 北京大学学报（哲学社会科学版），
1993（4）.

刘东生，等. 史前黄土高原自然植被景观：森林还是草原？[J]. 地球学报，1994
（3-4）.

姚檀栋，等. 冰芯所记录的环境变化及空间耦合特征[J]. 第四纪研究，1995（1）.

邹逸麟. 明清时期北部农牧过渡带的推移和气候寒暖变化[J]. 复旦大学学报（社
会科学版），1995（1）.

方修琦，张兰生. 论人地关系的异化与人地系统研究[J]. 人文地理，1996（4）.

史念海. 历史时期黄土高原沟壑的演变[J]. 中国历史地理论丛，1996（2）.

江忠善，王志强，刘志. 黄土丘陵区小流域土壤侵蚀空间变化定量研究[J]. 水土
保持学报，1996（2）.

张刑昌，卢宗凡. 陕北黄土丘陵区坡耕地土壤肥力退化原因及防治对策[J]. 水土
保持研究，1996（2）.

张丕远，葛全胜，吕明，陈晓蓉. 全球环境变化中的人文因素[J]. 地学前缘，1997
（1-2）.

赵淑贞，任伯平. 关于黄河在东汉以后长期安流问题的研究[J]. 人民黄河，1997
（8）.

赵淑贞，任伯平. 关于黄河在东汉以后长期安流问题的再探讨[J]. 地理学报，
1998（5）.

李三谋. 清代晋北农业概述[J]. 古今农业，1998（1）.

王绍武，叶瑾琳，龚道溢. 中国小冰期的气候[J]. 第四纪研究，1998（1）.

曹建廷，等. 内蒙古岱海湖岩心碳酸盐含量变化与气候环境演化[J]. 海洋湖沼通
　　报，1999（4）.

王业键，黄莹钰. 清代中国气候变迁、自然灾害与粮价的初步考察[J]. 中国经济
　　史研究，1999（1）.

韩茂莉. 历史时期黄土高原人类活动与环境关系研究的总体回顾[J]. 中国史研
　　究动态，2000（10）.

牛俊杰，赵淑贞. 关于历史时期鄂尔多斯高原沙漠化问题[J]. 中国沙漠，2000
　　（1）.

查小春，唐克丽. 黄土丘陵开垦地土壤侵蚀强度时间变化研究[J]. 水土保持通
　　报，2000（2）.

李令福. 历史时期关中农业发展与地理环境之相互关系初探[J]. 中国历史地理
　　论丛，2000（1）.

侯甬坚. 北魏（AD386-534）鄂尔多斯高原的自然一人文景观[J]. 中国沙漠，2001
　　（2）.

秦燕. 近代陕北地区人口特点初探[J]. 西北工业大学学报（社会科学版），2001
　　（1）.

崔宪涛. 清代粮食价格持续增长原因新探[J]. 学术研究，2001（1）.

王元林. 历史时期黄土高原腹地塬面变化[J]. 中国历史地理论丛，2001增刊.

朱士光，侯甬坚. 黄土高原地区历史环境与治理对策会议文集·前言[J]. 中国历
　　史地理论丛，2001增刊.

张金慧. 黄土洼天然聚湫之迷[J]. 山西水土保持科技，2001（3）.

王守春. 黄土高原历史地理研究·序，黄土高原历史地理研究[M]. 郑州：黄河
　　水利出版社，2001.

陈喜波，颜廷真，韩光辉. 论清代长城沿线外侧城镇的兴起[J]. 北京大学学报（哲学社会科学版），2001（3）.

刘东生. 全球变化和可持续发展科学[J]. 地学前缘，2002（1）.

刘东生. 黄土与环境[J]. 科技和产业，2002，2（11）.

张永江. 试论清代的流人社会[J]. 中国社会科学院研究生院学报，2002（6）.

桑广书，甘枝茂，岳大鹏. 历史时期周原地貌演变与土壤侵蚀[J]. 山地学报，2002（6）.

王尚义. 唐代黄河土壤强烈侵蚀区人类活动的研究[J]. 生产力研究，2002（3）.

郭力宇，甘枝茂，苏惠敏. 陕北洛川塬黄土崩滑及谷坡扩展模式[J]. 山地学报，2002（1）.

何凡能，田砚宇，葛全胜. 清代关中地区土地垦殖时空特征分析[J]. 地理研究，2003（6）.

严宝文，李靖，杨斌. 黄土高原地区地下水资源农业利用历史演变特征研究[J]. 干旱区农业研究，2003（1）.

刘东生. 全球变化和可持续发展科学[J]. 地学前缘，2002（1）.

邓辉. 论克利福德·达比的区域历史地理学理论与实践[J]. 中国历史地理论丛，2003（3）.

王尚义. 两汉时期黄河水患与中游土地利用之关系[J]. 地理学报，2003（1）.

桑广书，甘枝茂，岳大鹏. 元代以来黄土塬区沟谷发育与土壤侵蚀[J]. 干旱区地理，2003（4）.

丁圣彦，梁国付，曹新向，等. 集水背景下小流域综合治理的措施和管理形式[J]. 水土保持通报，2003（4）.

张萍. 黄土高原塬梁区商业集镇的发展及地域结构分析——以清代宜川县为例[J]. 中国历史地理论丛，2003（3）.

赵文武，傅伯杰，陈利顶. 陕北黄土丘陵沟壑区地形因子与水土流失的相关性分析[J]. 水土保持学报，2003（3）.

盛海洋. 黄土高原的黄土成因，自然环境与水土保持[J]. 黄河水利职业技术学院学报，2003（3）.

吴秀芹，蔡运龙. 土地利用/土地覆盖变化与土壤侵蚀关系研究进展[J]. 地理科学进展，2003（3）.

侯甬坚. 文章之道：从弄清史实到寻求解释[J]. 陕西师范大学继续教育学院学报，2004（3）.

郭正堂，刘东生. 黄土与地球系统——李希霍芬对黄土研究的贡献及对地球系统科学研究的现实意义[J]. 第四纪研究，2005（4）.

桑广书，甘枝茂. 洛川塬区晚中更新世以来沟谷发育与土壤侵蚀量变化初探[J]. 水土保持学报，2005（1）.

侯春燕. 近代西北地区回民起义前后的人口变迁[J]. 中国地方志，2005（2）.

曾大林，卢顺光，闫培华. 第13届国际水土保持大会概况及思考[J]. 水土保持科技情报，2005（2）.

刘翠溶. 中国环境史研究刍议[J]. 南开学报（哲学社会科学版），2006（2）.

史培军，王静爱，陈婧，等. 当代地理学之人地相互作用研究的趋向——全球变化人类行为计划（IHDP）第六届开放会议透视[J]. 地理学报，2006（2）.

魏建兵，肖笃宁，解伏菊. 人类活动对生态环境的影响评价与调控原则[J]. 地理科学进展，2006（2）.

王兵，臧玲. 我国土地利用/土地覆被变化研究近期进展[J]. 地域研究与开发，2006（2）.

许炯心. 降水——植被耦合关系及其对黄土高原侵蚀的影响[J]. 地理学报，2006（1）.

张信宝. 黄土丘陵区土地利用/覆被变化的侵蚀产沙响应示踪研究. "国家自然科学基金重大研究计划：中国西部环境和生态科学北京交流会"[C]. 2007.

侯甬坚. 历代制度和政策因素对西部环境的影响：途径，方式和力度[C]. "国家自然科学基金重大研究计划：中国西部环境和生态科学北京交流会"，2007.

王晗，郭平若. 清代垦殖政策与陕北长城外的生态环境[C]. 史学月刊，2007（2）.

侯甬坚. 一方水土如何养一方人？——以渭河流域人民生计为例的尝试[G]. "中日文化交流的历史记忆与展望"陕西师范大学•名古屋大学国际学术会议论文集，2007.

曹龙熹，张科利. 黄土高原典型小流域道路特征及影响因素[J]. 地理研究，2008（6）.

朱冰冰，李占斌，李鹏，等. 土地退化/恢复中土壤可蚀性动态变化[J]. 农业工程学报，2009（2）.

张莉，孙虎. 黄土高原典型地貌区地貌分形特征与土壤侵蚀关系[J]. 陕西师范大学学报（自然科学版），2010（3）.

姚文波，侯甬坚，高松凡. 唐以来方家沟流域地貌的演变与复原[J]. 干旱区地理，2010（4）.

王麒翔，范晓辉，王孟本. 近 50 年黄土高原地区降水时空变化特征[J]. 生态学报，2011（19）.

高海东，李占斌，李鹏，等. 梯田建设和淤地坝淤积对土壤侵蚀影响的定量分析[J]. 地理学报，2012（5）.

德全英. 长城的团结：草原社会与农业社会的历史法理——拉铁摩尔中国边疆理论评述[J]. 西域研究，2013（1）.

卜鸿雁，庞奖励，任志远，等. 黄土高原南部土地利用/覆被变化的土壤侵蚀效应[J]. 水土保持通报，2013（2）.

张文杰，程维明，李宝林，等. 黄土高原丘陵沟壑区切沟侵蚀与地形关系分析——以纸坊沟流域为例[J]. 地球信息科学学报，2014（1）.

毛曦. 历史流域学：流域的本质与研究的观念[J]. 大连大学学报，2014（5）.

姚文俊，张岩，朱清科. 小流域林地空间分布对土壤侵蚀的影响——以陕北吴起县为例[J]. 中国水土保持科学，2015（1）.

王晗. 1644—1949 年毛乌素沙地南缘水利灌溉和土地垦殖过程研究[J]. 社会科学研究，2016（1）.

夏积德，吴发启，周波. 黄土高原丘陵沟壑区坡耕地耕作方式对土壤侵蚀的影响研究[J]. 水土保持学报，2016（4）.

周宏伟. 中国传统民居地理研究刍议[J]. 中国历史地理论丛，2016（4）.

侯甬坚. 历史地理研究：如何面对万年世界历史[J]. 中国历史地理论丛，2017（1）.

钟莉娜. 多流域降雨和土地利用格局对土壤侵蚀影响的比较分析——以陕北黄土丘陵沟壑区为例[J]. 地理学报，2017（3）.

三、工具书

臧励和. 中国古今地名大辞典[M]. 上海：商务印书馆，1931.

陕西省革命委员会民政测绘局编制. 陕西省地图集[M]. 内部资料，1976.

谭其骧. 中国历史地图集[M]. 北京：中国地图出版社，1982.

辞海编辑委员会. 辞海[M]. 上海：上海辞书出版社，1990.

汉语大词典编辑委员会，汉语大词典编纂处编. 汉语大词典[M]. 北京：汉语大词典出版社，1991.

宋正海. 中国古代重大自然灾害和异常年表总集[M]. 广州：广东教育出版社，1992.

中国大百科全书水利卷委员会. 水土保持分支条目[M]. 北京：中国大百科全书出版社，1992.

中国农业百科全书土壤卷编委会. 土壤侵蚀与水土保持分支条目[M]. 北京：中国农业出版社，1996.

全国科学技术名词审定委员会. 土壤学名词[M]. 北京：科学出版社，1998.

国家文物局主编. 中国文物地图集：陕西分册[M]. 西安：西安地图出版社，1998.

袁林，张宇. 汉籍检索系统（第四版），Info Digger 软件工作室.

后　记

　　20 世纪 60 年代中期,我国地球环境科学专家刘东生先生的著作《黄河中游黄土》在科学出版社出版。刘先生在"第二章中国黄土研究简史"开篇曾经写道,"我国黄土乃世界黄土发育最典型区域之一,无论分布和厚度均占世界首位,所以很早就引起国内外地质、地理、土壤等工作者的注意。但因黄土地区(特别是黄河流域一带)自远古以来就是我国劳动人民生活、农耕播种的地方,也是我国文化的发源地,因此对黄土注意最早者仍为我国古代的劳动人民"①。这段话充分表明,地球环境科学工作者在科学研究中,对黄土高原先民们的日常生产和生活已经高度重视。刘先生的后续佳作《中国的黄土堆积》(科学出版社,1965 年)、《黄土与环境》(科学出版社,1985年)也都对历史时期人类对黄土高原环境变迁的贡献予以肯定。世纪之交,刘先生于 2002 年在《西安交通大学学报(社会科学版)》上发表《黄土与环境》一文。文中摘要部分以"黄土高原位于人类过去和正在居住的地球的陆地表面,是中华民族文化的发祥地之一"

---

① 刘东生:《黄河中游黄土》,北京:科学出版社,1964 年,第 10 页。

来点明文章主旨。在具体行文中再次以"与极地和深海不同，黄土高原位于人类过去和正在居住的地球的陆地表面"的表述来解答"为什么人们如此重视黄土高原"。[①]由此可见，刘东生先生在科学研究中，着重强调构建历史时期黄土高原环境变化过程和人类活动关系的重要性。而且该文发表后的近 20 年里，学术界在这一科学问题的指引下，已经做了大量坚实的科学工作。目前需要细究的问题是，人类活动对该区域环境变化到底有着哪些贡献？这些贡献又通过什么样的方式予以表达？同时，又应当用什么方式才能减轻？我们的科学工作者正在对这些前沿性的科学问题进行深入的考究。

2005 年 9 月，我师从侯甬坚先生攻读历史地理学博士学位。当时，正值中国科学院地球环境研究所周杰研究员主持的中国科学院知识创新工程方向性项目（KZCX3-SW-146）"黄河中游地区全新世人类活动记录及其与环境演变过程的关系"正式启动之时。侯先生作为项目组的主要成员承担"人类活动分析"方向的研究。该项目的核心思想是"建立黄河中游地区全新世人类活动与自然环境时空背景，揭示该地区全新世人类活动及其与环境演变过程的相互关系"，其中，针对历史时期的研究内容是"以若干研究条件较好和历史意义较大的典型历史时期为例，重点在人口压力和政策等人类活动驱动下的土地利用/土地覆盖演变过程的空间格局等方面开拓创新。从区域分析的角度评价人类活动对环境演变的影响，从环境演变的角度审视某些著名历史事件背后的环境原因"。可以说，该项目的研究思想充分体现了刘东生先生的科学问题，同时也希冀侯甬坚

[①] 由于这篇文章重大的指导意义，《科技与产业》和《科学新闻》也先后刊登。截至 2019 年 12 月 5 日，笔者查询中国知网—全文期刊数据库时，该文累及被引量为 96 次，下载量高达 2 039 次。

先生及其研究团队能够从历史地理学角度做出更为突出的贡献。

为了能够对这一科学问题进行解答,侯先生组建了师生创业团队之"黄土高原研究小组",来"激励全体团队成员参加科研的积极性和创造性,提高科研成果的学术水平……以做出有国际水准的科学研究业绩"(《师生创业团队工作办法》,2005年2月)。每个小组成员各司其职(最初的小组成员有我、吴朋飞、张祖群三位博士生,此后按照新进博士生的入学顺序,姚文波、杜娟先后加入。其中,吴朋飞主攻历史水文,张祖群主攻人居环境,姚文波主攻历史地貌,杜娟主攻历史土壤,我则主攻土地利用)。其中,我所承担的具体研究目标是"人口变动、土地利用和环境变化的关系研究"。通过反复论证,我将研究区域定在了陕北黄土高原。该区域位于我国黄土高原的中部(北纬34°45′~39°40′,东经107°28′~111°15′),总面积约 1 010×10⁴ 平方千米。同时,研究区域地处中纬度内陆,具有大陆季风气候特点。区域内的北部和西北部属半干旱季风气候类型,中南部属暖温带半干旱季风气候类型。地势西北高、东南低,北部为黄土—沙漠交界区,中部为黄土丘陵沟壑区,南部为黄土高原沟壑区,海拔 800~1 500 米。温度和降雨量从东南向西北递减,具有明显的地域性差异。我的做法是,立足于历史地理学,运用地貌学和人口统计学等相关的科学方法,选取陕北黄土高原典型地貌条件下的典型区域,将个案研究和宏观研究相结合,通过对发生在清至民国时期陕北黄土高原的重大历史事件进行复原,分析历史事件背后的自然要素,从中提取近 300 年研究尺度内与人口变动和土地利用有关的历史信息,做出相应的人口数据和土地数据关系的定量表达,探求人为因素影响下的土地利用变化和环境变化之间的关系,进而总体把握此类研究对历史时期黄土高原环境变化的贡献。

在研究的过程中，我对典型地貌区域（黄土塬区、黄土残塬沟壑区、丘陵沟壑区和典型流域）人为影响下的土地利用变化进行了剖析，分析了侵蚀环境中的人文因素，对土地利用过程中的政策、人口聚落变迁、耕作方式、生活习惯等方面进行了细致的探讨。通过研究，我们认为，历史时期黄土塬区的土壤侵蚀过程是人为加速侵蚀和自然侵蚀综合作用的结果，人为加速侵蚀的作用并不因为战乱和自然灾害的影响而有所减弱，在局部地区还会有加重的趋势。对陕北黄土高原土地利用政策的研究，有助于探究人类行为对环境施加影响的具体途径和可能达到的程度。对黄土高原沟壑区和黄土丘陵沟壑区在人口压力下的土地利用变化的研究，认为人口压力的增强、土地利用方式的固化和延续推动民众的耕垦区域发生变化，在高原沟壑区，土地利用的部位呈现塬面→梁地→坡地（山地）的发展态势；在丘陵沟壑区，土地利用的部位呈现坡地→梁顶和沟掌地→梁峁斜坡和沟缘缓坡→地形陡、土层薄并有基岩出露陡坡或裸岩薄土部位的发展态势。土壤侵蚀随耕作部位的垂直性变化而逐步加强。通过对研究区内人口规模、人口密度、土地利用规模和强度的分析，我认为，研究区内人口规模呈现南部塬区→北部丘陵沟壑区→长城沿线风沙草滩区逐渐递减的趋势，人口密度则呈现由葭州、绥德州向外延伸的半扇形递减趋势。土地利用的规模和人口规模呈正相关关系，土地利用强度和人口密度呈正相关关系，而土壤侵蚀量的变化在时间上与人口的变化是正比关系，在空间分布上主要是受地理环境中的自然侵蚀和人为加速侵蚀的双重影响。

2008年6月，我完成了题为"人口变动、土地利用和环境变化的关系研究——以清至民国时期的陕北黄土高原为例"的博士学位论文答辩。同年8月，我来到复旦大学历史学流动站暨历史地理研究中心，师从满志敏教授从事博士后科研工作。由于满先生研究团队的需要，我暂时将工作精力放在了"西南国际河流的跨境水资源分配风险研究"和"毛乌素沙化土地扩展过程研究"。2011年3月至今，我任教于苏州大学社会学院历史系，从事教学和科研工作，并在国家社会科学基金青年项目（12CZS051）和教育部青年基金（11YJC770055）的支持下，围绕毛乌素沙地的环境变迁问题展开研究。然而，在这几年中，我的脑海里时常会想起博士学位论文写作的宝贵时光，想起在恩师指导下如何研读史学、地理学、生态学、农学等相关领域前沿性论文、著述，想起和诸位同门在师生创业团队例会上的相互激励和相互"拍砖"，想起独自行走在黄土高原上那些塬、梁、沟、峁时的艰辛，更想起在陕西师范大学密集书库（存放20世纪80年代之前的科研用书）找到刘东生先生的《黄河中游黄土》，并在借书单上顺着史念海先生（1968年）、侯甬坚先生（1980年）的借书签名栏续赘自己名字时的喜悦。

2016年12月7日，侯先生来信垂询，信中言及中国环境出版集团李恩军先生希望我能够为《中国区域环境变迁研究丛书》贡献博士学位论文的书稿。侯先生鼓励我，"白纸黑字的论文，完全视其内容和水准，走向那缥缈、广大、陌生的有人的空间，成也是它，败也是它，这才是苦练功夫的梅花桩啊！古代侠士手执刀和剑，今日学人拿着笔和鼠标，磨砺本领，施展才能"，侯先生希望我能够"在学林中比武，在献艺和观摩中渐次提高，走上一场场天下英雄汇聚的擂台赛"！这样的文字，令我心潮澎湃、激动不已！也正是在恩师的鼓励下，我在完成毛乌素沙地相关科研任务的同时，将视野又回到了黄土高原上。经过最近三年的努力，我在先后发表几篇论文的基础上，对博士学位论文进行了重新梳理、删改和增添。我深知，侯先生从悉心指导我的博士学位论文写作，鼓励我重新开展黄土高原的相关研究，直到将我的这篇论文推荐出版，无不充满着对我的关爱与呵护。希冀这部小书不负恩师，能够呈现在学林擂台上，向诸位德高望重的学界前辈、志同道合的学友们展露我的武艺和真性情！

在研究生阶段的学习中，陕师大史地所的朱士光、唐亦功、王社教、李令福、张萍、刘景纯等老师的指导，我至今记忆犹新。在陕师大的研究生生活中，张莉、萧爱玲、于凤军、潘明娟、史兵、王杰瑜、张慧芝、王德庆、曹志红、郝文军、吴朋飞、张祖群、姚文波、李大伟、邹志伟、赖小云、郭祥超、张小永、胡博、王帅、张健等学兄、学姐、学友的真挚情谊，"学术活动中心小吃城"里一边饕餮一边畅谈时的美好时光，令我至今想来都难以忘怀。

在博士学位论文的写作过程中，我需要感谢许多学界师长和学友的支持和厚爱。复旦大学邹逸麟、张修桂、姚大力、满志敏、安介生、张晓虹、杨伟兵、韩昭庆、杨煜达、段伟、徐建平、费杰，武汉大学鲁西奇、张建民、杨国安，北京大学邓辉，厦门大学钞晓鸿，中国科学院地环所周杰，中国科学院山地所张信宝，西北工业大学秦燕，上海交通大学李玉尚，山西大学胡英泽、张俊峰、李嘎，浙江师范大学桑广书等老师的宝贵建议令我受益良多。在这里，我要特别感谢鲁西奇老师，在 2005 年 9 月的"人类社会经济行为对环境的作用和影响"学术讨论会和 2007 年 9 月的鄂尔多斯高原及其邻近地区历史地理学术讨论会期间，我曾经多次向鲁老师请教关于区域历史地理的研究方法和黄土高原丘陵沟壑区的研究思路。鲁老师从长年对"历史时期人类活动与地理环境之间的关系演变过程"的研究入手，向我谈到了长江流域的相关研究进展情况和曾经遇到的学术难点，并希望我能够将土壤侵蚀对人为扰动过的地貌，尤其是对不同耕作部位进行细究。在鲁老师的建议下，我开始将"耕作部位、耕作半径、耕作方式"作为研究黄土丘陵沟壑区的土地垦殖与土壤侵蚀关系的研究重点，该文遂成为博士学位论文的重要案例研究之一。也正是通过这样的机缘，我能够在此后的日子里，时常向鲁老师请益，并逐步加深对学术问题的探索。

2011 年 3 月，我有幸任教于苏州大学社会学院历史系，8 年多来，社会学院和历史系的领导、前辈、同事给予我良好的工作环境，让我从单一的科研院所的学生身份向科研与教学并重的教师岗位转变，更让我在引导学生的过程中体味到教学相长的乐趣。在这里，我要向本单位的王卫平、高峰、余同元、臧知非、池子华、吴建华、黄鸿山等老师致敬，诸位师长不嫌我鲁钝，常常倾心教诲，令我既感且佩。

从 18 岁离开故乡到如今，粗算一下，我已经在外漂泊了 20 多年。在这 20 多年里，我时常会为不能守护在父母身边尽孝而感到自责。我的母亲 2010 年年底确诊脑梗，2013 年 3 月开始卧床不起，2017 年 4 月不幸辞世。在那 7 年里，母亲会在脑梗的影响下陆续出现失语、癫痫、上呼吸道感染、肾功能衰竭等并发症，年迈的父亲因守护和照顾母亲而日渐憔悴。我每天醒来的第一件事便是拨通电话，向父亲问候母亲的情况，如果父亲语气轻松，我的一天便会好过一些；一旦父亲的语气凝重，我往往一天无语。有一次，在即将上课前的两分钟接到父亲的电话，我的心提到了半空中，唯恐父亲会告诉我不好的消息。当接完电话得知母亲早饭比平时多吃了一点粥时，我竟在面对同学们的课堂上哽咽不止。也许是这段记忆太深刻了，以致从母亲去世到现在的三年里，每次梦到母亲时，都是她卧病在床，和病魔抗争的样子，那种美好日子里的微笑全然找不到了。还有一个多月又要到年关了，我终于在梦中以查阅记忆档案和访问亲朋的方法清晰地看到了母亲，看到了向我微笑的、美丽的母亲。

在这样的日子里，我要感谢我的父亲，是他不顾年迈，毅然扛起照顾母亲的重任，让我能够安心工作。有时候，我在想，是什么力量让花甲之年的老人承担如此重负？我想，更多的是父亲对母亲那深深的爱。我也要感谢我的妻子郭丽，是她牺牲自己，一直默默地支持着我，并在"双城记"的生活中主动担负起照顾孩子、维持家庭生活的重担，让我没有后顾之忧，更让我感受到小家的温馨和幸福。

祈福 2020 年，让我们每一个有着崇高学术信仰和美好生活愿望的人，幸福安康！

王　晗

2019 年 12 月 6 日于美国奥斯汀